U0117775

考吃

朱　伟　编著

中华书局

图书在版编目(CIP)数据

考吃/朱伟编著. —北京:中华书局,2023.9
ISBN 978-7-101-15920-2

I.考… II.朱… III.饮食-文化-研究-中国 IV.TS971.2

中国版本图书馆 CIP 数据核字(2022)第 186133 号

书　　名	考　吃	
编　　著	朱　伟	
责任编辑	马　燕	
责任印制	管　斌	
出版发行	中华书局	
	(北京市丰台区太平桥西里 38 号　100073)	
	http://www.zhbc.com.cn	
	E-mail:zhbc@zhbc.com.cn	
印　　刷	北京中科印刷有限公司	
版　　次	2023 年 9 月第 1 版	
	2023 年 9 月第 1 次印刷	
规　　格	开本/920×1250 毫米　1/32	
	印张 9　插页 2　字数 170 千字	
印　　数	1-15000 册	
国际书号	ISBN 978-7-101-15920-2	
定　　价	49.00 元	

目　录

新版序

　　《考吃》这本书写于三十年前的1991—1992年。此书缘起于1990年，我作为访问学者曾在芝加哥大学住了三个月，闲暇时基本泡在芝加哥大学的东亚图书馆里。那个图书馆的条件好到不能再好，书架是完全开放、随意自取的，占个靠窗有阳光的书桌，饿了去地下室吃点快餐，困了去咖啡馆喝杯咖啡，从早到晚，就像拥有了一座书城。

　　有趣的是，身在美国，却在图书馆读古人的笔记小说、县志、寺庙志，真有一种恍若隔世的时空穿越感。就在这个图书馆里，我产生了一个想法，想从古人留下的俗文化笔记里，创作出一部文化史或东西方文化交流史。我为自己的想法激动，回国后想法逐渐具体化，想以晚明清初思想家、经学家顾炎武《日知录》的考据方法，从油盐酱醋开始，做一部《考吃》。因为"民以食为天"，饮食文化最能体现东西方文化交流中的文化进步。当时雄心勃勃，打算做两百篇，因此开始跑琉璃厂，搜集古籍资料，没有芝加哥东亚图书馆那样的条件，也要给自己创造一个工作环境。这是吃力不讨好的工作，因为每一篇都需要翻阅几十种书，从中理清一条脉络。那时我住亚运村，工作状态基本就是，坐在地毯上，书从一本找到另一本，在周围排成一个圈，累了，干脆就趴在地毯上。那时还没有电脑，都是用稿纸手写。那是一种在古籍中寻径的乐趣，柳暗花明，就有自得其乐的暗喜。可惜这种安静沉浸在故纸堆里的工作只持续了两年，两百篇的计划只完成了五十篇，兴之所至，不成体系。1993年，因为三联书店激活了我的编辑理想，先是筹备主编《爱乐》杂志，后是接任《三联生活周刊》主编，勤勤恳恳不敢懈怠，一编就是二十年，直到退休。

因此，这实际是一本三十年前未完成的书，油盐酱醋后，应有五谷杂粮，然后才是各种符号性食物。两百篇的计划只完成了四分之一，也就只能是眼下的这样一个面貌。这本书最早拿到三联书店是被退稿的，当时的编辑觉得引文太多，不适合三联书店的风格。我于是找到专出古籍的中国书店，当时的老板立即拍板，极有兴趣，第一版印了三千册，很快卖完，又增印了两万册。隔十年，中国人民大学出版社2005年又印了一次，两万册，至今已隔十六年。此次中华书局提出重印，我觉得惭愧的是，时隔三十年，这本书至今仍是未完成状态。在《三联生活周刊》工作时，我开过《有关品质》的专栏，其实完全可以在这个专栏里陆续有计划地续写，但《周刊》那个工作节奏，真不允许从容地引经据典、在旧书中寻出蜿蜒曲折之路。退休后，职务的担子卸下了，《考吃》也确实是未了事，但未了事又太多，精力却有限。更关键的是，确实很难再有三十年前那种翻寻古饮食文化的热情了。于是，我只能以"兴之所至，心之所安"宽慰自己，一切顺自己兴致吧。

感谢此次中华书局的再版，倒是逼迫我重新核对了一遍引文。说来又惭愧：此书写完，我本就没做认真核对的工作；手稿交给中国书店，不仅没做引文核对，甚至都没看过校样，书就出版了。等中国人民大学出版社重版时，我在《三联生活周刊》忙得焦头烂额，编辑与我联系，我拒绝看校样，似乎只有几页解决不了的问题，交我处理了一下。这次重新核对原文，发现书中错误很多，尽量一一作了订正。因此，这实际是一个校正版，感谢中华书局为本书所作的努力。

朱伟

2021年7月15日

自　序

中国文化博大精深，是中国人宝贵的精神财富。中国有五千年文明古国的历史，这五千年的历史，应该说太悠久、太丰富了，对这份财富的发掘，目前还处在非常肤浅的阶段。尤其是对中国俗文化的发掘，因为种种原因，一直被中外史学家们忽略。其实在俗文化中，恰恰隐藏着极丰富的中国文化的精髓。

饮食，其实是窥察中国文化的一个极好的窗口，饮食是非常具体的生活方式。中国人好吃，中国文化的林林总总，在这个文化的窗口里，都显示得特别清晰。中国文明史，其实很大部分体现在这看起来"浅薄"的具体饮食之中。遗憾的是，长期以来，对自己文化的丢失和遗弃，使我们对这一切已变得十分陌生，这导致文化的断裂。

本书就想通过这个俗文化的窗口，细心发掘已被国人遗忘的文化。这本书，严格说是一本笔记。其中所记，多是前人的文献，著者实际上只是在文献的基础上综合、整理而已，是资料的收集、研究和汇编。笔记，原是中国人记事的一种重要文体，有利于资料的保存。古人多以笔记考古记史，现用以记俗，尽量于一点一滴之中发掘较为广阔的俗文化史方面的内容，力争资料性与趣味性相结合，也算是旧的笔记文体的一种新尝试。

当然,中国饮食文化的文献,浩如烟海。这本小书,绝不可能展示其全部,只不过几朵浪花而已。

是为自序。

朱伟

1992年7月2日北京

厨　神

　　中国人好信神，各行各业都有神的崇拜，厨业自然也有"厨神"。

　　公认的"厨神"，一个是伊尹，一个是彭祖，一个是易牙。

　　伊尹名挚，古莘国人，他是商汤的妻子陪嫁的奴隶。《吕氏春秋·本味篇》中，记有关于伊尹的故事。伊尹母亲居伊水之上，怀孕后，有一天梦见神告诉她："如果你看到石臼冒水，就要往东跑，不要回头看。"第二天，石臼果然冒水，她向东跑了十里，回头一看，后面是一片汪洋，伊尹母亲因此化为空桑树。有莘国的女子采桑，在桑林中得到一个婴儿，便献给了国君。婴儿长大以后，显示出才华过人。商汤听说了他的名声，就向有莘国国君索要，有莘国国君刚开始不同意，但他却有心投奔商汤。后来商汤向有莘国国君求婚，有莘国国君很高兴，就派他做陪嫁的媵臣，陪送女儿到了商。因为婴儿出生于伊水之上，且在商汤处被拜为"尹"，故称其为伊尹。史书说，商汤得到伊尹，也就得到了天下。后来，伊尹助商汤伐夏桀，建立王朝后，商汤就尊他为阿衡，也就是后来宰相的意思。

　　那么，伊尹又怎么被尊称为厨神呢?

　　商汤得到伊尹之后，在宗庙里为他举行了除灾去邪的仪式。这种仪式是一边在"桔槔"上烧起古代所说的被除不祥的火，一边在伊尹身上涂上公猪的血。"桔槔"是一种原始的提井水的工具,用一根横木支在木柱上,一端挂水桶,一端系重物,两端上下运动以汲井水。第二天,商汤举行召见伊尹的仪式,伊尹就从调味开始,谈到各种美食,他告诉商汤,要吃到这些美食,就要有良马,并成为天子;而要成为天子,就必须施行仁道。伊尹与商汤的对话,就是烹饪史上最早的文献——《吕氏春秋·本味篇》。

还有一位厨神是彭祖。彭祖,传说姓篯名铿,是祝融氏吴回之孙,陆终氏的第三子。据东晋葛洪《神仙传》的说法,篯铿"少好恬静,不恤世务,不营名誉,不饰车服,唯以养生治身为事"。他是大夫,但经常称病而闲居,不参与政事,又经常独自云游,不乘车马,"或数百日或数十日,不持资粮"。因为他深得养生之方,据说活到商末,"已七百六十七岁,而不衰老"。

据说篯铿以雉和以五味,创造了雉羹,献给尧帝,为尧所赞美,因此封他为彭地的诸侯。屈原《楚辞·天问》中,有"彭铿斟雉,帝何飨?受寿永多,夫何久长"之句。篯铿子孙繁衍,成为大彭氏族的祖先,所以篯铿被称为"彭祖"。故彭城在今江苏徐州,《徐州府志》记:"唐尧封大彭氏国,其城在大彭山下,距城三十里。"此地流传有诗:"雍巫善味祖彭铿,三坊求师古彭城。九会诸侯任司庖,八盘五簋宴王公。"

第三位厨神是易牙,又名狄牙,是春秋时齐桓公的幸臣,好烹饪。他做的菜酸咸甘淡,美味适口,所以深得齐桓公的赏识。传说易牙原来就是开饭馆的庖人,但好调味,做菜的水平很高,又好逢迎,因为能做美味的食物和好逢迎而巴结上了齐桓公,当上了宠臣。因为易牙是厨师出身,又具体操作烹饪,所以被厨师们称作祖师。

但易牙的名声并不好。史书上称，管仲死后，他与竖刁、开方专权，齐桓公死后，立公子无亏而使齐国大乱。传说易牙为讨好齐桓公，居然把儿子的肉煮熟了敬献给齐桓公，因此一直被后人诟病。

　　除了这三位厨神之外，另外还有两位，做面点的时候是一定要敬的。一位是汉宣帝。汉宣帝名刘询，是汉武帝刘彻的曾孙，他的祖父就是戾太子刘据。汉武帝晚年，方士和神巫多聚京师，女巫出入宫中，教宫人埋木偶祭祀免灾。后汉武帝得病，当时宫中的直指绣衣使者江充称汉武帝的病是因为巫师的邪术作乱。因江充与刘据有仇，正想借机陷害他，因此诬称太子宫的木偶最多。刘据畏惧，因此起兵捕杀江充，但最终失败而自杀，这就是历史上的"巫蛊之乱"。在"巫蛊之乱"中，刘询的父母均被杀，刘询也因此隐名藏于民间。《汉书·宣帝纪》记，刘询幼时因"巫蛊之乱"蒙难，年长后喜游侠，遍历关中。刘询其实并不会做饼，只是他在落难时经常自己去饼铺买饼。据说他每到一个饼铺买饼，这家的生意就变得特别好，他也觉得奇怪。后来，大将军霍光废掉昌邑王刘贺，迎立刘询当皇帝后，关中的厨业就奉刘询为祖师。此后，《画诀》祖师神马名位中，饼铺就用汉宣帝的神马。宋蔡絛《铁围山丛谈》卷六记载："汉宣帝在仄微，有售饼之异，见于《汉书纪》。至今凡千百岁，而关中饼师，每图宣帝像于肆中，今殆成俗。"

　　另一位，就是传说中的詹王。詹王，一说是隋文帝的一位姓詹的御厨。有一次，隋文帝问他，什么东西最好吃。他回答是盐。隋文帝就以戏君之罪把他杀掉了。他被杀掉后，御厨们吓得做菜都不敢放盐了，隋文帝吃菜没有滋味，醒悟过来，就封这位姓詹的厨师为"詹王"。另有一种说法，是说这位詹王本名詹鼠，根本就不是什么御厨，而是一个流浪汉。传说隋文帝因为饭不好吃而杀掉了许多御厨，后来张榜招贤，流浪汉詹鼠便揭榜入了宫。应试时，隋文帝问他："什么最好吃？"他说："'饥'最好吃。"随后领隋文帝出城找"饥"，等隋文帝真的感到"饥"了，詹鼠就拿出葱花饼给他，隋文帝这才明白，只有饿了，吃饭才香。因此，隋文帝封他为"詹王"。

民间有祭祀詹王之俗。从立秋那天起，据说要祭祀四十八天。饭馆的厨师，在此期间都要敬詹王。据《采风录》记，每年农历八月十三，还要举行詹王会供奉这位"厨师菩萨"，发售各种食物。这一天，还是厨师收徒和出徒谢师的日子。

灵　水

　　人离不了水。据清徐珂《清稗类钞》："盖人之体中，水占七成。不仅血管血液之为水也，脑浆一百分，含水七十八，而骨中亦含之。且人身所出之水亦甚多，口涎、溺汗其显者也。即皮肤毛管，时时出气，固如水气之流通。又凡用脑之时，脑气运动，亦为肌肤出水之证。"古人统计，人体一天肌肤所出之水，大约合十五两。人体每天出气出水，日无所间，而腹中之食物悉为渣滓。若不时时饮水，渣滓填积，多则成毒。何况全身血液，亦全靠饮水调匀。所以，古人谈饮食，首先都必须先谈水。

　　清朱彝尊《食宪鸿秘》中说："从来称饮必先于食，盖以水生于天，谷成于地。'天一生水，地二成之'之义也，故此亦先食而叙饮。人非饮食不生，自当以水谷为主。肴与蔬但佐之，可少可更，惟水谷不可不精洁。天一生水，人之先天只是一点水。凡父母资禀清明，嗜欲恬淡者，生子必聪明寿考，此先天之故也。《周礼》云：'饮以养阳，食以养阴。'水属阴，故滋阳；谷属阳，故滋阴。以后天滋先天，可不务精洁乎？"

　　古人认为，天是一，地是二，水生于天，谷成于地，人之先天只是一滴水，所以要以水与谷食为主，菜肴佐之。水谷之间，水滋阳而谷滋阴，所以水最重要。朱彝尊认为，品茶、酿酒应该用山泉，烹饪则宜用江湖水。江湖水中未尝无原泉之性，但得土气多耳。水要无土滓无土性。且水大而流活，得太阳也多，朱彝尊称这种水为"第一江湖长流宿水"，称山泉雨水为第二。他介绍取江湖长流宿水法为：在江湖长流通港内，半夜船只未走时泛舟到中流，多带一些坛瓮把水舀回来，多备大缸贮下。用青竹棍左旋搅一百下，成旋涡状就住手，盖上用竹篾制的盖，不要再动。在装水之前先留出一个空缸。三天后用干净木勺把存了三天的水舀入空缸，舀到七分为止。缸内余水滓淘洗干净，令缸洁净，再把别缸水舀入此缸七分。这样逐缸倒运后，再用竹棍旋搅后盖好，三日后再舀过缸，去泥滓，如此三遍。然后预备干净的灶锅，水入锅煮成滚透，舀取入坛。每个坛里还要先放上三两白糖霜，然后入水，盖好，停宿一两个月才能使用。

《管子》曰："水者，地之血气，如筋脉之通流者也，故曰水具材也。"又说："水有大小，又有远近。水之出于山而流入于海者，命曰经水。水别于他水，入于大水及海者，命曰枝水。山之沟，一有水，一无水者，命曰谷水。水之出于他水沟，流于大水及海者，命曰川水。出地而不流者，命曰渊水。"

李时珍《本草纲目·水部》说："水者，坎之象也，上则为雨露霜雪，下则为海河泉井。""水为万化之源，土为万物之母。饮资于水，食资于土。饮食者，人之命脉也，而营卫①赖之。故曰，水去则营竭，谷去则卫亡。"李时珍把江湖水归为"流水"。他认为，流

---

①营卫：人体中水谷化生之气。营气为精气，属阴，主血，行于脉中。卫气为悍气，属阳，主气，行于脉外。营卫两气内外相贯，运行不息，以维系生命。

水者，"其外动而性静，其质柔而气刚"，"水性本咸而体重，劳之则甘而轻。取其不助肾气，而益脾胃也"。江湖水有顺流水、急流水与逆流水之分。顺流水性顺而下流，又名甘澜水，甘温而性柔。急流水湍上峻急，其性急速而下达。逆流水为洄澜之水，其性逆而倒上。这三种之中，顺流水饮用为好。但李时珍称天水为一、地水为二，认为地水还是不如天水。

明人高濂也持这种看法。他认为饮膳之水，应该用"灵水"。他在《遵生八笺》中说："灵，神也，天一生水而精明不淆，故上天自降之泽，实灵水也。"高濂认为，只有天降之水才是精明而不浑浊的，所以被称为灵水。高濂说："灵者阳气胜而所散也，色浓为露，凝如脂，美如饴，一名膏露，一名天酒是也。""雪者天地之积寒也，雪为五谷之精。""雨者阴阳之和，天地之施，水从云下，辅时生养者也。和风顺雨，明云甘雨。《拾遗记》'香云遍润，则成香雨'，皆灵雨也。"高濂认为，可食之灵水，其实也就露雪雨三种，"若夫龙所行者，暴雨霆者，旱而冻者，腥而黑者，及檐溜者，皆不可食"。

元代有一学人名贾铭，自号华山老人，一直活到明初，享年一百零六岁。其所著《饮食须知》中，对种种"天水"做了介绍：

天雨水：味甘淡，性冷。暴雨不可用，淫雨及降注雨谓之潦水，味甘薄。

立春节雨水：性有春升始生之气。妇人不生育者，是日夫妇宜各饮一杯，可易得孕。取其发育万物之义也。

梅雨水：味甘，性平，芒种后逢壬为入梅，小暑后逢壬为出梅，须淬入火炭解毒。此水入酱易熟，沾衣易烂，人受其气生病，物受其气生霉。忌用造酒、醋。浣垢如灰汁，入梅叶煎汤，洗衣霉，其斑乃脱。

液雨水：立冬后十日为入液，至小雪为出液。百虫饮此皆伏蛰，宜制杀虫药饵，又谓之药雨。

腊雪水：味甘，性冷。冬至后第三戊为腊，密封阴处，数年不坏。用此水浸五谷种，则耐旱不生虫。酒席间则蝇自去。淹藏一切果食，永不虫蛀。春雪日久则生虫，不堪用，亦易败坏。

冰：味甘，性大寒，止可浸物。若暑月食之，不过暂时爽快，入腹令寒热相激，久必致病，因与时候相反，非所宜也。服黄连、胡黄连、大黄、巴豆者忌之。

露水：味甘，性凉，百花草上露皆堪用，秋露取之造酒，名秋露白，香冽最佳。凌霄花上露，入目损明。

冬霜：味甘，性寒，收时用鸡羽扫入瓶中。密封阴处，久留不坏。

冰雹水：味咸，性冷，有毒。人食冰雹，必患瘟疫风癫之症。酱味不正，取一二升纳瓮中，即还本味。

这些水中，自然是露水最好，甘凉润燥，涤暑除烦。南朝梁孙柔之《瑞应图记》："甘露，美露也，神灵之精，仁瑞之泽，其凝如脂，其甘如饴，故有甘膏酒浆之名。"清人王士雄《随息居饮食谱》中，记有各种露水之性能："稻头上露，养胃生津。菖蒲上露，清心明目。韭叶上露，凉血止噎。荷花上露，清暑怡神。菊花上露，养血息风。"露水有秋前秋后之分，秋后之露比秋前之露要好，因"秋前之露皆自地升"。

　　甘露固然好，毕竟太金贵。于是，贾铭提出要贮"神水"。"神水"一般都指节气日水。比如立春日、清明日的雨水，比如谷雨日要取长江之水，若五月端午午时有雨，要急伐竹竿，剖开后，其中"必有神水"。寒露、冬至、小寒、大寒及腊日水宜浸造滋补丹丸药酒。这些说法，现在看来都没什么道理。

　　除江河水、灵水以外，还有井水。井水味有甘淡咸之异，性凉。贾铭《饮食须知》说："凡井水远从地脉来者为上。如城市人家稠密，沟渠污水杂入井中者，不可用。须煎滚澄清，候碱秽下坠，取上面清水用之。如雨浑浊，须擂桃杏仁，连汁投入水中搅匀，片时则水清矣。"朱彝尊《食宪鸿秘》说："煮粥，必须井水，亦宿贮为佳。"井水中，最好的是井花水，即清早第一汲者。朱彝尊说："凡井水澄蓄一夜，精华上升，故第一汲为最妙。每日取斗许入缸，盖好宿下。"他叮嘱，汲井水要轻轻下井绳，以免浊者泛起。凡井久无人汲取者，不宜即饮。

　　每种水各有利弊。明人田艺蘅《煮泉小品》中记载：井，……其清出于阴，其通入于淆，其法节由于不得已，脉暗而味滞，故鸿渐曰"井水下"。他谈到"江水"说："江，公也，众水共入其中也，水共则味杂。泉自谷而溪而江而海，力以渐而弱，气以渐而薄，味以渐而碱，故曰'水曰润下'。"所以，水之最佳者，就是泉水。

　　清王士雄《随息居饮食谱》记载试水美恶、辨水高下的方法有五种：

　　　　第一煮试。取清水置净器煮熟，倾入白瓷器中，候澄清。下有沙土者，此水质浊也。水之良者无滓，又水之良者，以煮物则易熟。

第二日试。清水置白瓷器中，向日下，令日光正射水，视日光中，若有尘埃绸缊如游气者，此水质不净也。水之良者，其澄澈底。

第三味试。水，元气也，元气无味。无味者真水，凡味皆从外合之。故试水以淡为主，味佳者次之，味恶为下（天泉最淡，故烹茶独胜，而煮粥不稠）。

第四称试。有各种水欲辨优劣，以一器更酌而衡之，轻者为上。

第五纸帛试。用纸或绢帛之类，色莹白者，以水蘸而干之，无痕迹者为上（"白""水"为泉，故水以色白为上）。

江河、井泉、雨雪之水，其实试法都一样。

火

火是饮食烹饪之根本。应该说，有了火之后，才产生了饮食文化。

在火诞生之前，先民们只能过原始的、禽兽一般的生活，所谓"食草木之食，鸟兽之肉，饮其血，茹其毛"，如《韩非子》所说"民食果蓏蚌蛤，腥臊恶臭而伤害腹胃，民多疾病"。自火诞生后，才"炮生为熟，令人无腹疾，有异于禽兽"。火之发明者，传说是燧人氏。考古工作者从周口店北京猿人所用石器初步推测，中国猿人开始自觉用火，大约在五十万年以前。

中国历史上有三皇五帝说。关于三皇，起码有四种说法：一种是伏羲、神农、黄帝（《世本》《帝王世纪》）；一种是伏羲、女娲、神农（《三皇纪》）；一种是伏羲、神农、祝融（《风俗通》）；还有一种是伏羲、神农、燧人（《白虎通》）。

《尸子》："燧人上观星辰，下察五木以为火。"按阴阳五行说，火生于木，故燧人用木取火。宋罗泌《路史》中说，燧人是观乾象，察辰心而火出，做钻燧。"辰心"，按古人所说为"心宿二"，即"大火星"。所谓"五木"，是指当时认为五种应天时可以取火的木材，榆：柳青，故春取之；枣：杏赤，故夏取之；桑：柘黄，故季夏取之；柞：楢白，故秋取之；槐：檀黑，故冬取之。

燧人氏发明钻木取火后，其取火的工具称燧，后人又发明了利用金属向太阳取火，于是又有"木燧"和"阳燧"之分。《淮南子·天文训》记："阳燧见日则燃而为火。阳燧，金也。日高三四丈，持以向日，燥艾承之寸余，有顷焦，吹之则得火。"崔豹《古今注》："阳燧以铜为之，形如镜，照物则景倒，向日则火生。"

在汉以前，用阳燧取火，称作"明火"；用木燧取火，称作"国火"。《周礼·夏官·司爟》："四时变国火，以救时疾。"按《周礼》中的说法，阳燧取之于日，近于天也，故占卜与祭祀时用之。木燧取之于五木，近于人也，故烹饪用之。汉以后，人们发现，用金属与石相击，也可摩擦得火，于是，简单的铁片就可成为阳燧。人们出门时，一般都左佩阳燧，右佩木燧，以便随时取火。另备有艾加上硝水制成的火绒，当摩擦产生的火星掉在绒上燃烧时，再用"发烛"接引得火。所谓"发烛"，是用蜕皮麻秸做成小片状，长五六寸，涂硫黄于首，遇火即燃。

有了火后，就有了灶。创造灶者，一说是炎帝。《淮南子·氾沦训》记："炎帝于火而死为灶。"注曰："炎帝神农，以火德王天下，死托祀于灶神。"一说是黄帝。《续事始》记："灶，黄帝所置。"汪汲《事物原会》称："黄帝作灶，死为灶神。"而火神，按一般说法是祝融。《淮南子·时则训》注："祝融吴回为高辛氏火正，死为火神，托祀于灶。"《史记·楚世家》："重黎为帝喾高辛居火正，甚有功，能光融天下，帝喾命曰'祝融'。"《礼记·月令》："孟夏之月……其帝炎帝，其神祝融……其祀灶，祭先肺。"

原始的灶的形态，是在地上掘坑。西安半坡遗址发掘出土的灶，为双连地灶，即地表上两坑相隔，而在地下则相连相通。一坑为进柴处，一坑为出火处，两坑相通的洞口就是灶门。至战国时，灶的制作已非常完美。鲁仲连《鲁连子》记："一灶五突^①，烹饪十倍，分烟者众。"

自从用火烹饪，古人很快注意到了火候对于烹饪之重要。首次谈及火候对于烹饪之重要，是《吕氏春秋·本味篇》。其中伊尹这样告诉商汤："凡味之本，水最为始^②。五味三材^③，九沸九变^④，火为之纪。时疾时徐，灭腥去臊除膻，必以其胜，无失其理。调和之事，必以甘、酸、苦、辛、咸。先后多少，其齐甚微，皆有自起。鼎中之变，精妙微纤，口弗能言，志不能喻。若射御之微，阴阳之化，四时之数。放久而不弊，熟而不烂，甘而不哝，酸而不酷，咸而不减，辛而不烈，淡而不薄，肥而不喉。"这段话的大意是：大凡味之根本，水为第一。依甘酸苦辛咸这五味和水木火这三材来施行烹调。鼎中九次沸腾就会有九种变化，这要靠火来控制调节。有时用武火，有时用文火，清除腥、臊、膻味，关键在掌握火候。只有掌握了用火的规律，才能转臭为香。调味必用酸甜苦辣咸这五味，但放调料的先后和用料多少，它们的组合是很微妙的。鼎中的变化，也是精妙而细微，无法形容，就是心里有数也很难说清楚。就像骑在马上射箭一样，要把烹技练到得心应手，如阴阳之自然化合，如四时之自然变换，才能做到烹久而不败、熟而不烂、甜而不过、酸而不浓烈、咸而不涩嘴、辛而不刺激、淡而不寡味、肥而不腻口。

---

① 突：烟囱。
② 五行之数，水为第一。
③ 五味：甘、酸、苦、辛、咸。三材：水、木、火。
④ 西晋张协《七命》："味重九沸。"

　　袁枚在《随园食单》中，专门有一节论述火候。他认为，烹饪的关键是掌握火候。煎、炒必须用旺火，火力不足，炒出来的东西就会疲软；煨煮则必须用温火，火猛了，煨成的食物就会枯干形硬。要收汤的食物，应该先用旺火，再用温火。如果心急而一直用旺火，食物就会外焦但里面不熟。他认为，腰子、鸡蛋之类，越煮越嫩；鲜鱼、蚶蛤之类，多煮就会不嫩。肉熟了就要起锅，这样颜色红润，起锅稍迟就会变黑。做鱼要是起锅晚了，则活肉都会变死。烹饪时，开锅盖的次数多了，做出的菜就会多沫而少香。如果火灭以后再烧，则菜就会走油而失味。袁枚说，传闻道人必须经过九次循环转变才能炼成真丹，儒家则以既不做过头，又要功夫到家为准。厨师要正确掌握火候，谨慎操作，才算基本掌握了烹调。掌握了烹调技术的厨师，做出来的鱼，应该是色白如玉，肉凝而不散，这种肉是活肉。要是色白如粉、松而不粘者，就是死肉。

　　古人认为，火有新火、旧火之分，温酒炙肉做菜用的石炭火、木炭火、竹火、草火、麻荄火①，气味各自不同。清人《调鼎集》中就列举了适合不同的食物的火："桑柴火：煮物食之，主益人。又煮老鸭及肉等，能令极烂。能解一切毒。秽柴不宜作食。稻穗火：烹煮饭食，安人神魂，到五脏六腑。麦穗火：煮饭食，主消渴、润喉、利小便。松柴火：煮饭，壮筋骨。煮茶不宜。枥柴火：煮猪肉食之，不动风。煮鸡、鹅、鸭、鱼腥等物，烂。茅柴火：炊者饮食，主明目解毒。芦火：竹火宜煎一切滋补药。炭火：宜煎茶，味美而不浊。糠火：砻糠火煮饮食，支地灶，可架二锅，南方人多用之。其费较

---

　　①麻荄火：用麻根燃烧的火。

柴火省半。惜春时糠内入虫，有伤物命。"

贾铭在《饮食须知》中说："艾火宜用阳燧、火珠承日取太阳真火，其次则钻槐取火为良。"他认为，"其戛金击石^①，钻燧八木之火，皆不可用。八木者，松木难瘥^②，柏火伤神多汗，桑火伤肌肉，柘火伤气脉，枣火伤内吐血，橘火伤营卫经络，榆火伤骨失志，竹火伤筋损目也"。

顾炎武也反对用石取火，认为用火石取火会影响寿命。但他认为，应按四时五行之变取木之火。他说：人用火必取之木，而复有四时五行之变。《黄帝内经·素问》言：壮火散气，少火生气。季春出火，贵其新者，少火之义也。今人一切取之于石，其性猛烈而不宜人，病疢之多，年寿之减，有自来矣。

古人称火为"阳之精"。《后汉书·五行志》注曰："火者，阳之精也。"《河图·抒光篇》："阳精散而分布为火。"古人把火称为五行之一，认为它有气而无质，可以生杀万物，神妙无穷。古人认为，独有火在五行中有二，其他都只有一。所谓二者，是指火有阴火和阳火之分。古人又把火分成天火、地火、人火三种，认为天火有四，地火有五，人火有三。天之阳火有二：太阳，真火；星精，飞火。天之阴火有二：龙火（称龙口有火），雷火。地之阳火有三：钻木之火，击石之火，戛金之火。地之阴火有二：石油之火，水中之火。人之阳火有一，丙丁君火^③；人之阴火有二，命门相火^④，三昧之火^⑤。

---

①金石、八音中的两者，戛金击石本指乐音，这里指撞击金石。
②瘥：病愈。松木难瘥：用松木之火，得病难愈。
③就是心、小肠的所谓离火。
④谓坎火，游行三焦，寄位肝胆。
⑤意为纯阳，乾火。

总共阳火六，阴火也六，共十二。

中国在相当长时间内，一直使用原始的发烛取火；到唐宋间，发展为以松木制成的比较精致的发烛。明田汝成《委巷丛谈》记载："杭人削松木为小片，其薄如纸，熔硫磺涂其锐，名曰'发烛'。"宋以后，又称"火寸"。北宋陶穀《清异录》曰："夜中有急，苦于作灯之缓。有智者批杉条染硫磺，置之待用。一与火遇，得焰穗燃。既神之，呼'引光奴'。今遂有货者，易名'火寸'。"据说南宋时，就有专造"火寸"的作坊。

发明火柴者，据说是瑞典人。1855年，在瑞典建立的火柴厂研制成功安全火柴，逐渐为世界各国所采用。后来，现代火柴传入中国，被称为洋火。

油

关于"油"的起源，宋高承《事物纪原》记载："《黄帝内传》曰'王母授帝以九华灯檠，于是灯有檠，则注膏油以为灯明其前有也'。"这是一种说法，认为油是西王母授给黄帝的。另一种说法见《渊鉴类函》："黄帝得河图书，昼夜观之，乃令力牧采木实制造为油，以绵为心，夜则燃之读书，油自此始。"按这种说法，黄帝从河图书中得到启示，采木实为油，这显然已是榨油。而黄帝时并无书也无榨油技术，故此说不可信，乃后人伪托。明黄一正《事物绀珠》中则认为是神农做油。

早期的油称为"膏"或"脂"。按东汉刘熙《释名》曰："戴角曰脂，无角曰膏。"那时的油都是从动物身上提取，有角者提炼出来称脂，无角者提炼出来称膏。西汉戴德《大戴礼记·易本命》曰："戴角者无上齿，无角者膏而无前齿，有羽者脂而无后齿。"《考工记》郑玄注："脂者，牛羊属；膏者，豕属。"古人之称谓，区别得非常清楚。同是荤油，牛油羊油必称脂，猪油必称膏；同是脂，在脊又曰"肪"，在骨又曰"䏑"；而兽脂聚，又曰"䐃"。

《周礼·天官·庖人》记载："凡用禽献，春行羔豚，膳膏香；夏行腒鱐，膳膏臊；秋行犊麛，膳膏腥；冬行鲜羽，膳膏膻。"庖人是掌天子膳羞时供应肉食的官。禽献，禽在这里指鸟兽的总名，也就是献给天子煎和的四时鸟兽。古人杀牲谓之用，煎和谓之膳，所以这里指的是熟食。羔豚：小羊、小猪。脯鱐：干雉、干鱼。犊麛：牛犊、麋鹿。鲜：鱼、鳖蟹之属。羽：雁、鹅。煎和这些东西所用膏油，一物配一物，也是有规定的。东汉郑众注："膏香，牛脂也；膏臊，豕膏也。"东汉杜子春注："膏臊，犬膏。膏腥，豕膏也。膏膻，羊脂也。"

《礼记·内则》记，当时烹饪，"脂用葱，膏用韭"。元陈澔注："凝者为脂，释者为膏。"脂指凝固的油，膏指融化的油。

早时烹饪都用这种提取的荤油。按《齐民要术》的记载，提取方法是"猪肪㶴取脂"。㶴就是炒。把动物的油脂剥下来，切成块炒，炼出膏，再凝为脂。

周代时脂膏的使用，一种是放入膏油煮肉，一种是用膏油涂抹以后将食物放在火上烤，还有一种就是直接用膏油炸食品。南朝宋檀道鸾《续晋阳秋》记："桓灵宝好蓄法书名画。客至，曾出而观。客食寒具，油污其画，后遂不设寒具。"当时的寒具，就是用膏油炸的面食。

使用动物油很长时间以后，因为榨油技术的诞生，才开始有素油。素油的提炼，大约始于汉。《释名》："柰油，捣柰实，和以涂缯，上燥而发之，形似油也。杏油亦如之。"柰是果木，就是林檎的一种，也称"花红"和"沙果"。缯是古代丝织品的统称。将沙果和杏捣烂搅和后涂在丝织物上，待干后好像是油一样，其实并非真正的油。《北堂书钞》注引曰："荆州有树，名乌臼，其实如胡麻子，捣其汁，可为脂，其味亦如猪脂。"这里可看出，早期的素油是从"乌臼"中提炼的。"乌臼"，实际为"乌桕"，落叶乔木，有种子，外面包白色蜡质。种壳和仁确实都可榨油，但榨出的油现在只能做工业原料。

《三国志·魏书》："权自将号十万，至合肥新城。宠驰往赴，募壮士数十人，折松为炬，灌以麻油，从上风放火，烧贼攻具。"这里以芝麻油作为照明燃料。晋张华《博物志》卷四记："煎麻油，水气尽，无烟，不复沸则还冷，可内手搅之。得水则焰起，散卒而灭。"可见，芝麻油是最早的素食用油。《博物志》中还记有用麻油制豆豉法："外国有豆豉法：以苦酒浸豆，暴令极燥，以麻油蒸讫，复暴三过乃止。"

按《汉书》所记，芝麻乃张骞从西域带回的种子，所以初名"胡麻"。北宋沈括《梦溪笔谈》："张骞始自大宛得油麻之种，亦谓之'麻'，故以'胡麻'别之。"大宛是汉时西域国名，位于今中亚费尔干纳盆地。汉时，芝麻已经大量生产，榨油技术如何发明，早期如何操作，却并无文字记载。北魏贾思勰《齐民要术》记有"白胡麻""八棱胡麻"两个品种，注明"白者油多"。南朝陶弘景《本草经集注》："生榨者良，若蒸炒者，止可供食及燃灯耳。"但都无具体操作的说明。芝麻油在唐宋时成为极普遍的烹饪用素油。唐孟诜《食疗本草》："白油麻，常食所用也。"《梦溪笔谈》："如今之北方人喜用麻油煎物，不问何物，皆用油煎。庆历中，群学士会于玉堂，使人置得生蛤蜊一篑，令馔人烹之，久且不至。客讶之，使人检视，则曰：'煎之已焦黑，而尚未烂。'坐客莫不大笑。"

北宋庄绰《鸡肋编》中有一节专记油，详述那时各种植物油的提取，认为诸油之中，"胡麻为上"。庄绰记，当时河东食大麻油，陕西食杏仁、红蓝花子、蔓菁子油，山东食苍耳子油。另外还有旁旁毗子油①、乌柏子油、鱼油。

至明代，从植物中提取的素油品种日益增多。明宋应星《天工
开物》记："凡油供馔食用者，胡麻、莱菔子②、黄豆、菘菜子为上；
苏麻、芸薹子次之；茶子次之，苋菜子次之；大麻仁为下。"《天工开
物》记当时榨油："北京有磨法，朝鲜有舂法，以治胡麻。其余则皆
从榨也。"其记榨各种麻、菜籽油的方法是："取诸麻菜子入釜，文火
慢炒，透出香气，然后碾碎受蒸。凡炒诸麻菜子，宜铸平底锅，深
止六寸者，投子仁于内，翻拌最勤。若釜底太深，翻拌疏慢，则火
候交伤，减丧油质。炒锅亦斜安灶上，与蒸锅大异。凡碾埋槽土内，
其上以木竿衔铁陀，两人对举而推之。资本广者，则砌石为牛碾，
一牛之力可敌十人。亦有不受碾而受磨者，则棉子之类是也。既碾
而筛，择粗者再碾，细者则入釜甑受蒸。蒸气腾足取出，以稻秸与
麦秸包裹如饼形，其饼外圈箍，或用铁打成，或破篾绞刺而成，与
榨中则寸相稳合。凡油原因气取，有生于无。出甑之时，包裹急缓，
则水火郁蒸之气游走，为此损油。能者疾倾疾裹而疾箍之，得油之
多。""包内油出滓存，名曰'枯饼'，凡胡麻、莱菔、芸薹诸饼皆重
新碾碎，筛去秸芒，再蒸再裹而再榨之，初次得油二分，二次得油
一分。若柏桐诸物，则一榨已尽流出，不必再也。若水煮法，则并
用两釜，将蓖麻、苏麻子碾碎入一釜中，注水滚煎，其上浮沫即油，
以勺掠取，倾于干釜内，其下慢火熬干水气，油即成矣。然得油之
数毕竟减杀。北磨麻油法，以粗麻布袋捩绞。"《天工开物》还说，用
榨油法，胡麻每石得油四十斤，莱菔子每石得油二十七斤，芸薹子

---

① 旁毗子的根即为乌药（一种中药）。
② 即萝卜籽。

每石得三十斤，菘菜子、苋菜子每石得三十斤，茶子每石得一十五斤，黄豆每石得九斤。《天工开物》没提到花生油。花生油应是诞生得很晚的植物油。

清檀萃《滇海虞衡志》始记花生油："落花生为南果中第一，以其资于民用者最广。宋元间，与棉花、番瓜、红薯之类，粤估从海上诸国得其种归种之。呼棉花曰'吉贝'，呼红薯曰'地瓜'，落花生曰'地豆'……落花生以榨油为上。故自闽及粤，无不食落花生油。"檀萃所记乃清乾隆年间。不过，清章穆《调疾饮食辨》中，却只记植物油四种：脂麻油（芝麻油）、豆油、芸薹油（菜籽油）、吉贝油（棉花子油），并无花生油。清李调元《粤东笔记》记："榄仁（橄榄）油、菜油、吉贝仁油、火麻子油皆可食。然率以茶子油白者为美，曰'白茶油'。黑色炒焦以为小磨香油名曰'秧油'。"其中也没提花生油。

清人《调鼎集》记："菜油取其浓，麻油取其香。做菜须兼用之。麻油坛埋地，窨数日，拔去油气始可用。又，麻油熬尽水气即无烟，还冷可用。又，小磨将芝麻炒焦，磨油故香。大车麻油则不及也。豆油、菜油入水煮过，名曰熟油，以之做菜，不损脾胃。能埋地窨过更妙。"还是没提花生油。

盐

清汪汲《事物原会》记载："盐,《世本》:黄帝时,诸侯有夙沙氏,始以海水煮乳,煎成盐。其色有青、黄、白、黑、紫五样。"有关夙沙氏,汉宋衷有注,但《世本》散佚,后人所引则各异。《路史》引宋衷注为:"夙沙氏,炎帝之诸侯。"《太平御览》引宋衷注为:"宿沙卫,齐灵公臣。齐滨海,故卫为渔盐之利。"

宿(夙)沙虽是传说中人,但由此可说明中国最早的盐是用海水煮出来的。"盐"古作"鹽",此字本意是在器皿中煮卤,天生者卤,煮成者盐。段玉裁注《说文》引玄应《一切经音义》:"天生曰卤,人生曰盐。"

中国的盐井出现得也很早。《蜀王本纪》:"宣帝地节中,始穿盐井数十所。"宣帝"地节"年号在公元前69至前66年,距今也已两千多年。《方舆胜览》引《郡国志》云:"井乃东汉张道陵所开,曰'狼毒井'。有毒龙藏井中,及盐神玉女十二为祟。天师以道力驱出毒龙,禁玉女于井中,然后人获咸泉之利。"

自汉代起,人们开始利用盐池取盐。东晋王廙《洛都赋》:"东有盐池,玉洁冰鲜,不劳煮,成之自然。"东汉刘桢《鲁都赋》:"又有盐池漭沆,煎炙赐春,燋暴喷沫,疏盐自殷,挹之不损,取之不勤。"西晋郭璞《盐池赋》:"水润下以作咸,莫斯盐之最灵。傍峻岳以发源,池茫尔而海淳。嗟玄液之潜润,羌莫知其所生。"东晋常璩《华阳国志》:"越嶲笮夷有盐池,积薪以池水灌而后焚之成盐。"

在周朝时,掌盐政之官叫"盐人"。《周礼·天官·盐人》:"盐人掌盐之政令,以共百事之盐。祭祀,共其苦盐、散盐。宾客,共其形盐、散盐。王之膳羞,共饴盐。后及世子,亦如之。"这段话的意思是:盐人管盐政,管理各种用盐的事务。祭祀要用苦盐、散盐。"苦"字又作"盬",《礼记·曲礼》:"凡祭宗庙之礼……盐曰'咸鹾'。"《尔雅·释言》:"咸,苦也。"郭璞注:"苦即大咸。"北魏郦道元《水经注》:"土人乡俗,引水裂沃麻,分灌川野,畦水耗竭,土自成盐,即所谓咸鹾也,而味苦,号曰'盐田'。"散盐就是煮水涷治后的盐。唐司马贞《史记索隐》:"散盐,东海煮水为盐也。"《管子·地数》:"请君伐菹薪,煮沸水为盐。"

有盐,国就富。《汉书》记:"东煮海水为盐,以故无赋,国用饶足。"齐国管仲也设盐官专煮盐,以渔盐之利而兴国。

汉武帝始设立盐法,实行官盐专卖,禁止私产私营。《史记·平准书》:(建元间)"以东郭咸阳、孔仅为大农丞,领盐铁事。……孔仅、咸阳言,山海,天地之藏也,皆宜属少府,陛下不私……敢私铸铁器煮盐者,釱左趾。"也就是说,谁敢私自制盐,就施以釱刑——戴上脚镣。《晋令》:"凡民不得私煮盐,犯者四岁刑,主吏二岁刑。"晋代时,私煮盐者百姓判四年刑,官吏判两年。立盐法后,市民食盐是有规定的。《管子》:"凡食盐之数,一月丈夫五升少半,妇人三升少半,婴儿二升少半。"

古时盐有各种颜色。唐段公路《北户录》:"恩州有盐场,出红盐，色如绛雪。验之即由煎时染成，差可爱也。郑公虔云：琴湖池桃花盐，色如桃花，随月盈缩，在张掖西北。"晋郭义恭《广志》："河东有印成盐，西方有石子盐，皆生于水。北海湖中有青盐，五原有紫盐，波斯国有白盐如石子。"南朝萧绎《金楼子》："有清盐池，盐正四方，广半寸，其形扶疏似石。"《本草纲目》把品种众多的盐分成三种：食盐、戎盐、光明盐。食盐，就是普通的食用盐。李时珍引陶弘景《名医别录》："有东海盐、北海盐、南海盐、河东盐池、梁益盐井、西羌山盐、胡中树盐，色类不同，以河东者为胜。东海盐，官盐，白草粒细。北海盐黄草粒粗，以作鱼鲊及咸菹。乃言北胜，而藏茧必用盐官者。蜀中盐小淡，广州盐咸苦。"李时珍引苏颂《图经本草》："并州①末盐乃刮碱煎炼者，不甚佳，所谓卤碱是也。大盐生河东②池泽，粗于末盐，即今解盐也。解州③安邑两池，取盐于池旁耕地，沃以池水。每得南风急，则宿夕成盐满畦，彼人谓之'种盐'，最为精好。东海北海南海盐者，今沧密、楚秀、温台、明泉、福广、琼化诸州，煮海水作之，谓之'泽盐'，医方谓之'海盐'。海边掘坑，上布竹木，覆以蓬茅，积沙于上。每潮汐冲沙，则卤碱淋于坑中，水退则以火炬照之。卤气冲火皆灭，因取海卤贮盘中煎之，顷刻而就。其煮盐之器，汉谓之'牢盆'，今或鼓铁为之，南海人编竹为之。上下周以蜃灰，横丈深尺，平底，置于灶背，谓之'盐盘'。梁益盐井者，今归州及四川诸郡皆有盐井，汲其水以煎作盐，如煮海法。又滨州有土盐，煎炼草土而成，其色最粗黑，不

---

①并州：古州名，其地约当今内蒙古河套、山西太原、大同和河北保定一带。
②河东：在古代指山西省西南部。
③今山西运城。

堪入药。"据李时珍考:"盐品甚多。海盐取海卤煎炼而成,今辽冀、山东、两淮、闽浙、广南所出是也。井盐取井卤煎炼而成,今四川、云南所出是也。池盐出河东安邑,西夏灵州,今惟解州种之。疏卤地为畦,陇而堑围之,引清水注入,久则色赤。待夏秋南风大起,则一夜结成,谓之'盐南风'。如南风不起,则盐失利。亦忌浊水淤淀盐脉也。又海丰、深州者,亦引海水入池晒成。并州、河北所出,皆碱盐也。刮碱土煎炼而成。阶成、凤川所出,皆崖盐也。生于土崖之间,状如白矾,亦名'生盐'。此五种,皆食盐也。上供国课,下济民用,海盐、井盐、碱盐三者出于人;池盐、崖盐二者出于天。《周礼》云:'盐人掌盐之政令。祭祀共其苦盐、散盐。宾客供其形盐。王之膳羞,供其饴盐。'苦盐即颗盐也,出于池,其盐为颗,未炼治,其味咸苦。散盐即末盐,出于海及井,并煮碱而成者,其盐皆散末也。形盐即印盐,或以盐刻作虎形也;或云积卤所结,其形如虎也。饴盐,以饴拌成者,或云生于戎地,味甜而美也。此外又有崖盐,生于山崖,戎盐生于土中,伞子盐生于井,石盐生于石,木盐生于树,蓬盐生于草。造化生物之妙,诚难殚知也。"

至于戎盐,陶弘景释:"白盐、食盐,常食者。黑盐,主腹胀气满。胡盐,主耳聋目痛。柔盐,主马脊疮。又有赤盐、驳盐、臭盐、马齿盐四种,并不入食。马齿即大盐。黑盐疑是卤盐。柔盐疑是戎盐,而此戎盐又名胡盐,二三相乱。今戎盐虏中甚有,从凉州来,亦从敦煌来,其形作块片,或如鸡鸭卵,或如菱米。色紫白,味不甚咸,口尝气臭,正如豲鸡子臭者,乃真。"苏颂说:"陶氏所说九种,今人不能遍识。医家治眼及补下药多用青盐,恐即戎盐也。《本草》云:北海青,南海赤。今青盐从西羌来者,形块方棱,明莹而青黑色，最奇。北海来者，作大块而不光莹，又多孔窍，如蜂窠状，色亦浅于西盐。"李时珍说："《本草》戎盐云'北海青，南海赤'，而诸注乃用白盐，似与本文不合。按《凉州异物志》云：姜赖之墟，今称龙城，刚卤千里，蒺藜之形。其下有盐，累棋而生。出于胡国，故名戎盐。赞云：盐山二岳，二色为质，赤者如丹，黑者如漆。小大从意，镂之为物。作兽辟恶，佩之为吉。或称戎盐，可以疗疾。此说与《本草》本方相合，亦惟赤、黑二色，不言白者。盖白者乃光明盐，而青盐、赤盐则戎盐也。故《西凉记》云：青盐池出盐，正方半寸，其形如石，甚甜美。《真腊记》云：山间有石，味胜于盐，可琢为器。《梁杰公传》言：交河之间，掘碛下数尺，有紫盐，如红如紫，色鲜而甘。其下丈许，有璧珀。'《北户录》亦言张掖池中出桃花盐，色如桃花，随月盈缩。今宁夏近凉州地，盐井所出青盐，四方皎洁如石。山丹卫即张掖地，有池产红盐，红色。此二盐，即戎盐之青赤二色者。医方但用青盐，而不用红盐，不知二盐皆名戎盐也。所谓南海、北海者，指西海之南北而言，非炎方之南海也。张杲《玉洞要诀》云：赤戎盐出西戎，禀自然水土之气，结而成质，其地水土之气黄赤，故盐亦随土气而生。味淡于石盐，力能伏阳精。但于火中烧汁红赤，凝定色转益者，即真也，亦名绛盐。"

光明盐又称水晶盐或"君王盐"。《金楼子》："白盐山山峰洞澈，有如水精，及其映日，光似琥珀。胡人和之以供国厨，名为'君王盐'，又名'玉华盐'。"《太平广记》："高昌国遣使贡盐二颗，颗大如斗，状白似玉。"这两颗盐，一颗是"南烧羊山"，有月亮的夜晚收藏的；一颗是"北烧羊山"，没月亮的夜晚收藏的。"月望收者，文理粗，明澈如水。非月望收者，其文理密。"李时珍认为光明盐就是石盐，"石盐有山产水产二种。山产者即崖盐也，一名生盐，生山崖之间，状如白矾，出于阶、成、陵、凤、永康诸处。水产者，生池底，状如水晶石英，出西域诸处。"李时珍认为，光明盐得清明之气，所以是"盐之至精者也"。

《吕氏春秋·本味篇》："和之美者，阳朴之姜，招摇之桂，越骆之菌，鳣鲔之醢，大夏之盐。"大夏，按《淮南子》，乃湖泽名，"西北方曰大夏，曰海泽。"

中国第一个做盐生意的商人是猗顿。猗顿是春秋时鲁国人。旧有"陶朱、猗顿之富"的说法，陶朱是指范蠡。范蠡助越王勾践灭吴后，他认为越王这人不可共安乐，因此弃官到山东定陶，被称"陶朱公"，经商致富。"十九年中三致千金，子孙经营繁息，遂至巨万"。猗顿在郇国经营河东盐十年，亦成为豪富。郇国汉属河东郡，今属山西。

古代盐商一般都具垄断特权，所以盐商十有八九都发了大财。明清两代，江南扬州一带的盐商之奢靡达到顶峰。据清徐珂《清稗类钞》："有欲以万金一时费去者，使门下客以金尽买金箔，载至镇江金山寺塔上，向风扬之，顷刻而散，沿缘草树间，不可复收。又有以三千金尽买苏州不倒翁，倾于水中，水道为之塞者。"盐商中有喜欢漂亮貌美的，从看门的人一直到灶婢，都选用二八佳丽清秀之辈。也有喜欢貌丑的，录用奴婢后，不惜毁其容，用酱敷之，在太阳下曝晒。

《清稗类钞》还记载了一件趣事。当时黄均太是两淮八大盐商之首，他每天早上吃鸡蛋两枚配燕窝参汤。一天，他从账本上看到，每枚鸡蛋需纹银一两，他觉得蛋价再贵也不至如此，于是叫厨师来追问。厨师说，你每天所吃鸡蛋，不是市上能买到的可以相比，每枚纹银一两，价其实还不算高。主人要是不信，请另换一位厨师，如果适口，就可以用之，说完，自告而退。于是黄盐商换了一个厨师，果然鸡蛋的味道和以前不一样。接着又换了好几个厨师，一直找不到原来鸡蛋的味道。于是他又让原来的厨师入宅，第二天进鸡蛋，果然味道如初。黄盐商因此问："你有什么绝技，可以使鸡蛋味美至此？"那位厨师就说："小人家中养母鸡百余只，每天所喂之食都是用人参、苍术等物研成末拌在料里，所以鸡蛋味道特别。主人使人至小人家中一观，即知真伪。"黄盐商派人一看，果然如此，于是就保持了每天早晨的这两个鸡蛋。

烹饪调味，离不了盐。但元贾铭《饮食须知》认为，"喜咸人必肤黑血病，多食则肺凝涩而变色"。《调鼎集》说："凡盐入菜，须化水澄去浑脚，既无盐块，亦无渣滓。"做菜的时候，要注意先下别的佐料，最后下盐方好。"若下盐太早，物不能烂"。

古人调味，先要用盐和梅。五味之中，咸为首，所以盐在调味品中也列为第一。今中国人食用之盐，沿海多用海盐，西北多用池盐，西南多用井盐。海盐中，淮盐为上；池盐中，乃河东盐居首；井盐中，自贡盐最好。

酱

　　有传说酱乃周公所创。周公就是叔旦，周武王的弟弟，曾助武王灭商。但《周礼》中已有"百酱"之说，酱的制作发明，应该在周之前。

　　刚开始时酱并非调料，而是作为一种重要的食品诞生的。按明张岱《夜航船》中对饮食创造历史的回顾：有巢氏[①]始教民食果；燧人氏始修火食，作醴酪[②]；神农始教民食谷，加于烧石之上而食。黄帝始具五谷种。烈山氏子柱始作稼，始教民食蔬果；燧人氏作脯作菹，黄帝作炙，成汤作醢[③]，禹作鲞[④]，吴寿梦作鲊[⑤]。神农诸侯夙沙氏煮盐，嫘祖作醷[⑥]，神农作油，殷果作醯[⑦]，周公作酱。

　　所谓"成汤作醢"，意思是说，刚开始时，酱是用肉加工制成。加工方法为：将新鲜的肉研碎，用酿酒用的曲拌匀，装进容器，容器用泥封口，放在太阳下晒十四天，待酒曲变成酱的气味，就可食

①有巢氏是传说中人类原始巢居的发明者。
②通过蒸酿而成熟食。
③醢：肉鱼等制成的酱。成汤灭夏而建商，为商朝开国君主。
④鲞：剖开后晾干的鱼。
⑤鲊：腌鱼。吴寿梦即春秋时吴王。
⑥醷：梅浆。
⑦醯：醋。

用。这种肉酱还可以速成：肉斫碎，与曲、盐拌匀后装进容器，用泥密封。在地上掘一个坑，用火烧红后把灰去掉，用水浇过后在坑里铺上厚厚的草，草中间留一个空，里面正好放拌好曲和肉的容器，把坑填上七八寸厚的土，在土上面烧干牛粪，一整夜不让火熄灭，到第二天，酱渗出来就熟了。

这种肉酱，当时称"醢"。《说文》释曰："醢，肉酱也。从酉、皕。"因为酱是酒、肉和盐在一起搅和而成，滋味好。东汉应劭《风俗通》："酱成于盐而咸于盐，夫物之变，有时而重。"所以在当时曾被称作美食。到周代，人们发觉草木之属都可以为酱，于是酱的品类日益增多，贵族的膳食中，酱占了很重要的地位。

从《周礼》看，当时的酱品已有一百多种。《周礼·天官·膳夫》："凡王之馈，食用六谷（稻、黍、稷、粱、麦、菰），膳用六牲（马、牛、羊、豕、犬、鸡），饮用六清（水、浆、醴、醇、医、酏），羞用（加馔）百二十品，珍用八物（八珍），酱用百有二十瓮。"《周礼·天官·食医》："食医①掌和王之六食、六饮、六膳、百羞、百酱、八珍之齐。"《周礼·天官·醢人》："王举，则共醢六十瓮，以五齐、七醢、七菹、三臡实之。"君王每天的膳食，醢人都要进肉酱六十瓮。清郝懿行《证俗文》释："酱有数义，古者以肉为酱。酱之名有醢、醢、醢醢（拌醋的酱）、臡。酱之类有五齑、七醢、七菹、三臡。""五齑"即五齐，五种细切的冷食肉菜。"七醢"为古代的七种肉酱。"七菹"为韭、菁、茆、葵、芹、苔、笋等七种腌菜。"三臡"是指以麋、鹿、麇制成的三种肉酱。

---

①官名。掌天子膳食调和剂量的人。

《礼记·礼运》提出"五味、六和"。"六和"指的是"春多酸，夏多苦，秋多辛，冬多咸，调以滑、甘"，说明当时已非常注意调味。《礼记·内则》记，吃牛肉、羊肉、猪肉都要用醢拌着吃；吃鱼脍，则用芥酱蘸着吃。其中说到食物之间的互相配合：用螺肉酱吃雕胡米饭和野鸡羹，吃麦米饭时配干肉煮的粥和鸡羹，吃细舂稻米饭配狗肉羹和兔肉羹，这些都可以用米粉拌和，不加辛辣的蓼。烧小猪时，先用苦菜把猪包起来，肚里塞上蓼叶。烧鸡时肚里塞蓼叶，要用醢。烧鱼时肚里塞蓼叶，要用鱼子酱。烧鳖时肚里塞蓼叶，也用醢。吃干肉片蘸蚁卵酱，吃干肉粥用兔肉酱，吃熟麋肉片蘸鱼酱，吃鱼片蘸芥酱。当时"八珍"中的"淳熬""淳母"就是用醢浇在稻米饭或黍米饭上，其他六种，基本上都需用醢、醢煎和。

从《周礼》到《礼记》，酱的作用发生了很大的变化，从主要的配食品变成了很具体的调味品。

当时酱之有名者，《吕氏春秋》记有"鳣鲔之醢""长泽之卵"。鳣鲔是大鱼，是鱼酱。长泽，古地名，西方大泽。卵读为鲲。鲲，鱼子，也就是鱼子酱。西汉枚乘《七发》记："熊蹯之臑，勺药之酱。"三国韦昭《上林赋》注曰："勺药，和齐咸酸美味也。"

古人把制酱也看成阴阳之气相交而成。《礼记外传》："醢有陆产有水物，天地阴阳之气所生。"《礼记·内则》："酱齐视秋时。"郑玄注："酱宜凉也。"东汉崔寔《四民月令》："五月一日可作醢。"这就是说，做酱最好是夏天，以利质变；但酱制成后，又宜阴凉贮存。但古人又告知，夏天打雷的天气不能做酱。东汉王充《论衡》："作豆酱恶闻雷，此欲使人急作，不能积久。"因为打雷使人担心下雨，急于制作就不宜久藏，这有一定的道理。可东汉应劭《风俗通》却说："雷不作酱，俗说令人腹内雷声。"这种说法根据在哪里呢？据说子路是感雷精而生的，所以刚而好勇。子路死后，被菹醢砍为肉酱。《礼记》中因此有"孔子覆醢"之说，说孔子哭子路，让从者覆醢，而且还说，每闻雷声就感到恻怛不安。

汉代开始以大豆做酱，《齐民要术》卷八记当时制酱法是：

十二月、正月是做豆酱的最好时候。二月是中等，三月已是最迟（与夏天制酱法不同）。用不渗漏的瓮，以春天下种的黑大豆做料，在大蒸甑里爆蒸，中间要翻一遍，让水汽均匀地把豆蒸熟。然后，用灰把火盖住，整夜都不让火熄灭。把干牛粪堆成圆堆，让中间空着，这样，烧着以后没有烟，火力好像炭一样，又没灰尘，又不会烧过火，比烧草要好得多。

蒸完以后打开，如果豆瓣的颜色黑了，说明熟透了，就取出来在太阳下晒干。白天晒，晚上要盖上，不让潮湿。等到皮能舂掉时，再蒸一次，蒸完再晒一天，然后簸净，去舂。舂过后烧上热水，把豆瓣浸在大盆里，过很久，淘洗，搓掉黑皮，取出来放在干净的席子上，摊开，让它凉透。

应该预先将白盐、黄蒸、草蒿子、麦曲在太阳下晒到干透燥透。一般比例为：豆黄三斗，曲末一斗，黄蒸末一斗，白盐五升，草蒿子一撮。都备好后，与豆瓣在盆里拌和。要使劲揉搓，使它们都湿透，然后入瓮，要装满、按紧，装满后用泥密封。装好的瓮放在太阳能晒到的、高处的石头上。下雨时，不能让雨水浸到瓮底。

入瓮后，腊月要五个七日，正月、二月要四个七日，三月要三个七日才能开封。开封后，把长满了衣的豆瓣全都掏出来，捏碎，把两瓮分成三瓮。在太阳没出来之前，取"井花水"，和上盐，一石水用盐三斗，搅匀，澄清，取清汁泡黄蒸，用手搓揉，取黄色浓汁，滤掉渣，倒进瓮里，把瓮里的半成酱调和到稀糊一样。然后，敞开瓮口，让太阳晒。俗话说，要吃"软塌塌的葵菜，太阳晒干的酱"。初晒十天，每天都要彻底地搅几遍。十天后，每天搅一遍，满三十天才停止。遇下雨就盖上盖子，不要让水进去。每下一次雨，就要搅一回。

入瓮以后要一百天，酱才能真正熟透。

这是豆瓣酱。唐以后，有以麸做麸酱，以白米舂粉做米酱，以豆和面相混合，做甜面酱。再以后，又有以西瓜做甜酱，以乌梅和玫瑰做甜酱，以芝麻做芝麻酱，以甜酱加香油、冬笋、香蕈、砂仁、干姜、橘皮做八宝酱。

到明代，造酱之忌发展到：

下酱忌辛日；水日造酱必虫；孕妇造酱必苦；防雨点入缸；防不洁身子、眼泪；忌缸坛清洗不净；酱晒极热时，不可搅动，晚间不可揭盖。又，月已出或日已没下酱，无蝇。又，橙合酱，不酸。又，雷时合酱，令人腹鸣。又，月上下弦之候，触酱会患足疾。

酱的发展过程，先是作为食品的肉酱，然后发展成以调味为主的各种酱。在酱的基础上，才诞生了酱油。

酱油诞生于何时，何人所创，史书上无记载。《齐民要术》中提到"酱清""豆酱清"，这有可能是酱油的最初名称。酱油是在酱坯里压榨抽取出来的，工艺在制酱基础上又发展了一步。

宋代始有酱油的文字记载。如南宋林洪《山家清供》："柳叶韭：韭菜嫩者，用姜丝、酱油、滴醋拌食。"但当时的酱油，不过是在制成清酱的基础上，用筶，也就是酒笼，一种取酒的工具逼出酱汁。做清酱与做一般豆酱的区别是，要不断地捞出豆渣，加水加盐多熬。

逼酱汁时，将酱笿置缸中，等坐实缸底后，将笿中的浑酱不断地挖出来，使之渐渐见底，然后压住笿，使之不浮起来。沉淀一夜后，笿中就是澄清的酱汁。用碗缓缓舀出，注进洁净的缸坛，在太阳下再晒半个月，就是酱油。

按古人说法，自立秋之日起，夜露天降，深秋第一笿者，叫"秋油"，调和食味最佳。

清人《调鼎集》中有"做酱油法"，其中列五则：

——做酱油越陈越好，有留至十年者极佳。

乳腐同。每坛酱油浇入麻油少许更香。又，酱油滤出入瓷，用瓦盆盖口，以石灰封口，日日晒之，倍胜于煎。

——做酱油豆多味鲜，面多味甜。北豆有力，湘豆无力。

——酱油缸内，于中秋后入甘草汁一杯，不生花。又，日色晒足，亦不起花。未至中秋，不可入。用清明柳条，止酱醋潮湿。

——做酱油，头年腊月，贮存河水，俟伏日用，味鲜。或用腊月滚水。酱味不正，取米霅①一二斗入瓷，或取冬月霜投之，即佳。

——酱油自六月起，至八月止。悬一粉牌，写初一至三十日。遇晴天，每日下加一圈。扣定九十日，其味始足，名三伏秋油。又，酱油坛用草乌六七个，每个切作四块，排坛底，四边及中心有虫即死，永不再生。若加百倍，尤妙。

---

①米粒大的冰霅。

　　至清代，各种酱油作坊如雨后春笋，酱油品种也很多，当时已有红酱油、白酱油之分，酱油的提取也开始称"抽"。本色者称"生抽"，在日光下复晒使之增色、酱味变浓者，称"老抽"。

醋

醋在中国烹饪史上诞生得晚一些，但酸早就被列为调味中的五味之一。在醋没诞生之前，古人用梅作为调味之酸。《尚书》："若作和羹，尔惟盐梅。"梅子捣碎后取其汁，做成梅浆，也就是"醷"。《礼记·内则》："浆水醷滥。"在制作梅浆以后，发现粟米也可制成酸浆，《居家必用事类全集》记载说："熟炊粟饭，乘热倾在冷水中，以缸浸五七日，酸便好用。如夏月，逐日看，才酸便用。"在制成酸浆的基础上，又加上曲，做成苦酒："取黍米一斗，水五斗，煮作粥。曲一斤，烧令黄，捶破，著瓮底。土泥封边，开中央，板盖其上。"利用曲发酵，这实际上已是早期的醋。

早期的醋称"酢"。《广韵》："酢，浆也，醋也。"《齐民要术》有"作酢法"，自注："酢，今醋也。"醋又称"醯"，《说文》："醯，酸也。"《论语·公冶长》："子曰：孰谓微生高直？或乞醯焉。"疏："醯，醋也。"南宋史绳祖《学斋占毕》："《九经》中无'醋'字，止有醯及和用酸而已，至汉方有此字。"

《齐民要术》里，这样记"酢"的做法：

1. 制"大酢"法

大率：麦麲一斗，勿扬簸，水三斗，粟米熟饭三斗，摊令冷。

任瓮大小，依法加之，以满为限。先下麦麹，次下水，次下饭，直置勿搅之，以绵幕瓮口，拔刀横瓮上。一七日旦①，著井花水一碗，三七日旦，又著一碗，便熟。常置一瓠瓢于瓮，以挹②酢。若用湿器咸器内瓮中，则坏酢味也。"

2. 制"秫米神酢"法

大率：麦麹一斗，水一石，秫米三斗。无秫者，黏黍米亦中用。随瓮大小，以向满为限。先量水，浸麦麹讫。然后净淘米，炊为再馏③，摊令冷。细擘曲破④，勿令有块子。一顿下酿⑤，更不重投。又以手就瓮里，搦破小块，痛搅，令和如粥乃止⑥，以绵幕口。一七日，一搅；二七日，一搅；三七日，亦一搅。一月日，极熟。"

可见北魏时醋的制作已完全成熟。《齐民要术》中，还记有"大麦酢法""烧饼作酢法""回酒酢法""糟糠酢法""酒糟酢法"等。

那么，酢的制作究竟始于何时呢？若细考，会发现"酢"字比"醯"字出现得晚。《礼记·内则》："脂用葱，膏用薤，三牲用藙⑦，和用醯，兽用梅。"《周礼·天官·醯人》："醯人掌共五齐七菹，凡醯物⑧。以共祭祀之齐菹，凡醯酱⑨之物。"晋卢谌《祭法》："四时之祠，皆用苦酒。"《礼记·檀弓》："宋襄公葬其夫人，醯醢百瓮。"《吴地

①第一个七天的早晨。

②挹：舀。

③炊成饭再蒸一次。

④把曲瓣碎。

⑤一次下曲。

⑥用手就着瓮里，将小饭块捏碎，用力搅拌成粥一样就停止。

⑦三牲：用于祭祀的牛、羊、猪。藙：即"食茱萸"，果实味辛，可作调料。

⑧以醯和以腌菜，注曰：酿菜而柔之以醯，杀腥肉及其气。

⑨和以醯酱。

志》："吴王筑城以贮醯醢，今俗人呼为'苦酒城'。"都用"醯"而不用"酢"。

《说文》中有"酢"字。酢，醶也。那么"醶"是什么呢？《说文》："醶，酢浆也。""酸，酢也。关东谓酢曰酸。"段玉裁注："浆、醶、酸三者同物。凡味酸者皆谓之酢。"

有说醋始于晋刘伶之妻吴氏。刘伶是竹林七贤之一，酷嗜酒，曾作《酒德颂》，自称"惟酒是务，焉知其余"。据《山堂肆考》记载："其妻吴氏，因夫嗜酒败事，欲其节饮，每酿酒，则以盐梅辛辣之物投之酒内，致其味酸，盖不欲其饮也，后人效其所为，因以作醋。"

这有一种说法，说醋和酒是同一个人创造的，即杜康。杜康造酒之说见于《世本》，后人转称酒为"杜康"。曹操《短歌行》："何以解忧，惟有杜康。"据说杜康最初把酿酒后的酒糟作为废料扔掉，久而久之，便感可惜，想要能利用起来，再酿出一些有用的东西才好。于是就把酒糟攒在一口缸里，掺上水。过了二十一天，缸内始有香味，品尝之后，发现缸中的糟汁又甜又酸，于是就把其中的汁逼出来，另放一口缸里，杜康称它为"调味浆"。他试着把这种调味浆出售，结果很受欢迎。生意越做越大，杜康认为应给这种调味浆起个名字。他想到自己是在第二十一天的酉时发现这种调味浆的，于是把"酉"和"二十一日"合起来，就成了"醋"字。

事实上，《说文》中已有"醋"字。"醋，客酌主人也。"是酬宾的意思，并不是现在的"醋"意。至隋，醋乃用"酢"字。《隋书·酷吏传》中有这样一句话："宁饮三升酢，不见崔弘度。"崔弘度当初为幽州总管，是有名的酷吏。

到了唐朝，刘悚所作《隋唐嘉话》记有这么一个故事：唐朝宰相房玄龄的夫人好嫉妒，唐太宗有意赐房玄龄几名美女做妾，房不敢接受。太宗知是房夫人执意不允，便召房夫人令曰："若宁不妒而生，宁妒而死?"意思是，若要嫉妒就选择死，并给她准备了一壶"毒酒"。房夫人面无惧色，当场接过，一饮而尽，以示"宁妒而死"。其实唐太宗给她的只是一壶醋。唐太宗跟房夫人开了个玩笑，于是就有了"吃醋"之典。

唐时另有一个食醋的故事。唐军使李景略设宴招待属下将领，其中，判官任迪简迟到了。按例，迟到者要罚酒一巨觥，结果倒酒的军吏粗心，把醋坛错当酒坛，给任迪简倒了一巨觥醋。任迪简深知李军使生性严酷，如自己说觥中是醋，倒酒的军吏必死，于是把一巨觥醋一饮而尽。结果，离席时吐了不少血。军中壮士闻听此事，都很感激他。李景略死后，军中便报请朝廷派迪简为主帅。任迪简从此平步青云，一直官至节度使。他的升官起因于喝醋，所以被称作"呷醋节度"。

北宋陶穀《清异录》称："酱，八珍主人也。醋，食总管也。"他把酱列为第一，醋列为第二。宋李石《续博物志》："仙家谓醋为华池左林。"

醋之名品，唐有"桃花醋"，元有"杏花酸"，明有"正阳伏陈醋"。明以后，醋的品种日益增多。李时珍《本草纲目》中，记有"米醋""糯米醋""粟米醋""小麦醋""大麦醋""饧醋""糠醋"等多种配方。辨醋的好坏，《调鼎集》中说："取其酸而香，陈者色红，米醋为上，糖醋次之，镇江醋色黑味鲜。"袁枚《随园食单》论佐料时说："厨者之作料，如妇人之衣服首饰也。虽有天姿，虽善涂抹，而敝衣蓝褛，西子亦难以为容。"他认为："善烹调者，酱用伏酱[①]，先尝甘否。油用香油，须审生熟。酒用酒酿，应去糟粕。醋用米醋，须求清冽。且酱有清浓之分，油有荤素之别，酒有酸甜之异，醋有陈新之殊，不可丝毫错误。其他葱、椒、姜、桂、糖、盐，虽用之不多，而俱宜选择上品。苏州店卖秋油，有上、中、下三等。镇江醋颜色虽佳，味不甚酸，失醋之本旨矣。以板浦[②]醋为第一，浦口醋次之。"

　　古人还说，醋要是不酸，用大麦炒焦，投入，包固，即将得味。做米醋不入炒盐，可以久贮不生白衣。清顾仲《养小录》记载有"收醋法"："头醋滤清，煎滚入坛，烧红火炭一块投入，加炒小麦一撮，封固，永不败。"

---

①伏天制成的面酱。
②板浦：今属江苏连云港。

糖

在古代烹饪调味品中，糖的出现比较晚，甲骨文、金文、小篆都无"糖"字。西汉扬雄《方言》记载："饧谓之饻馇，饴谓之餃，餦谓之餹，饧谓之餹。凡饴谓之饧，自关而东，陈楚宋卫之通语也。"注："饻馇，干饴也。餹，以豆屑杂饧也。餹，江东皆言餹。"

这说明早期的糖是"饴"，也就是原始的麦芽糖。这种麦芽糖是谁发明的呢？传说为公刘。公刘是周部族的祖先，姬姓，名刘，"公为尊称"。《诗经·大雅》有《公刘》篇。《毛传》："公刘居于邰而遭夏人乱，迫逐公刘，公刘乃……迁其民邑于豳焉。"豳在今陕西彬县、旬邑一带，公刘迁周人至此，始有周王朝。《诗经·大雅·绵》有"周原膴膴，堇荼如饴"之句，形容周原土地肥沃，泥土黏得如同饴饧，说明当时制饧已相当普遍。这种原始的麦芽糖是用麦芽煎出来的。《尚书·洪范》："稼穑①作甘。"《说文》："饴，米糵②煎也。"这种麦芽糖，黏糊糊的，颜色黑乎乎，有饧、饴之分。按东汉刘熙《释名》的说法，"饧，洋也，煮米消烂，洋洋然也。饴，小弱于饧，形怡怡然也"。《齐民要术》中记载了饧的制作方法：先舂米蒸成饭，摊开，

---

①种植与收割，泛指农业劳动。
②糵与萌、芽同义，芽米谓之糵。

散发掉一些热气，然后趁着还温热，拌上麦芽，装在底上有孔的酽瓮里保温。冬天要保温一整天，夏天要半天，使之发酵。然后锅中煮热水，待大气泡冒出时，浇在瓮里，使已发酵的糟上有一尺多深的热水，然后不停搅和，一顿饭工夫后，把酽瓮底部塞子拔掉，把流出的汁入锅熬，并不停搅拌，煮至黏稠就行了。《齐民要术》还转引了崔浩《食经》中饧的制法，相对简单，只需将黍米炊成饭，与麦芽搅匀，放在盆里，过一夜就得汁水，煎浓就成饧。

刚开始，这种饧、饴还不是用于烹饪调味的。中国古人除食饧、饴外，食蜂蜜的历史也很悠久。《吴越春秋·勾践归国外传第八》中记："葛布十万，甘蜜九党①。"《楚辞·招魂》中有"粔籹②蜜饵，有餦餭些"之句，说明春秋时，古人已食蜂蜜。据《华阳国志·巴志》载，巴人向西周王朝上贡的物品中也有蜜。大约汉魏时，已开始人工养蜂采蜜。西晋张华《博物志》记，当时"远方诸山蜜蜡处，以木为器，中开小孔，以蜜蜡涂器，内外令遍。春月蜂将生育时，捕取三两头著器中，蜂飞去，寻将伴来，经日渐益，遂持器归"。可见，晋代养蜂技术已非常先进。

有麦芽糖、蜂蜜以后，才有蔗糖。中国其实在春秋战国时期已开始种植甘蔗。《楚辞·招魂》中的"胹鳖炮羔，有柘浆些"，王逸注"柘"就是甘蔗，"柘浆"就是甘蔗汁。曹丕《典论》"方食干蔗，便以为杖"，说的是甘蔗。《艺文类聚》卷八七引《世说》记载"顾恺之为虎头将军，每食蔗，自尾至本"，说的也是甘蔗。当时甘蔗榨汁饮或直接食用，但人们并未掌握制糖技术。西汉时，印度一带已

---

①党：疑为"瓮"。《玉篇》认为是"盆"。
②以蜜和米面熬煎做成的东西，像今天的馓子。

有制蔗糖技术，西晋司马彪《续汉书》："天竺国出石蜜。""石蜜"就是蔗糖，当初是西域进贡的珍品，只有皇帝、贵族才能享用。汉末，中国也开始用甘蔗汁制饴，但制作工艺非常落后。《艺文类聚》引《南中八郡志》记："交趾有甘蔗，围数寸，长丈余，颇似竹。断而食之，甚甘。榨取汁，曝数时成饴，入口消释，彼人谓之石蜜。"《齐民要术》卷十引《异物志》："甘蔗，远近皆有。交趾所产甘蔗，特醇好，本末无薄厚，其味至均。围数寸，长丈余，颇似竹。斩而食之，既甘。榨取汁如饴饧，名之曰'糖'①，益复珍也。又煎而曝之，既凝如冰，破如砖。其食之，入口消释，时人谓之'石蜜'者也。"

开始制作沙糖，大约也是南北朝时期，因陶弘景在《名医别录》中，已提到甘蔗"取汁为沙糖，则益人"。到唐朝，《唐本草》记："沙糖出蜀地……紫色。"当时所谓沙糖，大约类似今之红糖。为提高制糖工艺，唐太宗专派王玄策等去西域学习。《唐会要》记："西蕃胡国出石蜜，中国贵之。太宗遣使往摩伽佗国取其法。今扬州煎蔗之汁，于中厨自造焉。色味逾于西域所出者。"

生产冰糖，则大约是唐大历年间的事。当时称冰糖为"糖霜"。宋王灼《糖霜谱》记："唐大历间，有僧号邹和尚，不知所从来，跨白驴登繖山②，结茅以居……一日，驴犯山下黄氏者蔗苗，黄请偿于邹。邹曰："汝未知窨蔗糖为霜利当十倍，吾语女塞责可乎？"试之果信，自是流传其法……其徒追蹑及之，但见一文殊石像，众始知大士化身而白驴者狮子也。"以后，许多史书上都记有这位文殊化身的邹和尚传授的制作冰糖技术。《大唐西域记》则记，制作冰糖是玄奘

①这时开始真正用"糖"字。
②繖山在今四川遂宁北二十里。

从西域询知其法而带回东土的。

《糖霜谱》记载了遂宁制糖霜的工艺：十月至十一月，先削去皮，次锉如钱，上户削锉，至一二十人。两人削，供一人锉。次入碾，碾阙则舂。碾讫，号曰泊次蒸。泊蒸透出甑，入榨取尽糖水，投釜煎，仍上蒸，生泊约糖水七分熟。权入瓮，则所蒸泊亦堪榨。如是煎烝相接，事竟，歇三日。再取所寄收糖水煎，又候九分热，稠如饧，插竹遍瓮中。始正入瓮，簸箕覆之，此造糖霜法也。已榨之后，别入生水，重榨作醋，极酸。"

至明代，制糖技术已较为发达。宋应星《天工开物》卷六详细记载了当时种蔗、制糖的经验。当时制糖已用车："凡造糖车，制用横板二片，长五尺，厚五寸，阔二尺，两头凿眼安柱，上笋①出少许，下笋出板二三尺，埋筑土内，使安稳不摇。上板中凿二眼，并列巨轴两根，轴木大七尺围方妙，两轴一长三尺，一长四尺五寸。其长者出笋安犁担，担用屈木，长一丈五尺，以便驾牛团转走。轴上凿齿，分配雌雄，其合缝处须直而圆，圆而缝合。夹蔗于中，一轧而过，与棉花赶车同义。蔗过浆流，再拾其滓，向轴上鸭嘴扱入，再轧又三轧之，其汁尽矣，其滓为薪。其下板承轴凿眼，只深一寸五分，使轴脚不穿透，以便板上受汁也。其轴脚嵌安铁锭于中，以便捩转。凡汁浆流板，有槽，枧汁入于缸内。每汁一石，下石灰五合于中。凡取汁煎糖，并列三锅如品字，先将稠汁聚入一锅，然后逐加稀汁两锅之内。若火力少束薪，其糖即成顽糖，起沫不中用。"

《天工开物》还记有脱色制白砂糖法："凡闽广南方经冬老蔗，用

---

① 笋：今当用"榫"字。

车同前法，笮汁入缸。看水花为火色，其花煎至细嫩，如煮羹沸，以手捻试，粘手则信来矣。此时尚黄黑色，将桶盛贮，凝成黑沙，然后以瓦溜置缸上。其溜上宽下尖，底有一小孔，将草塞住。倾桶中黑沙于内，待黑沙结定，然后去孔中塞草，用黄泥水淋下，其中黑滓入缸内，溜内尽成白霜。最上一层，厚五寸许，洁白异常，名曰'西洋糖'，下者稍黄褐。造冰糖者，将洋糖煎化，蛋清澄去浮滓，候视火色，将新青竹破成篾片，寸斩撒入其中。经过一宵，即成天然冰块。造狮、象、人物等，质料精粗由人。凡白糖有五品：石山为上，团枝次之，瓮鉴次之，小颗又次，沙脚为下。"

那时用黄泥来脱色，工艺已非常先进，与今之用脱色炭相差无几。

中国用甜菜制糖则很晚。甜菜，其实早已有之，陶弘景《名医别录》称其为"菾菜"，但菾菜含糖量低，早时只作为药材和蔬菜。清末，从欧洲引进了含糖量高的甜菜品种，北方人使用甜菜制糖。

据清人《调鼎集》记载，凡做甜食，先要起糖卤，而泡制、炖糖，"俱用河水，加鸡蛋清，用以去糖沫"。当时人做菜及甜点用的糖，都要用洋糖再进行提炼，称"净糖""提糖"。

《调鼎集》还记载了提炼方法："净糖，每洋糖一斤，用蛋清一个，水一小杯，熬过方净。""提糖：上洋糖十斤，和天雨水，盛丸器内，炭火熬炼，待糖起沫，掠尽。水少再加，炼至三五斤，磁罐收贮。"

此书还记有"米糖""酥糖"的制作方法："米糖，俱米粞①都可做。每米十斤，泡一日，次日蒸饭，倾出，用大麦芽十二两捣碎，

---

①各种米。粞：碎米。

用冷热汤拌饭，均入坛盖好，要围热则发。半日后榨出浆水，入锅先武后文，熬得十之半，以箸挑起如旗样，以口吹之，其糖即碎为度。如做饧糖，内起大泡，即可取起盖。先取起细泡，后起大泡。可以吹碎，取起扯拔即成糖饼矣。""酥糖：米糖一斤，白面二斤，将面先入锅，微火炒，然后将糖掺面内，俟米糖软，与面同揉。硬则仍入面内，取起再揉，以面多入更松，视糖、面相妨，入锅大软，取起擀薄，再入锅内，俟软取起，包馅卷寸许大，切六七分长，居中又切一刀相连（馅内用洋糖八两、椒末一两，紫苏、熟面四两拌洋糖内，冬月可做）"。

另外，书中还记有一种宫中的佳品叫"一窝丝"，要求糖卤熬至老丝后，用手反复拉扯成细丝，做成后表面白而发亮，里面松而有许多小孔，盘绕起来成小雀窝形状，所以叫"一窝丝"。

羹

羹，据说是黄帝造的。大概有了陶器之后，也就有了羹。最早的羹，是"大羹"，这是一种不备五味的肉汁。《尔雅·释器》："肉谓之羹。"注："肉臛也。疏肉之所作臛，名羹。"臛，也就是肉羹。早时的羹是很浓的肉汁，《大戴礼记》说这种大羹是"饮食之本"。在没有盐之前，这种大羹就是煮肉的肉汤，较为肥腻。有盐以后，刚开始只是施以"盐梅"。当时大羹是古人吃"粒食"①最好的下饭佐餐用品，无论贵族和贫民都可以用，所以《礼记·王制》说："羹食自诸侯以下至于庶人，无等。"

开始以五味调羹，据说始于彭祖，他把五味调的雉羹献给尧，于是才赋予羹滋味。从此以后，羹的含义就成了五味之和。《释名》："羹，汪也，汁汪郎也。"《说文》："羹，五味之和也。"《广雅》："羹谓之湆②。"《左传》："和如羹焉。水火醯醢盐梅以烹鱼肉，燀之以薪，宰夫和之、齐之以味、济其不及、以泄其过。君子食之、以平其心。"这里总结了五味调肉羹的过程：肉或者鱼入清汤煮，然后用

---

①在磨诞生之前，先民们只能用棒把谷物碾碎成"糁"，或者就吃黍、稷、粟、麦、稻的种子。

②湆：肉汤。

酱、醋、肉酱、盐、梅子调味。调和再煮时，要提防过和不及。过和不及，指的是火候。

古人吃羹有各种讲究。比如，吃羹时边上要摆上盐梅。羹是调好味的，盐梅是为调节口味的，但只能"执之以右，居之于左"。也就是说，一定要摆在羹的左边，要用右手拿。比如另一种，《礼记·曲礼》规定："毋嚃羹。"嚃是不细细咀嚼、狼吞虎咽的意思。

做羹，以各种肉或鱼为主料，也要加一点谷物。北魏崔浩《食经》记"芋子酸臛法"：猪肉羊肉，每样一斤，用水一斗煮熟。再准备小芋一升，另外蒸好。然后用三合粳米，一合盐，一升豉汁，五合苦酒，把味道调好，再加十两生姜，可以得一斗羹。《齐民要术》中共记羹臛法二十多种，基本都要加谷物。

春秋战国时期，羹的名目就很多，几乎凡可入口的动物肉配以谷米，都可以做羹。比如鸭羹、羊羹、豕羹、犬羹、鳖羹、兔羹、雉羹、鼋羹、鸡羹、羊蹄羹、鹿头羹、鲤鱼羹……肉羹里加上蔬菜，称为"芼羹"。在《仪礼·公食大夫礼》中，记录了肉羹与蔬菜的搭配方法：牛、羊、猪三种肉，牛羹宜配藿叶（豆叶），羊羹宜配苦菜，猪肉羹宜配薇菜。《礼记·内则》中还记有羹与饭食的搭配。如雉羹宜配麦食，脯羹宜配细米饭，犬羹、兔羹宜配糁。搭配原则是，以凉性的菜调和温热的肉，羹与粮食的搭配，也是以调和为原则。《礼记·内则》还记有这样的搭配原则："牛宜稌，羊宜黍，豕宜稷，犬宜粱，雁宜麦，鱼宜苽。"

当时还有一种羹叫"铏羹"。《仪礼·公食大夫礼》郑玄注："铏，菜和羹之器。"铏鼎是做调羹的，即在鼎内放菜并调味。但《周礼·天官·亨人》有"祭祀，共大羹铏羹"之句。郑玄注："大羹，不致五味也。铏羹,加盐菜矣。"

诸羹中最负盛名者要数羊羹。《战国策》记中山君手下的大夫司马子期,就因为没吃到中山君赐的羊羹,而怒走投楚,说服楚王伐中山君。中山君死前叹曰:"吾以一杯羊羹亡国。"西汉刘向《说苑》记载宋与郑作战,战前宋国将领华元杀羊做羊羹犒劳将士,结果给华元驾车的羊斟没有吃到羹,开始作战时,羊斟就说:"昔之羊羹子为政,今日之事我为政。"他一怒之下,把华元的战车驰入郑营,使华元被俘,导致宋军大败。

汉代是食羹最鼎盛期,出现了各种各样名目的羹。据马王堆汉墓出土的遣策所记,羹分五种,分别是酵羹、白羹、巾羹、逢羹、苦羹。酵字从"于",《正字通》:"𣃔,于之本字。"《方言》:"于,大也。"酵羹,也就是大羹。遣策食简记酵羹有九鼎,分别是:牛羹、羊羹、豕羹、豚羹、犬羹、鹿羹、凫(鸭)羹、雉羹、鸡羹。白羹,《周礼·天官·笾人》:"朝事之笾,其实麷、蕡、白、黑。"郑注:"稻曰白。"白羹大约用米粉调和,是不入酱的肉羹,食简记有七鼎:牛白羹、鹿肉鲍(干鱼)鱼笋白羹、鹿肉芋白羹、鸡瓠(瓠瓜)白羹、鲼(鲫鱼)白羹、小菽(小豆)鹿胁白羹、鲜鳠(鮰鱼)禺(藕)鲍白羹。巾羹,食简记有三鼎:犬巾羹、雁巾羹、鲼禺巾羹。逢羹,《说文通训定声》:"逢,假借为麷。"逢羹可能是以麦饭和羹。食简记逢羹三鼎:牛羹、羊羹、豕羹。苦羹,和以苦菜的羹,食简记两鼎:牛苦羹和犬苦羹。五种羹,加起来共二十四鼎。

隋唐以后,烹饪方法越来越丰富,羹在菜肴中不再处于主要地位,渐渐转为文人雅士们发挥雅兴的对象。南宋林洪的《山家清供》里,汇集了文人雅士创作的各类雅羹十来种。如"玉带羹""雪霞羹""金玉羹""碧涧羹""锦带羹""骊塘羹"；还有"白石羹"，"溪流清处取白小石子或带藓衣者一二十枚，汲泉煮之，味甘于螺，隐然有泉石之气"。

按李渔《闲情偶寄》中说，羹是为配饭的。"有饭即应有羹，无羹则饭不能下"，"饭犹舟也，羹犹水也。舟之在滩，非水不下，与饭之在喉非汤不下，其势一也。且养生之法，食贵能消，饭得羹而即消，其理易见。故善养生者，吃饭不可无羹；善作家者，吃饭亦不可无羹。宴客而为省馔计者，不可无羹；即宴客而欲其果腹始去，一馔不留者，亦不可无羹。何也？羹能下饭，亦能下馔故也。"

李笠翁的意思是，羹的用途只在搭配。可历史上很多富人，做出各种各样无法搭配的羹。比如曹植做"七宝羹"，用驼蹄为羹，一盅值千金；唐李德裕用珠玉、雄黄、朱砂碾碎为羹，一盅三万钱；宋蔡京以鹌鹑做羹，称一盅要用几百只鹌鹑；明冒襄设羊羹宴，中席用羊三百只，上席用羊五百只。至于清代两淮盐商用各种各样的鱼的脑、舌、白、肝、鳔、翅、裙、血等配起来的"百鱼羹"，就更难以论价了。

八　珍

　　八珍是指八种珍贵食品的烹饪方法。《周礼·天官·膳夫》记：
"凡王之馈，食用六谷，膳用六牲，饮用六清，羞用百二十品。珍
用八物，酱用百有二十瓮。王日一举，鼎十有二，物皆有俎，以乐
侑食。"这段话翻译过来就是：凡是馈送王的饮食，主食用六种谷
物做成，肉食用六种家畜和家禽，饮料用六种清饮料，庶羞美味用
一百二十种，珍者用八种，酱用一百二十瓮。王用膳每天杀牲做一
次盛馔，陈列各种肉食、庶羞十二鼎，鼎中牲肉取出后都用俎盛着
进上。王进食要奏乐劝食。这里六谷指：秾（稻）、黍（黄米）、稷
（谷子）、粱（高粱）、麦、苽（同"菰"，即菰米）。六牲指：牛、
羊、豕、犬、雁（鹅）、鱼。六清指：水、浆（醪，也就是较浓之
汁）、醴（甜酒）、凉（水酒）、医（梅浆）、酏（稀粥）。又有六兽：
麋（驼鹿）、鹿、熊、麕（獐）、野猪、兔。六禽：雁、鹑（鹌鹑）、
鷃、雉、鸠、鸽。所谓八珍，是指淳熬、淳母、炮豚、炮牂（羊）、
捣珍、渍、熬、肝膋。

　　这八种珍食的烹饪法，《礼记》的解释如下：

　　淳熬："淳熬，煎醢加于陆稻上，沃之以膏。"醢就是肉酱。把肉
酱盖在糯米做的饭上，浇上动物脂油。

淳母："淳母，煎醢加于黍食上，沃之以膏。"同淳熬类似，不过淳母是把肉酱浇于谷米饭上。实际上，淳熬、淳母就是今天的盖浇饭。

炮豚、炮牂：炮字始于殷代的炮刑，就是加热炭使铜柱变烫，让罪人站在热柱之上。炮烙用于烹饪，就是在急火上烘烤整猪、整羊。《礼记·内则》："炮，取豚若将[①]，刲之刳之，实枣于其腹中，编萑以苴之，涂之以谨涂。炮之，涂皆干，擘之。濯手以摩之，去其皽，为稻粉，糔溲之以为酏，以付豚，煎诸膏，膏必灭之。巨镬汤，以小鼎芗脯于其中，使其汤毋灭鼎，三日三夜毋绝火，而后调之以醯醢。"就是宰杀小猪与肥羊后，去脏器，填枣于肚中，用草绳捆扎，涂以黏泥，在火中烧烤。烤干黏泥后，掰去干泥，将表皮一层薄膜揭去。再用稻米粉调成糊状，敷在猪、羊身上。然后，在小鼎内放油没猪、羊煎熬，鼎内放香草，小鼎又放在装汤水的大鼎之中。大鼎内的汤不能沸进小鼎。如此三天三夜不断火，大鼎内的汤与小鼎内的油同沸。三天后，鼎内猪、羊酥透，蘸着醋和肉酱吃。

捣珍：就是取牛、羊、猪、鹿、麞等食草类动物的里脊肉，反复捶打，去其筋腱，捣成肉茸。《礼记·内则》："捣珍，取牛羊麇鹿麇之肉，必脄，每物与牛若一，捶反侧之，去其饵。孰，出之，去其皽，柔其肉。"意思是把里脊肉反复捣捶，烹熟之后再除去皽膜，加醋和肉酱调和。

渍："渍，取牛肉，必新杀者，薄切之，必绝其理，湛诸美酒，期朝而食之，以醢若醯、醷。"新鲜牛肉，横肉纹切成薄片，在好酒中浸泡一天，用肉酱、梅浆、醋调和后食用。醷即梅浆。

[①] 将应该为牂（母羊）。

熬："捶之去其皽，编萑，布牛肉焉，屑桂与姜以洒诸上而盐之，干而食之。施羊亦如之。施麇、施鹿、施麋，皆如牛羊。欲濡肉，则释而煎之以醢。欲干肉，则捶而食之。"意思是：将生肉捣捶，除去筋膜，摊放在芦草编的席子上，把姜和桂皮洒在上面，用盐腌后晒干了就可以吃。想吃带汁的，就用水把它润开，加肉酱煎。想吃干肉，就捣捶软后再吃，类似今天的牛肉干。

肝膋："取狗肝一，幪之以其膋，濡炙之。举燋其膋，不蓼。"把狗肝用狗网油覆盖，架在火上烧烤。等湿油烤干，吃时不蓼。蓼，水蓼，当时用以佐食。"取稻米，举糔、溲之，小切狼臅膏，以与稻米为酏。"以水调和稻米粉，加小块狼脯脂油，熬成稠粥。

此八珍之外，另有一种烹饪方法——糁。《礼记·内则》："糁，取牛羊豕之肉，三如一，小切之，与稻米。稻米二，肉一，合以为饵，煎之。"将牛、羊、猪肉三等分，切小块，按两份稻米粉一份肉的比例合成饼，入油煎。类似今天的肉饼。

周天子那个时代，帝王以食肥腴为贵。《诗经》："博硕肥腯。"腯就是肥壮。那时，祭供和食用都要选肥猪肥羊。古人早就发明了阉割法，通过阉割，使猪肉变得肥腴。周代已开始肢解猪肉，把猪粗解成七部叫"七体"，细分成二十一部叫"体解"。各部都有名称，如戴（大块肉）、肫（两侧肉）、脢（脊肉）、胑（夹脊肉）。以猪为例，各部中最珍贵者，竟是非常肥腻的"项脔"，就是猪脖子垂下的那部分肥膘，今天称"糟头肉"者。《晋书·谢混传》记："元帝始镇建业，公私窘罄。每得一豚，以为珍膳，项上一脔尤美，辄以荐帝。群下未尝敢食，于是呼为'禁脔'。"项脔都是敬献皇帝的，群臣们不敢食用，所以称作"禁脔"。

古人好用枣、栗、饴、蜜，好用脂油，好煎熬炮炙，好为羹。羹讲究搭配，牛肉配嫩豆苗，羊肉配芹菜，猪肉配薇菜。古人还好用各种酱品。吃干肉片用蚁卵酱，吃干肉粥用兔肉酱，吃熟麋肉片用鱼肉酱，吃鱼片用芥酱，吃胡米饭用螺肉酱，吃稻米饭用狗肉酱，烧鱼用鱼子酱，烧鸡用肉酱等等。

古人好用六，比如六谷、六牲、六兽、六禽。又告诫六种物有毒，分别是：夜里叫而且身上发臭的牛，毛零乱而且有膻气的羊，夜盲而且身上带腥气的猪，羽毛干枯叫声干哑的禽，尾巴脱毛的骚狗，脊背发黑、腿上有溃烂斑迹的病马。

古人告诫说："不食雏鳖。狼去肠，狗去肾，狸去正脊①，兔去尻②，狐去首，豚去脑，鱼去乙③，鳖去丑④。""雏尾不盈握，弗食。舒雁翠、鹄、鸮胖、舒凫翠、鸡肝、雁肾、鸨奥、鹿胃。"不盈一握的小鸟的尾巴、鹅和鸭的尾、天鹅和猫头鹰肋旁的薄肉、鸡肝、大雁的肾、鸨⑤的脾腺、鹿的胃，都不能吃。

八珍，本来是八种珍食的烹饪方法，后来成为珍贵食品的代名词。《三国志·魏书·卫觊传》："饮食之肴必有八珍之味。"鲍参军有诗："八珍盈雕俎，绮肴纷错重。"随着年代推移，八珍的内容不断丰富。杜甫《丽人行》有"紫驼之峰出翠釜，水精之盘行素鳞""黄门飞鞚不动尘，御厨络绎送八珍"之句，说明当时御厨八珍中已经有了驼峰，水产与山货都进了八珍。

---

①脊：脊骨。
②尻：脊骨的末端。
③乙：鱼肠。
④丑：窍。
⑤鸨：一种鸟，头小，颈长，背部平，尾巴短，善跑不善飞，能涉水。

元代史料中出现了完全不同的两种新八珍。据元人《馔史》记新八珍为：龙肝、凤髓、豹胎、鲤尾、鸮炙、猩唇、熊掌、酥酪蝉。据明吕毖《明宫史》记，明宫中十月吃龙卵，实际为白牡马之卵。依此类推，龙肝很可能是白马的肝。鸮，就是猫头鹰。酥酪蝉，"以羊脂为之"。明李日华《六研斋笔记》："乃今之抱螺酥也，其形与螺初不肖，而酷似蝉腹。"酥酪蝉可能是一种类似蝉腹的奶制品。另一种说法认为新八珍为：醍醐[1]、麆沆[2]、野驼蹄、鹿唇、驼乳麋[3]、天鹅炙、紫玉浆[4]、玄玉浆。

明清时，有水陆八珍：海参、鱼翅、鱼脆骨、鱼肚、燕窝、熊掌、鹿筋、蛤士蟆。有山八珍：熊掌、鹿尾、象鼻（一说犴鼻）、驼峰、果子狸、豹胎、狮乳、猕猴头。有水八珍：鱼翅、鱼唇、海参、鲍鱼、裙边、干贝、鱼脆骨、蛤士蟆。后又有上、中、下之分，而且有两种关于上、中、下八珍的说法。

上八珍：A.猩唇、驼峰、猴头、熊掌、燕窝、凫脯、鹿筋、黄唇胶。B.猩唇、燕窝、驼峰、熊掌、豹胎、鹿筋、蛤士蟆、猴头。

中八珍：A.鱼翅、银耳、果子狸、广肚、鲥鱼、蛤士蟆、鱼唇、裙边。B.鱼翅、鱼骨、龙鱼肠、大乌参、广肚、鲍鱼、江瑶柱、鲥鱼。

下八珍：A.海参、龙须菜、大口蘑、川竹笋、赤鳞鱼、江瑶柱、蛎黄、乌鱼蛋。B.川竹笋、银耳、大口蘑、猴头、裙边、鱼唇、乌

---

①醍醐：古时指从牛奶中提炼出来的精华。
②麆沆：蒙古人饮用的一种酒。
③乳麋：小麋鹿。
④紫玉浆：元代蒙古宫廷饮料。

鱼蛋、果子狸。

八珍之名后来被越用越滥。清李斗《扬州画舫录》中有"小八珍"之说："散酒店、庵酒店之类卖小八珍，皆不经烟火物。如春夏则燕笋、牙笋、香椿、旱韭、雷菌、莴苣。秋冬则毛豆、芹菜、茭瓜、萝卜、冬笋、腌菜。水族则鲜虾、螺丝、熏鱼。牲畜则冻蹄、板鸭、鸡炸、熏鸡。""坝上设八鲜行。八鲜者，菱、藕、芋、柿、虾、蟹、车螯、萝卜。"

蔬菜亦能入八珍。《扬州散记》中记有"初夏八珍"："扬俗，杨花飞舞时，将鲥鱼、樱桃、笋、苋、蚕豆、蒜苗、麦仁、杨花萝卜列为初夏八珍。"

又有"八珍汤"。京剧《四进士》中，孙淑林善做八珍汤。此汤乃山西食法，据说是傅山先生为孝敬其母而配制的长寿汤。其母服此汤，寿至八十四。后其法传与民间邙氏，在太原开"清和元"饭店专营此汤。此汤用羊肉、羊脂油、山药、藕、煨面[1]、黄芪、黄酒、黄酒糟汁炖成。羊肉、山药、藕均烂酥似稀粥，有酒香，还有麦香。喝这种汤不可用盐，食时也不可加酱油和醋，只可淡喝。老山西人冬三月好喝此汤，就如老北京人好喝豆汁。此汤抑阴补阳、养气补血、抗寒止喘，乃居晋人十大名吃之首。

清《筵款丰馐依样调鼎新录》中对八珍描述得比较清楚："珍馐首数驼峰，豹胎遇制难逢。云南猩唇川麋嵩（麋嵩即鹿鞭），熊蹯（熊掌）味美可用。鸮炙（烤猫头鹰）豹舓（驴肾）鹅掌，鲤尾鹿性（鹿性即鹿筋）不同。山海奇珍尘寰中，说甚烹龙炮凤。"

---

①煨面：炒过的面粉。

饼

　　饼在古时，是谷物、粉面制成的食品的统称。西汉扬雄《方言》："饼谓之饦，或谓之饦或谓之馄。"东汉许慎《说文》："饼，面餈也。"东汉刘熙《释名》："饼，并也。溲①麦面使合并也。胡饼作之大漫沍②也，亦言以胡麻着上也。蒸饼、汤饼、蝎饼、髓饼、金饼、索饼之属，皆随形而名之也。"《饼饵闲谈》："饼，面餈也。搜麦面合并为之，然起状不一。入炉熬者，名熬饼，亦曰烧饼；入笼蒸者，名蒸饼，亦曰馒头；入汤烹者，名汤饼，亦曰温面，曰不托，亦曰馎饦。"

　　《范子》："饼出三辅。"③明黄一正《事物绀珠》："蒸饼，秦昭王作。"西晋司马彪《续汉书》："汉灵帝作麻饼。"明张岱《夜航船》："秦昭王作蒸饼，汉高祖作汉饼，金日磾（西汉大臣，本来是匈奴休屠王的太子，武帝时归汉）作胡饼。魏作汤饼，晋作不托。"宋高承《事物纪原》谈及"不托"时说："晋束晳《饼赋》曰：礼仲春，天子食糕，而朝事之笾，煮麦为麷。内则诸馔不说饼，然则饼之作其来远

---

①溲：调和。
②漫：涨温。沍：水因寒冷而冻结。
③西汉治理京畿地区的三个职官的合称，亦指其所辖地区。

矣。按《汉书》百官表，少府属有易官，主饼饵。又宣帝微时，每买饼，所从买者，辄大售[1]。《说苑》叙战国事，则饼盖起于七国之时也。"关于胡饼，高承说："《后汉书》曰：灵帝好胡饼。京师皆食胡饼。胡饼之起，疑自此始也。然则饼有胡汉之异矣，胡饼，盖今俗所为者是，而汉饼疑是今饼也。后赵石勒[2]讳胡，改为麻饼。"关于蒸饼，《事物纪原》说："秦汉逮今世所食，初有饼、胡饼、蒸饼、汤饼之四品。惟蒸饼至晋何曾[3]所食，非作十字坼，则不下箸，方一见于此[4]。以是推之，当出于汉、魏以来也。"

综上所述，最早的饼有饼、胡饼、蒸饼、汤饼四种。饼就是普通的烧饼。这四种饼，先有蒸饼，然后有饼、胡饼。胡饼据说是金日磾归汉时带来的。因饼形如"大漫沍"（形状大而平整），像龟鳖外壳之形，饼面上又有胡麻而得名。汤饼出现得最晚。

饼的原料是谷物，刚开始是和面制作成各种形态，蒸熟做祭祀之用，所以蒸饼一开始并不是圆形的。刚开始，蒸饼都是用以夏祀。三国缪袭《祭仪》："夏祀以蒸饼。"徐畅《祭记》："五月麦熟荐新，作起溲白饼。"后发展到一年四季各有不同的祭祀品种。西晋卢谌《祭法》："春祠用曼头、汤饼、髓饼、牢丸，夏秋冬亦如之。夏祠别用乳饼，冬祠用环饼也。"

《饼赋》这样记载当时一年四季吃饼的品种："三春之初，阴阳交际。寒气既消，温不至热，于时享宴，则曼头宜设。吴回司方，纯

---

[1] 《汉书》："宣帝微时，每买饼，所从买者辄大售，亦以自怪。"
[2] 石勒：十六国时期后赵的开国皇帝。
[3] 何曾：字颖考，西晋大臣。生活奢侈，日食万钱，还说无下箸处。
[4] 《晋书》："然性奢豪……蒸饼上不坼作十字不食。"

阳布畅，服绵饮冰，随阴而凉，此时为饼，莫若薄壮①。商风既厉，大火西移，鸟兽氄毛，树木疏枝，肴馔尚温，则起溲可施。玄冬猛寒，清晨之会。涕冻鼻中，霜凝口外，充虚解战，汤饼为最。"

汉魏六朝时统称为饼的品种，大约有：

1.蒸饼：凡蒸熟的面食都称蒸饼。李时珍《本草纲目》集解："小麦面修治食品甚多，惟蒸饼其来最古，是酵糟发成单面所造。"蒸饼是发面的，最早蒸饼与馒头混称。

2.白饼：即汉饼。《齐民要术》记其方："《食经》曰：'作饼酵法：酸浆一斗，煎取七升。用粳米一升，著浆，迟下火，如作粥。'六月时，溲一石面，著二升②；冬时，著四升作。作白饼法：面一石。白米七八升作粥，以白酒六七升酵中。著火上，酒鱼眼沸，绞去滓，以和面。面起可作。"

3.烧饼。烧饼其实也包括胡饼，只是胡饼上面粘有胡麻。《齐民要术》记烧饼方："面一斗，羊肉二斤，葱白一合，豉汁及盐，熬令熟，炙之，面当令起。"烧饼入炉烘烤，与今之烧饼的区别，只是有馅。

4.汤饼。汤饼刚开始实际就是面片汤，是将调好的面团托在手里撕成片下锅煮熟。汤饼后来又叫煮饼。汤饼后来发展成索饼，《释名疏证补》："索饼疑即水引饼，今江淮间谓之切面。"《齐民要术》记"水引"法："挼如箸大，一尺一断，盘中盛水浸。宜以手临铛上，挼令薄如韭叶，逐沸煮"。意思是，先挼到像筷子粗细的条，切成一尺长的段，在盘里盛水浸着，再在锅边上挼到韭菜叶那样薄，下水煮。

5.髓饼：用牛羊的骨髓提炼的脂膏做馅的饼。《齐民要术》记：

---

① 薄壮：可能是很大的薄饼。
② 和一石面，放二升酵。

"以髓脂、蜜合和面，厚四五分，广六七寸，便著胡饼炉中，令熟。勿令反覆，饼肥美，可经久。"

6.鸡鸭子饼。《齐民要术》记："破，写①瓯中②，少与盐。锅铛中，膏油煎之，令成团饼，厚二分。"似今之鸡蛋饼。

7.细环饼、截饼：环饼一名"寒具"，截饼一名"蝎饼"。《齐民要术》："皆须以蜜调水溲面。若无蜜，煮枣取汁。牛羊脂膏亦得，用牛羊乳亦好③——令饼美脆。"这种细环饼与截饼，都须下油锅炸成松脆。

8.豚皮饼，一名"拨饼"。《齐民要术》记："汤溲粉，令如薄粥。大铛中煮汤，以小勺子抎粉，著铜钵内，顿钵著沸汤中，以指急旋钵，令粉悉著钵中四畔。饼既成，仍抎钵倾饼著汤中，煮熟。令漉出，著冷水中。酷似豚皮，臛浇麻酪任意，滑而且美。"大概意思是：用开水和米粉，和成像稀粥一样的粉浆。烧一锅水，用小勺把粉浆舀到铜盘里，将铜盘在锅里正烧沸的开水上快速旋转，让粉浆贴满铜盘，饼贴满后，把盘中的饼形倾在开水里，煮到熟，捞出来放在冷水里。这种饼的形状和味道，都像小猪皮。无论是搭配肉汤，还是酪浆、胡麻都可以，嫩滑可口。

汉魏六朝时，饼是主要的面点。曾注过《后汉书》的南朝梁吴均，写过一篇《饼说》，借两位士大夫之口来议论饼："公（宋公）曰：'今日之食，何者最先?'季（程季）曰：'仲秋御景，离蝉欲静，燮燮晓风，凄凄夜冷。臣当此景，唯能说饼。'"程季又接着说，制饼，

---

①写：同"泻"。
②把鸡蛋或鸭蛋打在碗中。
③指用牛羊脂膏或乳和面。

需用"安定噎鸠之麦，洛阳董德之磨，河东长若之葱，陇西舐背之牸，枹罕赤髓之羊，张掖北门之豉。然（燃）以银屑[1]，煎以金铫[2]。洞庭负霜之橘，仇池连蒂之椒，调以济北之盐，剉以新丰之鸡"。程季说，用这样珍贵的原料制出的饼，"细如华山之玉屑，白如梁甫之银泥，既闻香而口闷，亦见色而心迷"。

至唐代，饼的制作更为精巧。富贵人家以玫瑰、桂花、梅卤、甘菊、薄荷和蜜为馅，另用鸡鹅膏、猪脂、花椒盐"厚掺干面卷之，直挼数转"，做"千层饼"。这种千层饼最早是为皇帝制作的，"食之甚美，皆乳酪膏腴之所为"。北宋陶穀《清异录》记有"莲花饼"与"五福饼"。莲花饼有十五隔[3]，每隔有一折枝莲花，作十五色。五福饼是五种不同样式的饼集于一盘，馅料各不相同，皆精美无比。宋时还有水晶饼，传说乃寇准五十大寿回乡探亲时，其乡亲渭南老叟所送寿礼，寿礼装一桐木盒子，盒内装五十个晶莹透亮之薄饼，盒内有小诗一首："公有水晶目，又有水晶心。能辨忠与奸，清白不染尘。"此后，这种晶莹的薄饼就称"水晶饼"。

明高濂《遵生八笺》中记载了几种很有意思的饼方："椒盐饼方：白面二斤、香油半斤、盐半两、好椒皮一两、茴香半两，三分为率，以一分纯用油、椒盐、茴香和面为饟，更入芝麻粗屑尤好。每一饼夹饟一块，捏薄入炉。又法：用汤与油对半，内用糖与芝麻屑，并油为饟。""风消饼方：用糯米二升，捣极细为粉，作四分。一分作

①银屑：指炭火。
②铫：煎药或烧水用的器具，形状像较高的壶，口大有盖，旁边有柄，用沙土或金属制成。
③大约是饼坯之隔。

粞，一分和水，作饼煮熟，和见在二分粉一小盏，蜜半盏，正发酒醅①，两块白饧，同炖溶开，与粉饼擀作春饼样薄皮。破不妨，熬盘上煿过，勿令焦，挂当风处。遇用，量多少入猪油中炸之。炸时用箸拨动，另用白糖炒面拌和得所，生麻布擦细，糁饼上。""雪花饼方：用十分头罗雪白面蒸熟，十分白色。凡用面一斤，猪油六两，香油半斤。将猪脂切作骰子块，和少水，锅内熬煠。莫待油尽，见黄焦色，逐渐笊出，未尽再熬，再笊。如此则油白，和面②为饼，底熬盘上，略放草柴灰，面铺纸一层，放饼在上煨。"高濂还提到，芋头捣碎和糯米粉，夹糖豆沙或椒盐核桃、橙丝为"芋饼"，韭菜、猪肉、羊脂可为"韭饼"。

宋以后，馒头、面片面条、馓子等已不称为饼，饼专指以面或粉制成圆形的面食。清人薛宝辰在《素食说略》中归纳烙饼的种类："以生面或发面团作饼烙之，曰烙饼，曰烧饼，曰火饼。视锅大小为之，曰锅规。以生面扞薄涂油，折叠环转为之，曰油旋。《随园》所谓蓑衣饼也。以酥面实馅作饼，曰馅儿火烧。以生面实馅作饼，曰馅儿饼。酥面不实馅，曰酥饼。酥面不加皮面，曰自来酥。以面糊入锅摇之使薄，曰煎饼。以小勺挹之，注入锅一勺一饼，曰淋饼。和以花片及菜，曰托面。置有馅生饼于锅，灌以水烙之，京师曰锅贴，陕西名曰水津包子。作极薄饼先烙而后蒸之，曰春饼。"

昔李渔认为，糕饼之法，"糕贵乎松，饼利于薄"。《清异录》"建康七妙"中亦有"饼可映字"之说。此种薄饼，似当今之煎饼。《随园食单》之"点心单"记载："山东孔藩台家制薄饼，薄若蝉翼，大若茶盘，柔腻绝伦。家人如其法为之，卒不能及，不知何故。秦人制小锡罐，装饼三十张，每客一罐，饼小如柑。罐有盖，可以贮。馅用炒肉丝，其细如发，葱亦如之，猪、羊并用，号曰'西饼'"。这种西饼今已无处寻矣。

馒　头

　　宋高承《事物纪原》卷九记载："馒头：稗官小说云：诸葛武侯之征孟获，人曰蛮地多邪术，须祷于神，假阴兵一以助之。然蛮俗必杀人，以其首祭之，神则响之，为出兵也。武侯不从，因杂用羊豕之肉，而包之以面，像人头以祠，神亦响焉，而为出兵。后人由此为馒头。至晋卢谌《祭法》，春祠用馒头，始列于祭祀之品。而束皙《饼赋》亦有其说，则馒头疑自武侯始也。"高承认为，可能是诸葛亮创造了馒头。

　　《事物纪原》的资料来源是稗官野史。不过，古代少数民族确实有用人头祭天的风俗，"馒头"也有可能是人头的替代品。

　　明郎瑛《七修类稿》记："馒头本名蛮头，蛮地以人头祭神，诸葛之征孟获，命以面包肉为人头以祭，谓之'蛮头'，今讹而为馒头也。"

　　后来，馒头就逐渐成为宴会祭享的陈设之用。束皙《饼赋》："三春之初，阴阳交际，寒气既消，温不至热，于时享宴则曼头宜设。"三春之初，冬去春来，万象更新。俗称冬属阴，夏属阳，春初是阴阳交泰之际，祭以馒头，为祷祝一年之风调雨顺。当初馒头都是带肉馅的，而且个儿很大。

晋以后，馒头有时也称作"饼"。凡以面揉水做剂子，中间有馅的，都叫"饼"。明周祈《名义考》："以面蒸而食者曰'蒸饼'又曰'笼饼'，即今馒头。"《集韵》："馒头，饼也。"明张自烈《正字通》："餢飳，起面也，发酵使面轻高浮起，炊之为饼。贾公彦以酏食①为起胶饼，胶即酵也。涪翁说，起胶饼即今之炊饼也。"唐韦巨源《食单》有"婆罗门轻高面，今俗笼蒸馒头发酵浮起者是也"。

唐以后，馒头的形态变小，有称作"玉柱""灌浆"的。明王世贞撰、邹善长重订《汇苑详注》："玉柱、灌浆，皆馒头之别称也。"唐徐坚《初学记》把馒头写作"曼头"，宋吴自牧《梦粱录》中，又作"馒馉"。《集韵》："馉音豆，与饾同，饤也。""饤"，《玉篇》："贮食。"《玉海》："唐少府监御馔，用九盘装垒，名'九饤食'。今俗燕会，粘果列席前，曰'看席饤坐'。古称'饤坐'，谓饤而不食者。世谓之词之堆砌饾饤。"按《旧唐书·崔远传》云："人皆慕其为人，当时目为'饤座梨'，言席上之珍也。"这就是说，"饤"其实从"钉"来，"饾饤"是指供观赏的看席。韩愈有诗："或如临食案，肴核纷饤饾。"可见当时馒头是作为供观赏的看席。但"饾饤"指的是点心之类，也就是把馒头列为点心了。

南宋岳珂有《馒头》诗："几年太学饱诸儒，余伎犹传笋蕨厨。公子彭生红缕肉，将军铁杖白莲肤。芳馨政可资椒实，粗泽何妨比瓠壶。老去齿牙辜大嚼，流涎聊合慰馋奴。"

馒头成为食用点心后，因为其中有馅，于是又称作"包子"。宋王栐《燕翼诒谋录》："仁宗诞日赐群臣包子。""包子"后注曰："即

---

① 酏：酒。以酒发酵。

馒头之别名。"猪羊牛肉、鸡鸭鱼鹅、各种蔬菜都可做馅。同时，仍然叫"馒头"。如元忽思慧《饮膳正要》中介绍的四种馒头，又都可叫包子："仓馒头[①]：羊肉、羊脂、葱、生姜、陈皮各切细。右件，入料物、盐、酱拌和为馅。""麂奶肪馒头：麂奶肪、羊尾子各切如指甲片，生姜、陈皮各切细。右件，入料物，盐拌和为馅。""茄子馒头：羊肉、羊脂、羊尾子、葱、陈皮各切细，嫩茄子去穰。右件，同肉作馅，却入茄子内蒸，下蒜酪、香菜末食之。"[②]"剪花馒头：羊肉、羊脂、羊尾子、葱、陈皮各切细。右件，依法入料物、盐、酱拌馅，包馒头。用剪子剪诸般花样，蒸，用胭脂染花。"《正字通》说，馒头开首者，又叫"橐驼脐"。

唐宋后，馒头也有无馅者。元人《居家必用事类全集》庚集记有当时馒头的发酵方法："每十分，用白面二斤半。先以酵一盏许，于面内跑[③]一小窠，倾入酵汁，就和一块软面，干面覆之，放温暖处。伺泛起，将四边干面加温汤和就，再覆之。又伺泛起，再添干面温水和。冬用热汤和就，不须多揉。再放片时，揉成剂则已。若揉搓，则不肥泛。其剂放软，擀作皮，包馅子。排在无风处，以袱盖。伺面性来，然后入笼床上，蒸熟为度。"

不管有馅无馅，馒头一直担负祭供之用。《居家必用事类全集》庚集记有多种馒头，并附用途："平坐小馒头（生馅）、捻尖馒头（生馅）、卧馒头（生馅，春前供）、捺花馒头（熟馅）、寿带龟（熟馅，寿筵供）、龟莲馒头（熟馅，寿筵供）、春茧（熟馅，春前供）、荷

---

①其形如仓囤。
②此以茄子做皮，上屉蒸熟。
③跑：疑为"刨"。

花馒头（熟馅，夏供）、葵花馒头（喜筵，夏供）、球漏馒头（卧馒头后用脱子印）。"明李诩《戒庵老人漫笔》中记："祭功臣庙，用馒头一藏（五千四十八枚也）。江宁、上元二县供面二十担，祭毕送工部匠人作饭。"

至清代，馒头的称谓出现分野：北方谓无馅者为馒头，有馅者为包子；而南方则称有馅者为馒头，无馅者也有称作"大包子"的。清徐珂《清稗类钞》"馒头"条："馒头，一曰馒首，屑面发酵，蒸熟隆起成圆形者。无馅，食时必以肴佐之。""包子"条："南方之所谓馒头者，亦屑面发酵蒸熟，隆起成圆形，然实为包子。包子者，宋已有之。《鹤林玉露》曰：有士人于京师买一妾，自言是蔡太师府包子厨中人。一日，令其作包子，辞以不能，曰：'妾乃包子厨中缕葱丝者也。'盖其中亦有馅，为各种肉，为菜，为果，味亦咸甜各异，惟以之为点心，不视为常餐之饭。"《清稗类钞》中，又把有甜馅者称"馒头"，比如"山药馒头"条："山药馒头者，以山药十两去皮，粳米粉二合，白糖十两，同入擂盆研和。以水湿手，捏成馒头之坯，内包以豆沙或枣泥之馅，乃以水湿清洁之布，平铺蒸笼，置馒头于上而蒸之。至馒头无黏气时，则已熟透，即可食。"

清代时扬州的小馒头很有名。《调鼎集》曰："作馒头如胡桃大，熟蒸，笼用之，每箸可夹一双，亦扬州物也。扬州法发酵最佳，手捺之不盈半寸，放松乃高如杯碗。"清袁枚《随园食单》曰："杨参戎家制馒头，其白如雪，揭之如有千层。金陵人不能也。其法扬州得半，常州、无锡亦得其半。"

馒头之称谓，今天仍很混乱。如北方之无馅者，有称作"馍""卷子"，也有称作"包子"的。南方之有馅者，也有称作"面兜子"

"汤包"的。现时的馒头不管有馅无馅，其实都和当初的馒头相去甚远。馒头的"馒"字，最早作"曼"。西晋卢谌《祭法》："春祠用曼头。"荀氏《四时列馔传》："春祠有曼头饼。"

唐赵璘《因话录》则认为，在诸葛亮之前已有馒头："馒头本是蜀馔，世传以为诸葛亮征南时以肉面像人头而为之。流传作'馒'字，不知当时音义如何，适以欺瞒同音。孔明与马谡谋征南，有攻心战之说。至伐孟获，熟视营障，七纵而七擒之，岂于事物间有欺瞒之举，特世俗释之如此耳。"

面　条

明张岱《夜航船》："魏作汤饼，晋作不托。"[①]

面条之起源，大约早于魏。东汉刘熙《释名》中已提及"蒸饼、汤饼、蝎饼、髓饼、金饼、索饼"等，按刘熙"随形而命之"的说法，"索饼"有可能是在"汤饼"基础上发展成的早期的面条。

面条显然是由汤饼发展而成的。据今人考，汤饼实际是一种面片汤，将和好的面团托在手里撕成面片，下锅煮成。这种汤饼始于汉代，是面条的前身。

在汤饼的基础上，又发展成"索饼"。《释名疏证补》："索饼疑即水引饼。"《齐民要术》卷九记："水引馎饦法：细绢筛面，以成调肉臛汁，待冷溲之。水引，挼如箸大，一尺一断，盘中盛水浸。宜以手临铛上，挼令薄如韭叶，逐沸煮。"先揉搓到像筷子一样粗细，切成一尺长的段，在盘里用水浸着，再揉搓到韭菜叶那样薄，这时的面片儿已类似宽面条了。

关于"不托"，北宋高承《事物纪原》卷九说："束皙《饼赋》曰：'朝事之笾，煮麦为面。'则面之名，盖自此而出也。魏世食汤饼，

---

①张岱自注："不托即面，简于汤饼。"

晋以来有'不托'之号，意'不托'之作，缘汤饼而务简矣。今讹为'餺饪'，亦直曰面也。"高承认为，称作"不托"之后，离后来的面条就近了。"不托"有说是名"不托"者所创，这大约是后人的臆测。关于"汤饼"，高承说："魏晋之代，世尚食汤饼，今索饼是也。《语林》有魏文帝与何晏热汤饼，则是其物出于汉魏之间也。"

《语林》中何晏的故事，其实出自《世说新语·容止》："何平叔美姿仪，面至白。魏明帝疑其傅粉。正夏月，与热汤饼。既啖，大汗出，以朱衣自拭，色转皎然。"

何晏是东汉大臣何进的孙子，其父早逝，曹操纳其母尹氏为妾，他因而被收养，为曹操所宠爱。何晏少以才秀知名，后娶曹操之女金乡公主，是三国时著名的玄学家。何晏长得一表人才，魏明帝怀疑他脸上擦了粉，于是大热天请他吃汤饼。何晏吃得大汗淋漓，就用红色的衣袖擦汗。结果，脸上白里透红，更为容光焕发。

西晋束皙《饼赋》说，冬日宜吃汤饼："玄冬猛寒，清晨之会。涕冻鼻中，霜凝口外。充虚解战，汤饼为最。"书中还夸张地描述了下人侍候主人吃汤饼时的馋相："行人失涎于下风，童仆空嚼而斜眄。擎器者舐唇，立侍者干咽。"足见当时吃汤饼也只是富人的享受。

至晋时，汤饼已有细条状的了。《饼赋》这样描述下汤饼的情景："于是火盛汤涌，猛气蒸作，振衣振裳。振搦拊搏。面迷离于指端，手萦回而交错。纷纷驳驳，星分霅落。"束皙称汤饼"柔如春绵，白若秋练"。后东晋庾阐《恶饼赋》有"王孙骇叹于曳绪，束子赋弱于春绵"之句，西晋傅玄《七谟》有"乃有三牲之和羹，蕤宾之时面，忽游水而长引，进飞羽之薄衍，细如蜀茧之绪，靡如鲁缟之线"之说。细如蜀茧之绪，靡如鲁缟之线，可见，面条实在已经很细了。

唐时，面条仍称"不托"。南宋程大昌《演繁露》卷十五曰："汤饼……旧未就刀钻时，皆掌托烹之。刀钻既具，乃云'不托'，言不以掌托也。"其品种，在唐时，多了一种"冷淘"。杜甫《槐叶冷淘》诗："青青高槐叶，采掇付中厨。……经齿冷于雪，劝人投此珠。"《唐六典·光禄寺》："冬月量造汤饼及黍臛，夏月冷淘、粉粥。"《太平广记》卷三十九《神仙》引《逸史》："时春初，风景和暖，吃冷淘一盘，香菜茵陈之类，甚为芳洁。"后人考"冷淘"即"过水凉面"。清潘荣陛《帝京岁时纪胜·夏至》："京师于是日家家俱食冷淘面，即俗说过水面是也。"

宋代开始正式称作面条，而且除汤煮以外，又有了炒、熰（焖）、煎等方法。另外，面上开始加荤素各种浇头。北宋孟元老《东京梦华录》记汴京的面条，有四川风味的"插肉面""火熰面"，南方风味的"桐皮熟脍面"。宋吴自牧《梦粱录》记南宋面食，有"猪羊盦生面""丝鸡面""三鲜面""鱼桐皮面""盐煎面""笋泼肉面""炒鸡面""子料浇虾蝑面"等。另外，该书还记有"大片铺羊面""炒鳝面""卷鱼面""笋泼刀笋辣面"等。

面条发展成熟之后，便出现了挂面。第一次出现关于挂面的文字记载，乃元忽思慧的《饮膳正要》："挂面，补中益气。羊肉一脚子，挂面六斤。蘑菇半斤，鸡子五个煎作饼，糟姜一两，瓜荠一两。右件用清汁中下胡椒、盐、醋调和。"这是一种以羊肉、蘑菇、鸡蛋烹制挂面的方法，这说明挂面在忽思慧以前已有。《饮膳正要》成书于元天历三年（1330），那么挂面发明于何时呢？

今人考，宋理宗淳祐十一年（1251）凌万顷和边实所撰《玉峰志》卷下《土产·食物》中记："药棋面：细仅一分①，其薄如纸，可为远方馈。虽都人、朝贵亦争致之。"有学者认为，这种药棋面就是最早的挂面。

棋子面，又名"切面粥"，其实《齐民要术》中早有记载："刚溲面，揉令熟。大作剂，挼饼，粗细如小指大，重索于面中。更挼，如粗箸大，截断，切作方棋。簸去勃，甑里蒸之。气馏勃尽，下著阴地净席上，薄摊令冷。挼散，勿令相粘，袋盛举置。须即汤煮，别作臛浇，坚而不泥。"这种棋子面，形状像方棋，蒸熟阴干之后，铺在阴地净席上，然后再装在口袋里久藏，吃之前取出来，放进沸水里煮一煮，浇肉汁拌和，吃起来韧而不烂。《玉峰志》里的"药棋面"显然与《齐民要术》中的"棋子面"不同，它仅细一分，看来是细长的面条，而非棋子大小的面片。它产于平江府昆山县，运往当时的都城杭州，成为贵族官僚们喜爱的馈赠之物，看来就因为它已经具备了药疗保健的特色。

关于抻面，最早见于明宋诩的《宋氏养生部》："扯面，用少盐入水和面，一斤为率。既匀，沃香油少许，夏月以油单纸微覆一时，冬月则覆一宿，余分切如巨擘。渐以两手扯长，缠络于直指、将指、无名指之间，为细条。先作沸汤，随扯随煮，视其熟而浮者先取之。齑汤同前制。"清薛宝辰《素食说略》中，又称为"桢条面"："其以水和面，入盐、碱、清油揉匀，覆以湿布，俟其融和，扯为细条，煮之，名为'桢条面'。作法以山西太原平定州、陕西朝邑、同州为最佳。其薄等于韭菜，其细比于挂面，可以成三棱之形，可以成中

————
　①也就是3.3毫米。

空之形，耐煮不断，柔而能韧，真妙手也。"

刀削面又称"削面"。《素食说略》记："面和硬，须多揉，愈柔越佳。作长块置掌中，以快刀削细长薄片，入滚水煮出，用汤或卤浇食，甚有别趣。平遥、介休等处，作法甚佳。"

面条的做法各种各样，袁枚、李渔各有其做面理论。袁子才认为"大概作面总以汤多为佳，在碗中望不见面为妙"。他最拿手者是"鳗面"。以大鳗一条，拆肉去骨熬汤，汤中再入鸡汁、火腿汁、蘑菇汁，一大碗汤极少量面。李笠翁则极反对这种做法。他在《闲情偶寄》中说："南人食切面，其油盐酱醋等作料，皆下于面汤之中。汤有味而面无味，是人之所重者，不在面而在汤，与未尝食面等也。"李渔做面是"调和诸物尽归于面，面具五味，而汤独清。如此方是食面，非饮汤也"。他所创制的面有两种，一曰"五香面"，一曰"八珍面"。五香面是自己家用，八珍面是用来请客。"五香者何？酱也，醋也，椒末也，芝麻屑也，焯笋或煮蕈、煮虾之鲜汁也。先以椒末、芝麻屑二物拌入面中，后以酱、醋及鲜汁三物和为一处，即充拌面之水，勿再用水。拌宜极匀，擀宜极薄，切宜极细。然后以滚水下之，则精粹之物尽在面中，尽勾咀嚼，不似寻常吃面者，面则直吞下肚，而止咀咂其汤也。""八珍者何？鸡、鱼、虾三物之肉，晒使极干，与鲜笋、香蕈、芝麻、花椒四物，共成极细之末和入面中，与鲜汁，共为八种。"八珍面中的鸡鱼之肉，一定要取精肉，稍带肥腻者不能用。鲜汁也不用肉汤，要用笋、蕈或虾汁，因为面性见油即散，擀不成片，也切不成丝。拌面之汁，加鸡蛋清一二盏更宜。

人称"伊府面"者，乃清乾隆进士伊秉绶的家厨所创。伊秉绶字组似，号墨卿，好品味。其在惠州为官时，因喜面条，家厨遵其嘱予以改进。"伊府面"先以鸡蛋和面，面成后煮至八成熟，捞出，拌上香油，过油炸至金黄。然后再以鸡汤煨软，盛盘内，浇以海参、虾仁、玉兰片。

早时民俗，只有伏日吃面之说。南朝梁宗懔《荆楚岁时记》："六月伏日，并作汤饼，名为辟恶饼。"至于生日吃面之俗，似始于《新唐书·后妃传》："陛下独不念阿忠脱紫半臂易斗面，为生日汤饼邪？"这位阿忠把衣服脱下来换斗面，为的是做生日汤饼。为什么一定要吃生日汤饼呢？因为古时生男孩称"弄璋之喜"①。唐时，就有举行汤饼宴贺弄璋之喜之俗。刘禹锡有诗《送张盥赴举》："尔生始悬弧，我作坐上宾。引箸举汤饼，祝辞天麒麟。"苏东坡有《贺陈述古弟章生子》："甚欲去为汤饼客，惟愁错写弄獐书。"为什么唐时就要当"汤饼客"，必食汤饼呢？北宋马永卿在《懒真子》中，就认为"必食汤饼者，则世欲所谓'长命面'者也"。面条在当时已成为祝福新生男儿长命百岁的象征，这种习俗一直沿袭下来，中国人过生日就必吃面条了。

---

①璋：宝玉。《诗经·小雅·斯干》："乃生男子，载寝之床，载衣之裳，载弄之璋。"

粽　子

明张岱《夜航船》记："汝颓作粽。"汝颓是汉人，可见粽子汉已有之。晋周处在《风土记》中称粽子为"角黍"："仲夏端午，烹鹜角黍，端，始也。谓五月初五日也。又以菰叶裹黏米煮熟，谓之角黍。"《齐民要术》记"粽糎法"曰：《风土记》云："俗，先以二节日，用菰叶裹黍米，以淳浓灰汁煮之，令烂熟，于五月五日、夏至啖之。粘黍，一名'粽'，一曰'角黍'，盖取阴阳尚相裹，未分散之时象也。"

古时包粽子用黍。黍乃稷之黏者，有赤白黄黑数种。东汉许慎《说文》："黍可为酒，禾入水也。"明魏子才《六书精蕴》："禾下从氽，象细粒散垂之形。""黍者，暑也，待暑而生，暑后乃成也。"黍是中国古代五谷之一，夏至之日，新黍成，古人早有尝黍并以黍祭祀之俗。《礼记·月令》："仲夏之月，日在东井，昏亢中，旦危中，其日丙丁，其帝炎帝，其神祝融，其虫羽，其音徵，律中蕤宾。其数七，其味苦，其臭焦。其祀灶，祭先肺。""农乃登黍，是月也，天子乃以雏尝黍，羞以含桃，先荐寝庙。"这里雏是指鸡，桃指樱桃。

《月令七十二候集解》："夏，假也，至，极也。万物于此皆假大而至极也。"就是说万物生长茂盛，开始成熟。南朝崔灵恩《三礼义宗》："夏至为中者，至有三义，一以明阳气之至极，二以明阴气之始至，三以明日行之北至，故谓之至。"意思是：夏至之日，阳气至极，阴气始生。所以，《礼记·月令》说："是月也，日长至，阴阳争，死生分。君子齐戒，处必掩身，毋躁，止声色，毋或进，薄滋味，毋致和，节耆欲，定心气。百官静事毋刑，以定晏阴之所成。"意思是，夏至正是阴阳交错之时，物之感阳气而长者生，感阴气而已成者死，所以又是死生分判之际。在这种时候，齐戒以定其心，掩蔽以防其身，不要轻躁于举动，不要御进于声色，薄其调和之滋味，节其诸事之爱欲，凡以定心气而备阴疾也。天地之气，顺则和，竞则逆，所以百官都不要动刑罚之事。因为刑是阴事，举阴事就是助阴抑阳。总的说来，阴阳交接也是阴阳明显相争之时，一切都要谨备，为的是消灾。晏，安，晏阴也就是要让阴安静。

夏至日祭祀，周代已有之。《周礼·春官·宗伯》："以冬日至，致天神人鬼。以夏日至，致地示物魁。以祒国之凶荒、民之札丧。"冬至日阳气升而祭鬼神，夏至日阴气升而祭地祇物魁。魁：百物之神。致人鬼于祖庙，致物魁于燀坛。《周礼·春官·大司乐》："冬日至，于地上之圜丘奏之，若乐六变，则天神皆降……夏日至，于泽中之方丘奏之，若乐八变，则地示皆出。"祭天地人神，都为顺其为人与物也。在周代，夏至日祭地示物魁，黍只是其中之一，刚开始只是用黍米而非角黍。后人发明角黍，取角形是因为上古人有以牛角祭祖之俗，取其角形包以菰叶，是因为黍又称"火谷"。南宋罗愿《尔雅翼》："黍之秀特舒散，故说者以其象火，为南方之谷。"火属阳，而菰叶水生而属阴，这就成了"阴阳尚相裹，未分散之时象"。

其实，角黍原是用以夏至节祭地示物魁的，与屈原并无关系。

古时，夏至与端五是两个节日。端五，端，初也，五月的第一个五日，古"五"与"午"通用。端午节，最原始的说法，认为它起于上古三代的兰浴。《大戴礼记·夏小正》记：五月，"煮梅，为豆实也。蓄兰，为沐浴也"。《大戴礼记》中说，五月五日蓄兰为沐浴。为什么要蓄兰沐浴呢？"此日蓄采众药，以蠲除毒气。"《楚辞》因此有"浴兰汤兮沐芳"之句。西晋司马彪《续汉书·礼仪志》："五月五日，朱索五色为门户饰，以止恶气。"南朝梁宗懔《荆楚岁时记》："五月五日，谓之浴兰节。荆楚人并蹋百草，又有斗百草之戏。采艾以为人形，悬门户上，以禳毒气。"东汉应劭《风俗通》："五月五日续命缕，俗说以益人命。"浴兰、悬艾，都是为避毒，用五彩丝线绕臂、缠筒，俗称"续命缕"，为益人命。端午作为天中节，刚开始并无祭人的意思。因为阳气至极万物茂盛，于是要祛病防疫，所以要绕"续命缕"，为顺应天时地和。

端午祭祀先祖，其实是后人赋予的内容。古人对端午祭祀，有种种说法，一说是祭介子推。东汉蔡邕《琴操》："子绥①割其腓股以饵重耳。重耳复国，舅犯、赵衰俱蒙厚赏，子绥独无所得。绥甚怨恨，乃作龙蛇之歌以感之，遂逃入山……文公惊悟，即遣求得于绵山之下。使者奉节迎之，终不肯出。文公令燔山求之，火荧自出，子绥遂抱木而烧死。文公哀之，流涕归，令民五月五日不得发火。"史书记载，介子推曾割腓股帮助文王。文王复国后，赏赐随从臣属，介子推独无所得，因此怨恨，与母亲隐居绵山中。传说文王请他出来，他终不肯出。文王烧山求他出山，他抱木而被烧死。

另一种说法来自东汉邯郸淳《曹娥碑》，他认为是祭伍子胥："五

①即介子推。

月五日，时迎伍君。"史载伍子胥尽忠于吴，后反被吴王夫差杀，抛尸于江，化为涛神。民间传说伍子胥死于五月五日。

还有一种说法是说祭祀曹娥。东晋虞预《会稽典录》记："女子曹娥，会稽上虞人。父能弦歌为巫。汉安帝二年五月五日，于县江溯涛迎波神溺死，不得尸骸。娥年十四，乃缘江号哭，昼夜不绝声，七日，遂投江而死。"因纪念曹娥，又称"女儿节"。

当然，最有名者，自然是为纪念屈原。此说始见于南朝梁吴均《续齐谐记》："屈原以五月五日投汨罗而死，楚人哀之。每至此日，取竹筒子贮米投水以祭之。汉建武中，长沙区回，白日忽见士人，自称三闾大夫。谓回曰：'君常见祭甚诚。但常年所遗俱为蛟龙所窃。今君惠，可以楝树叶塞筒上，以彩丝缠缚之，此二物蛟龙所惮也。'回谨依旨。今世人五月五日作粽并带楝叶及五花丝，皆汨罗之遗风也。"南朝宋刘敬叔《异苑》因此说："粽，屈原妇所作。"按南朝宋东阳无疑《齐谐记》说法，因为怕祭屈原之米被蛟龙所窃，因此创造了粽子这种食物，因为蛟龙怕楝叶、彩丝。而李时珍《本草纲目》却说："糉，俗作粽。古人以菰芦叶裹黍米煮成，尖角，如棕榈叶心之形，故曰粽，曰角黍。近世多用糯米矣。今俗，五月五日以为节物相馈送，或言为祭屈原。作此投江，以饲蛟龙也。"此种说法流传最广。

端午龙舟竞渡之俗，其实起于春秋越国，古说勾践于此日操练水军。宋高承《事物纪原》卷八记载："竞渡：《楚传》云起于越王勾践。《荆楚岁时记》记曰："五月五日竞渡，俗为屈原投汨罗日，人伤其死，故并命舟楫以拯之。"《岁华纪丽》曰："救屈原以为俗，因勾践以成风。"

五月五日其实又是"地腊节"。宋陈元靓《岁时广记》曰："五月五日为地腊日，其日五帝校定生人官爵，血肉盛衰，外滋万类，内延年寿，记录长生。此日可谢罪，求请移易官爵，祭祀先祖。"

端午节其实包容比较丰富。最早以角黍祭地示物魅应该说是夏至之俗，后按西晋周处《风土记》，端午与夏至俗同，所以把夏至的祭祀搬到了端午。祭祀的内容与方式，应该说随着时代的推移，不断在改变。但粽子祭祀的原意，应是取阴阳相裹之意。

粽子的异名，有称为"裹蒸"者。明王志坚《表异录》："南史大官进裹蒸，今之角黍也。"也有称为"不落荚"者，如明李诩《戒庵漫笔》曰："镇江医官张天民在湖广荣王府，端午赐食'不落荚'，即今之粽子。"元稹《表夏十首》之十中称粽子为"白玉团"："彩缕碧筠粽，香粳白玉团。"陆游《赛神》诗云："白白餈筒美。"诗后自注："蜀人名粽为餈筒。"

粽子有锥形、秤锤形、菱角形、枕头形。包裹材料，有用菱叶、粽叶，也有用芦叶、竹叶的。其馅，甜者如赤豆小枣、豆沙枣泥、桃仁芝麻松子；咸者如火腿咸肉、鲜肉鸭肉，或者贝、虾仁。唐段成式《西阳杂俎》记："庾家粽子，白莹如玉。"今庾家粽已不可考也。南宋《西湖老人繁胜录》记："角黍，天下唯有是都城将粽凑成楼阁、亭子、车儿诸般巧样。"唐王仁裕《开元天宝遗事》曰："宫中每到端午节，造粉团角黍，贮于金盘中，以小角造弓子，纤妙可爱，架箭射盘中粉团，中者得食，盖粉团滑腻而难射也。都中盛于此戏。"

古人包甜粽子时，会加入些许薄荷末；还有用艾叶浸米的，叫作艾香粽子。清顾仲《养小录》记，粽子蒸熟后，可以剥出油煎，称为"仙人之食"。明高濂在《遵生八笺》中则告诫："凡煮粽子，必用稻柴灰淋汁煮，亦有用些许石灰煮者，欲其菱叶青而香也。"

饆饠

饆饠在唐代，是很风行的一种食品。

饆饠之名，最早出现于南朝顾野王所撰字书《大广益会玉篇》中。《玉篇》解释："饆饠，饼属，中有馅。"可见这是一种馅饼。唐李匡乂《资暇集》记："蕃中毕氏、罗氏好食此味，因名'毕罗'。后人加'食'旁为'饆饠'。"毕氏、罗氏何许人，已不可考。明杨慎《丹铅录》载朱文公《刈麦诗》，有"霞觞幸自夸真一，垂钵何须问毕罗"句。《集韵》"毕罗"注："修食也。"这里的"修"，盛美的意思。毕罗，应该是当时的美食。杨慎《升庵外集》中释"饆饠"："今北人呼为'波波'，南人呼为'磨磨'。"

唐段成式《酉阳杂俎》中，有两条关于"饆饠"的描写。第一条，卷七《酒食》记："韩约能作樱桃饆饠，其色不变。"当时，韩约的樱桃饆饠是京城中的名食。其二是一则小故事。一人在梦中入饆饠店，及醒，见店子曰："郎君与客食饆饠，计二斤，何不计直而去也？"这说明长安当时有专门的饆饠店，而且饆饠是论斤出售的。

唐韦巨源《烧尾宴食单》中，记有"天花饆饠"，注曰："九炼香。"这是什么意思，实在无法理解。倒是唐人刘恂《岭表录异》中，有很具体的对"蟹饦"的描写："赤蟹，壳内黄赤膏，如鸡鸭子黄，肉白以和膏，实其壳中，淋以五味，蒙以细面，为蟹饦，珍美可尚。"唐昭宗时，刘恂在广州任职，他所记载的这种饻饹，是在蟹斗里入五味，用面皮整个把蟹斗包起来。

《太平广记》引唐代小说集《卢氏杂说》，有"饻饹"条："翰林学士每遇赐食，有物若饻饹，形粗大，滋味香美，呼为'诸王修事'。"这里记载的食品形如饻饹，但显然要比"蟹饻饹"大。

元曲《琵琶记》中，出现了"米皮饻饹"。剧中赵五娘有这样一段独白："奴家自从丈夫去后，屡遭饥荒，衣衫首饰尽皆典卖，家计萧然。争奈公婆死生难保，朝夕又无可为甘旨之奉，只得饻饹几口淡饭。奴家自把细米皮糠饻饹糠吃，苟留残喘，也不敢交公公婆婆知道，怕他烦恼。奴家吃时，只得回避他。"这里的"米皮饻饹"，显然是由糠、麸皮一类东西做成，中间应该没有馅。

至宋代，医官王怀隐等所编医方集《太平圣惠方》中，认为饻饹有食疗功效，记有好几种饻饹的具体做法：

"治脾胃久冷气痢，瘦劣甚者，宜食猪肝饻饹方。羖猪①肝（一具，去筋膜），干姜（半两，炮裂剉②），芜荑（半两），诃黎勒（三分，煨用皮），陈橘皮（三分，汤浸去白瓤），缩砂（三分，去皮）。右捣诸药为末，肝细切，入药末一两，拌令匀，依常法作饻饹，熟爆③。空心食一两枚，用粥饮下亦得。"

"治下焦虚损羸瘦，腰膝疼重，或多小便，羊肾饻饹方。羊肾（两对，去脂膜，细切），附子（半两，炮裂，去皮脐捣罗为末），桂心（一

---

① 羖猪：去势之猪。
② 剉：锉。
③ 爆：同爆。《说文》："爆，灼也。""灼者，炙也。"熟爆，应是烤熟的意思。

分，捣罗为末），干姜（一分，炮裂，剉末），胡椒（一分，捣末），肉苁蓉（一两，酒浸一宿，刮去皱皮捣末，大枣七枚，煮熟去皮核研为膏），面（三两）。右将药末并枣及肾等拌和为馎饦。溲面作馎饦。以数重湿纸裹，于塘灰火中煨。令纸焦，药熟，空腹食之。良久，宜吃三两匙温水饭压之。"此条说明，一、溲面做馎饦。溲，浸，调和。二、馅与面之比例，差不多一半对一半。三、这种馎饦是用湿纸包裹后，在灰火中煨熟，有点类似现时盐焗法。

"治脾胃气弱，不能饮食，四肢羸瘦，羊肝馎饦方。白羊肝（一具，去筋膜，细切），肉豆蔻（一枚，去壳末），干姜（一分，炮裂末），食茱萸（一分末），芜荑仁（一分末），荜茇（一钱末），薤白（切一合）。右先炒肝薤欲熟，入豆蔻等末。盐汤溲面作馎饦，炉里煿熟。每日空腹食一两枚，极效。"这里说的"炉里煿熟"，是指暗炉盘烤，"入炉鏊中，上下以煿令熟"。

从《太平圣惠方》这几则制法看，馎饦基本上是烤熟的馅饼。这里的形态，与"蟹馎饦""米皮馎饦"显然都不一样。

馎饦也有蒸制而成的。明蒋一葵《长安客话》："水沦而食者皆为汤饼……笼蒸而食者皆为笼饼，亦曰炊饼。今馎饦、蒸饼、蒸卷、馒头、包子、兜子之类是也。"

还有别的说法。明方以智《通雅·饮食》："馎饦，寒具，餰子[①]也。"寒具是用糯米粉制成环形的一种油炸面食，无馅。邓之诚先生在《东京梦华录注》中曰："馎饦，或即川陕锅魁。"

馎饦无论如何不应是寒具或今之锅魁。馎饦应是从丝绸之路而

---

①餰子：馓子。

来的西蕃食品。吴晓铃先生考："饣锣"一词源自波斯语，作pi·au
或pi·law，土耳其语作polāk，印度语作polāb，或作pilau，我国维
吾尔语作p'olo，哈萨克语作p'alu，柯尔克孜语作p'olu。吴先生认
为，饣锣是穆斯林的主食，即将稻米拌以酥油，和以牛羊肉或鱼虾、
干鲜水果，如葡萄干、菠萝、芒果之类，调以丁香、肉桂、胡椒、
咖喱和小茴香等香料，蒸熟后用，也就是现今的手抓饭。吴先生认
为，这种手抓饭不仅入中原后成为饣锣，还由马可·波罗带往欧洲，
也就是《基督山伯爵》中，伯爵在君士坦丁堡吃的"波罗饭"。

吴先生的这种观点，源于向达先生的《唐代长安与西域文明》。
向达先生认为，饣锣是波斯语的译音。作为一种手抓饭，饣锣实际
是由波斯等国传入。

现在的手抓饭是否就是当年的饣锣已无法确证，但唐以后确实
没有说明饣锣是手抓饭的文字。

另有一位夔明先生认为，饣锣可能就类似于现在西餐中的"排"。
"排"是一种大型多馅饼状西点，有甜咸两种，甜馅一般多为水果，
咸馅一般多为家禽、肝泥、海味，皆取面皮制壳，"排盘"造型，用焖
炉烤黄。夔明先生以《造洋饭书》中所载"熟果排"举例，"熟果排"
用桃、樱桃作原料，一层水果一层糖，装满后，用面皮盖之，烘烤
一小时。夔明先生认为，此种方法与当年韩约做的樱桃饣锣很相近。

饣锣的真实面貌，今天已很难确证。饣锣从西域进入中原后，
其原料与做法肯定有了很大不同，以至出现了各种各样的类型。后
据说马可·波罗又把其制法带到欧洲，欧洲人根据自己的喜好加以
改造，之后就成了意大利馅饼。现在，意大利馅饼作为一种风味十
足的方便快餐再进入中国，就成了pizza。

米　线

　　米线在早时的烹饪书《食次》中，记为"粲"。《食次》可能就是《隋书·经籍志》中所录书名为《食馔次弟①法》的简称，此书原书不存。

　　《齐民要术》引："《食次》曰'粲'，一名'乱积'：'用秫稻米，绢罗之。蜜和水，水蜜中半，以和米屑。厚薄令竹勺中下——先试，不下，更与水蜜。作竹勺，容一升许，其下节，概作孔。竹勺中下沥五升铛里，膏脂煮之。'"意思是，糯米磨成粉后，用蜜和水调至稀稠适中，灌入底部钻有孔的竹勺，看粉浆能不能通过孔流出来。要是不能流，就再加些蜜和水。粉浆流出来成细线，入锅中以膏油煮熟。这就是早期的米线。

　　"粲"，其实本意是精米。段玉裁《说文解字注》："稻重一秬，为粟二十斗，为米十斗，曰穀；为米六斗太半斗，曰粲。""米一斛春为九斗，曰穀是也，穀即粺。禾黍言粺，稻言穀。稻米九斗而春为八斗，则亦曰糳。八斗而春为六斗大半斗，则曰粲。犹之禾黍糳米为七斗，则曰侍御也。禾黍米至于侍御，稻米至于粲，皆精之至

---
　　①次弟：次第。古时"弟"同"第"。

也。"也就是稻粟二十斗为米六斗大半者称粢。粢字的引申义是精制的餐。《诗经·郑风·缁衣》:"适子之馆兮,还,予授子之粲兮。"粲为餐。这两句的意思是:"我要到你的馆舍去,送给你精美的饭食。"用精米磨成精粉,又用精粉做成精制的食品,所以早时米线被称为"粲"。又因为它煮熟后,如线麻纠集缠绕在一起,称"乱积"。

贾思勰在《齐民要术》中,另记有"粉饼"法:"以成调肉臛汁,接沸溲英粉。如环饼面,先刚溲,以手痛揉,令极软熟。更以臛汁,溲令极泽,铄铄然。割取牛角,似匙面大,钻作六七小孔,仅容粗麻线。若作'水引'形者,更割牛角,开四五孔,仅容韭叶。取新帛细绸两段,各方尺半。依角大小,凿去中央,缀角著绸。裹成溲粉,敛四角,临沸汤上搦出,熟煮,臛浇。若著酪中及胡麻饮中者,真类玉色,稹稹著牙,与好面不殊。"

这段话翻译过来,意思是:用煮好的肉汁和粉。如用粗粉,饼粗涩不美。肉汤又须沸时调和,不然和出的粉是生的。要把粉和到做环饼的面一样,先可以和得干些硬些,用手用力揉,一直揉到极软极熟,然后再加些汤汁,把粉和成稀状,可以流动。然后割一个牛角,钻六七个可以容粗麻线通过的孔。如果要做成水引饼的形状,就把孔钻得稍大一些,容韭菜叶通过。然后用两段新织的白色细绢,每段半尺见方,按牛角大小,把中间剪去一块,在牛角上钻孔,把绢密密缝牢在上面,不要让湿粉从钻孔中漏出去。牛角缝好后,就把和好的粉倒在绢袋里,在一锅煮沸的开水上边,提着绢袋,让粉浆顺牛角孔漏出来,煮熟后用肉汤浇。如放在酪浆或胡麻糊里,真像玉一样白,而且吃起来既软又韧,像上好的麦面一样。

此种粉饼又称"搦饼",如是捞在酪浆里吃,则干脆用白水煮,不需用肉汤。这种"粉饼"显然是米线。当时，凡面点都称"饼"。

至宋代，米线称作"米缆"。楼钥《攻媿集》有《陈表道惠米缆》诗："江西谁将米作缆，卷送银丝光可鉴。……如来螺髻一毛拔，卷然如茧都人发。新弦未上尚盘盘，独茧长缫犹轧轧。"当时的米线已可干制，洁白光亮、细如丝线，可馈赠他人，也称"米䊚"。南宋陈造《江湖长翁诗钞》之《旅馆三适》："厥初木禾种，移植云水乡。粉之且缕之，一缕百尺强。匀细茧吐绪，洁润鹅截肪。吴侬方法殊，楚产可倚墙。嗟此玉食品，纳我蔬薇肠。匕箸动辄空，滑腻仍甘芳。岂惟仆睿饵，政复奴桃榔。即今弗泪感，颇思奉君王。"自注曰："予以病愈不食面，此所嗜也。以米䊚代之，且宜烧猪。客有惠清白堂酒者，同时餐。作三诗识之。"陈造《徐南卿招饭》诗中有"江西米䊚丝作窝，吴国香粳玉为粒"之句，可见当时的干米线是做成鸟窝状的。

明清时，米线又称作"米糷"。明宋诩《宋氏养生部》："米糷，音烂，谢叠山云'米线'。"书中记其制法有两种。其一："粳米甚洁，碓筛绝细粉，汤溲稍坚，置锅中煮熟。杂生粉少半，擀使开，折切细条，暴燥。入肥汁中煮，以胡椒、施椒、酱油、葱调和。"其二："粉中加米浆为糷，揉如索绿豆粉，入汤釜中，取起。"

今米线以云南生产者为最好。米线可煮可炒，亦以云南"过桥米线"之吃法最为有名。

过桥米线起源于云南蒙自地区。据民间传说，蒙自有南湖，湖心有岛，岛上茂林修竹。有一位秀才天天到岛上读书，其妻子天天送饭上岛。秀才埋头苦读，常常饭菜凉了还顾不上吃。见丈夫日见消瘦，妻子就杀了家中老母鸡为其补养身子。母鸡炖好后，妻子上岛送给丈夫就回家了。过了好久，妻子上岛，见丈夫只顾埋头读书，饭菜凉了，鸡汤还是热的。原来，鸡汤上一层厚厚的鸡油把热气给盖住了。聪明的妻子因此发明了把米线下进油汤的方法。此事传为美谈，人们纷纷仿效。因妻子送饭上岛要经过一座石桥，这种吃法就叫作"过桥米线"。

过桥米线原料甚多。其汤用壮鸡、肥鸭、鲜猪排骨、筒子骨等炖五至六小时，要使汤面上的油有铜钱厚，汤中不冒一丝热气。将鸡脯、猪脊、肝、鸭子、肚头、乌鱼、鱼肚等都切成均匀薄片。佐料则有豌豆尖、菠菜、弯葱、芫荽、草芽、姜丝、豆腐皮、豆托、笋片、鹌鹑蛋、鸽蛋等。吃过桥米线要用深碗。碗内先放入熟猪油、鸡油、鸭油、鹅油和胡椒面，然后把沸滚的汤舀入碗里。汤上桌后，先要将鸽蛋、鹌鹑蛋打入汤里，然后依次放入各种生肉片，用筷子轻轻拨动，肉片霎时就熟。然后再入各种鲜菜，淋以辣椒油、芝麻油，最后再下米线。米线中，最优良者是云南富民所产，其用长粒白米制成，极其洁白细软，在沸汤中一烫即刻就熟。米线碗中红白绿黄交映，颜色十分好看；各种主配料调和成浓郁的香味，米线在浓汤中呈半透明状，在浓汤中被泡透后鲜美无比。过桥米线滋味独特，独领风骚，应评为传统风味小吃之首。

馄 饨

馄饨，又写作"腽肫""餫饨"。广东人称"云吞"，四川人称"抄手"，山东人有称"馉饳"的。

明张岱《夜航船》记："石崇作馄饨。"石崇是西晋人，曾官至荆州刺史，因劫掠客商而致财产无数。有可能是石崇赋予馄饨偃月之形态。但馄饨之发明，应该不晚于汉代。

"馄饨"之名，最早见于文字者，是西汉扬雄的《方言》："饼谓之饦，或谓之馄、饨。"三国时魏人张揖《广雅》已注明："腽肫，并字异义同此馄饨，为饼之义也。"《李固别传》："质帝暴得疾，云食煮饼，腹中闷，遂崩。"这里的"煮饼"，有可能指"腽肫"。

关于馄饨形状的记载，最早见于颜之推，唐段公路在《北户录》中称馄饨为"浑沌饼"，崔龟图注曰："颜之推云：今之馄饨，形如偃月，天下通食也。"颜之推是南北朝时北齐人，可惜他只说明了当时馄饨的形状，而没记大小。

唐宋时，都城内多馄饨店，馄饨已成为一种重要面点食品。当时的馄饨，讲究汤清馅细。唐段成式《酉阳杂俎》记："今衣冠家名食，有萧家馄饨，漉去汤肥，可以瀹茗。"北宋陶毂《清异录》中有"建康七妙"："齑可照面，馄饨汤可注砚，饼可映字，饭可打擦擦台，湿面可穿结，带饼可作劝盏，寒具嚼著惊动十里人。"说馄饨汤可研墨，多少有些夸张。倪云林《云林堂饮食制度集》中记"煮馄饨"法为："细切肉臊子，入笋米，或茭白、韭菜、藤花皆可。以川椒、杏仁酱少许和匀，裹之。皮子略厚，小，切方，再以真粉末擀薄用。下汤煮时，用极沸汤打转下之，不要盖，待浮便起，不可再搅。"非常讲究。难怪陆游有诗曰："春前腊后物华催，时拌儿曹把酒杯。蒸饼犹能十字裂，馄饨那得五般来。"他唱叹的是精致的馄饨，一般居家难做。

唐宋以后，冬至日有吃馄饨之俗。冬至之日阴极而阳始，古人称为冬节。所谓"一阳嘉节，四方交泰，万物昭苏"。冬至节，周代起就有祭神仪式，至唐宋，有"过小年"之称。南宋周密《武林旧事》记："都人最重一阳贺冬，车马皆华整鲜好，五鼓已填拥杂还于九街。妇人小儿服饰华炫，往来如云。岳祠城隍诸庙，炷香者尤盛。三日之内，店肆皆罢市，垂帘饮博，谓之'做节'。享先则以馄饨，有'冬馄饨年馎饦'之谚。贵家求奇，一器凡十余色，谓之'百味馄饨'。"陆游《剑南诗稿·岁首书事》中有"中夕祭余分馎饦，黎明人起唤锺馗"之句，陆游自注："乡俗以夜分毕祭享，长幼共饭其余，又岁日必用汤饼，谓之'冬馄饨年馎饦'。"以馄饨祭祖，这种习俗一直沿袭到清代。清潘荣陛《帝京岁时纪胜》："长至南郊大祀，次旦百官进表朝贺，为国大典。绅耆庶士，奔走往来，家置一簿，题名满幅。……预日为冬夜，祀祖羹饭之外，以细肉馅包角儿（即馄饨）奉献。谚所谓'冬至馄饨夏至面'之遗意也。"

明宋诩《宋氏养生部》和明高濂《遵生八笺》所记馄饨法，与今之馄饨大抵相同。《宋氏养生部》记其方为："取盐水或乳饼、鸡子匀面,轴开薄,切小方片,内之以馅料,折为兜,抵其尖而缄,有露缘,则煎鬵汤中煮浮熟,漉起,以冷水淋[①]。其底以油润,夏蒸。有宜以甘草、葱、醋调和,汤深瀹。有宜以油煎。"馅料除猪肉外,还可各种鱼去骨,还可解熟蟹肉、脱鲜虾肉,还可鸡肉、野鸡肉加去皮胡桃、松榛仁,还可竹笋、菠薐菜、荠菜、紫藤花、金雀花杂之。《遵生八笺》中记其方为:"白面一斤,盐三钱,和如落索面,更频入水,搜和为饼剂,少顷操百遍,拗为小块,擀开。绿豆粉为饽,四边要薄,入馅,其皮坚。膘脂不可搭在精肉,用葱白先以油炒熟,则不荤气。花椒、姜末、杏仁、砂仁、酱调和得所。更宜笋菜,炸过莱菔之类或虾肉、蟹肉、藤花,诸鱼肉,尤妙。下锅煮时,先用汤搅动,置竹筴在汤内,沸,频频洒水,令汤常如鱼津样滚,则不破,其皮坚而滑。"清人《调鼎集》中,对此方有补充:"白面一斤,盐三钱,入水和匀,揉百遍,掺绿豆粉擀皮,薄为妙。馅取精肉(去净皮、筋、膘脂),加椒末、杏仁粉、甜酱调和作馅。开水不可宽,锅内先放竹筚衬底,水沸时便不破。加入鲜汤(凡笋、蕈、鸡鸭汁俱可)。馄饨下锅,先为搅动,汤沸频洒冷水,勿盖锅,浮便盛起,皮坚而滑(馅内忌用砂仁、葱花下用)。"

《调鼎集》记载,苏州馄饨的皮是圆形的。袁枚《随园食单》记,扬州小馒头如胡桃大,一筷子可以夹一双,小馄饨则小如龙眼,用鸡汤下之。而相映成趣的是元陆友仁《砚北杂志》所记:"一日作馄饨八枚,召知府早食之。其法每枚用肉四两,名为'满碟江',知府不能半其一。"馅用肉四两,成馄饨后,一枚大约有半斤了吧。

---

①即今之凉拌菜的做法。

自唐宋起，除有馄饨铺子专营外，还有沿街串巷担馄饨挑子卖馄饨者。蔡省吾编《一岁货声》中记馄饨叫卖声："馄饨——开锅啊！——"注云："前锅灶，后方柜，杂卖面、元宵，煮炸货类略同。偏于晚间卖，或赶或当，以其担设摊。"馄饨挑子前面有一个晾盘，中间圆洞处坐锅，下面是小炉子。盘四周可放碗、酱油壶等。后面方柜上层放肉馅，中间有抽屉，可放馄饨皮、汤匙和各种佐料，下层放一桶水，随时加汤，可边包、边煮、边卖。

近代馆子里卖的馄饨，北京致美斋的双馅馄饨极为精致。清人杨静亭在《都门纪略》中曾赞曰："包得馄饨味胜常，馅融春韭嚼来香。汤清润吻休嫌淡，咽后方知滋味长。"

馄饨之名，宋人程大昌在《演繁露》中考曰：世言馄饨是房中浑氏屯氏为之。此说未必可信。《释常谈》引《资暇录》云："馄饨，以象浑沌，不正书浑沌，从'食'，不载故事。《事物纪原》并无此名。卢肇《唐逸史》载：李宗国回客，知人饮馔，将同谒华阴令。令客曰：与公吃五般馄饨。及见果然。"清钱绎《方言笺疏》认为："混沌义并与馄饨相近，盖馄饨叠韵为浑屯。"

不管怎么说，馄饨作为面与馅料之合，似朵朵飘浮不定之云，在沸汤中浮沉，其名多少与浑沌之意有棒打不开之关系。昔阿英先生因此作文论曰："浑沌乃浑之一气，阴阳不分之象亦作'混沌'。按：《庄子》'中央之帝为浑沌'，释者诸家中，以简文（帝）的'浑沌以合和为貌'之说，最能切合馄饨之义。良以这种食物的特色，就是把若干种作料混集在一个小天地中，使之合和，故称之为'浑沌'。食旁是指明为食物。"

豆　腐

据清汪汲《事物原会》记，周代已有豆腐，可惜在先秦古籍中，至今未找到证据。现今较普遍的说法，豆腐乃前汉淮南王刘安所创。刘安，沛郡丰[①]人，汉高祖之孙，一生好招致宾客方术之士，袭父封为"淮南王"，曾聚集数千才子共同编写《淮南鸿烈》，宣扬自然天道观。刘安好与八公精研炼丹之术，豆腐据说是在炼丹之闲无意中创成。因刘安当年炼丹地在安徽淮南八公山珍珠泉，因此也叫"八公山豆腐"。

刘安在世时一直攻击儒家为俗世之学，他死后，孔庙祭器因此绝不用豆腐。

豆腐原名"菽乳"。菽就是大豆。清王念孙《广雅疏证》："《吕氏春秋·审时篇》云'大菽则圆，小菽则抟以芳'。是大小豆皆名菽也。但小豆别名为荅，而大豆乃名为菽，故'菽'之称专在大豆矣。"

元末明初藏书家孙作写有《菽乳》诗云：

> 淮南信佳士，思仙筑高台。八老变童颜，鸿宝枕中开。
>
> 异方营齐味，数度见琦瑰。传羹传世人，令我忆蓬莱。
>
> 茹荤厌葱韭，此物乃奇才。戎寂来南山，清漪浣浮埃。

[①] 今江苏丰县。

转身一旋磨，流膏入盆罍。大釜气浮浮，小眼汤洄洄。

顷待晴浪翻，坐见雪花皑。青盐化液卤，绛蜡窜烟煤。

霍霍磨昆吾，白玉大片裁。烹煎适吾口，不畏老齿摧。

蒸豚亦何为，人乳圣所哀。万钱同一饱，斯言匪俳诙。

从这首诗中看出，当时豆腐的制作方法与现在基本相同：先磨豆浆，后入锅上灶煮，然后用青盐点卤，使豆浆凝固。

豆腐之名始于北宋的说法，乃从寇宗奭《本草衍义》中来。《本草衍义》中说："生大豆炒熟以枣……又可硙①为腐食之。"豆腐在古时有许多别名。清汪曰桢《湖雅》："今四川两湖等处设豆腐肆，谓之甘脂店。"北宋陶穀《清异录》："邑人称豆腐为小宰羊。"陆游诗："拭盘堆连展，洗釜煮黎祁。""新春囄稬滑如珠，旋压黎祁软胜酥。"自注："蜀人名豆腐为黎祁。"

古人对豆腐有很多赞颂。元人郑允端有很著名的《豆腐》诗："种豆南山下，霜风老荚鲜。磨砻流玉乳，蒸煮结清泉。色比土酥净，香逾石髓坚。味之有余美，玉食勿与传。"清人褚人获在《坚瓠集》中，归纳豆腐共有十德："水者柔德。干者刚德。无处无之，广德。水土不服，食之则愈，和德②。一钱可买，俭德。徽州一两一碗，贵德③。食乳有补，厚德④。可去垢，清德⑤。投之污则不成，圣德。建

---

①硙：石磨。

②明姚可成《食物本草》："凡人初到地方，水土不服，先食豆腐，则渐渐调妥。"

③徽州八公山豆腐，一两银子一碗，故有贵德。

④清黄宫绣《本草求真》："豆腐，经豆磨烂，加以石膏或卤汁而成，其性非温。故书皆载味甘而咸，气寒无毒，而谓寒能动气。至云能和脾胃，正是火去热除以后安和之语。"

⑤清柴裔《食鉴本草》："宽中益气，和脾胃，下大肠浊气，消胀满。"

宁糟者，隐德。"清人尤侗还专门作《豆腐戒》，借豆腐之清廉安贫，论儒者立戒修身。文中说，儒士须立大戒三小戒五，总名为"豆腐戒"。大戒三指味戒、色戒、声戒。小戒五指赌戒、酒戒、足戒、口戒、笔戒。为何总名"豆腐戒"？因为"非吃豆腐人不能持此戒也"。

要想做出好豆腐，须用泉水，以清泉细磨，生榨取浆，入锅点成后，软而活者胜。讲究者还要用好磨。明代李日华《蓬栊夜话》："歙人工制腐，砧皆紫石细棱，一具值二三金，盖砚材也。菽受磨，绝腻滑无滓，煮食不用盐豉，有自然之甘。"想做好豆腐，在大豆中还须加一点绿豆。明佚名《墨娥小录》："凡做豆腐，每黄豆一升，入绿豆一合，用卤水点就，煮时甚是筋韧，秘之又秘。"淮南八公山珍珠泉之豆腐，至今仍是豆腐中之佳品。据说，别地一斤大豆可制豆腐三斤；八公山一斤大豆可制豆腐四五斤。别地豆腐做汤，豆腐均沉于水；八公山豆腐做汤，豆腐都浮于水。

好豆腐，关键还在制作。清代大才子袁枚好做豆腐，《随园轶事》中记有他两则佳话。一则，说袁枚与扬州八怪之一的金冬心在扬州程立万家吃煎豆腐，他惊异于程能把豆腐做成这般精绝。豆腐两面黄干，无丝毫卤汁，微有些车螯的鲜味，而盘中却全无车螯或他物。次日袁枚告诉查宣门，查说："我能做，到时候一定特请。"过两天袁枚与杭堇浦同食于查家，一拿起筷子就大笑：原来盘里"豆腐"纯是鸡和雀胸脯做成，不是真豆腐，肥腻难耐。其费钱十倍于程立万，味远不及也。另一则记当时蒋戟门观察能做佳肴，做豆腐尤其出名。一天他问袁枚："你吃过我做的豆腐吗？"袁枚说："未也。"蒋观察当场下厨，过好大一会儿端出一盘豆腐菜，果然其他菜肴尽废。袁枚求他告知烹饪方法。蒋观察让他作三个揖，袁枚如是照办，终获蒋观察方，回家试做，宾客都夸奖。毛俟园因此作诗："珍味群推郇令苞，黎祁尤似易牙调。谁知解组陶元亮，为此曾经一折腰。"

查《随园食单》卷三，记有"蒋侍郎豆腐"方："豆腐两面去皮，每块切成十六片，晾干。用猪油热灼，清烟起才下豆腐，略洒盐花一撮，翻身后，用好甜酒一茶杯，大虾米一百二十个。如无大虾米，用小虾米三百个。先将虾米滚泡一个时辰，秋油一小杯，再滚一回；加糖一撮，再滚一回；用细葱半寸许长，一百二十段，缓缓起锅。"另记有"杨中丞豆腐"："用嫩腐，煮去豆气，入鸡汤，用鳆鱼片滚数刻，加糟油、香蕈起锅。鸡汁须浓，鱼片要薄。"还记有"王太守八宝豆腐"："用嫩片切粉碎，加香蕈屑、蘑菇屑、松子仁屑、瓜子仁屑、鸡屑、火腿屑，同入浓鸡汁中炒滚起锅。用腐脑亦可。用瓢不用箸。"据说此方乃当年康熙皇帝赐给尚书徐健庵，让他告老还乡后享用的。徐尚书当时去御膳房取方，还被敲诈了一千两银子。此方后被徐尚书门生王楼村得到，王楼村传到其孙王太守，后流于民间，因此叫"王太守八宝豆腐"。

古人所传制作豆腐妙方极多。《素食说略》中记有"玉琢羹"："豆腐切碎，酌加豆粉，以水和匀如稀粥状。以油炒之，开即起锅，用勺不用箸。或以煮熟山药代豆腐，亦佳。"《调鼎集》中记有"隔纱豆腐"："豆腐披薄片，夹火腿绒，刮松子仁、豆粉粘住，如此两三层蒸熟，切条再焖或烧。""芙蓉豆腐"："豆腐捻碎，少加甜酱、豆粉、木耳丁、麻油炒，并作素面交头。豆腐脑撇去黄泔，和鸡蛋清，加鲜肉丁或火腿丁，酱油炖，衬青菜心三分长，火腿丁、脂油。又照式加瓜仁、花生仁、桃仁、洋糖，加红色或红姜汁更妙，名曰芙蓉豆腐。"《筵款丰馐依样调鼎新录》中记有"寿星豆腐"："切泥，加肉泥、蛋清豆粉做元子，蒸煮鸡蛋底，清汤上。"有"活捉豆腐"："冷豆腐切小方块，加冬菜、豆豉、辣子面各料配合，先下作料，后下豆腐，挂支子（滋汁）上。"

古时豆腐做法，最有名气的要数"菠菜豆腐羹"。关于它的传说，一是乾隆南巡到浙江海宁陈家，吃菠菜豆腐羹而欣赏其色味，欣然题名为"红嘴绿鹦鹉烧金箱白玉嵌"；另一说是乾隆南巡过镇江，有一农妇献菠菜炖豆腐，名为"金镶白玉嵌，红嘴绿鹦鹉"。乾隆品尝后，极为赞叹，赐农妇为皇姑，此菜名为"皇姑菜"。

豆腐色洁柔滑，鲜嫩爽口。现在最著名的豆腐菜，乃川菜麻婆豆腐。麻婆豆腐据说创始于清同治年间，是一位陈氏老妇专为过往脚夫制作的。正宗麻婆豆腐须在成都北门外万福桥南岸陈麻婆老店才能吃到，又叫"黄牛肉督豆腐"。麻婆豆腐要配红海椒提辣，又要用香而麻的青绿花椒抑其辣味，再用成都"口同嗜"豆豉调味，正宗的麻婆豆腐麻、辣、烫、酥、香、鲜、嫩。

豆腐菜中还有一道名菜，就是凤阳瓤豆腐。这据说是凤阳一位黄姓厨师所创，至今有四五百年历史。相传朱元璋幼时乞讨品尝到瓤豆腐的滋味，于是天天到黄家饭铺讨食。后来当上了皇帝，他就把黄姓厨师接去皇宫当御厨，宫内宴席常常少不了这道菜。做法是：先把豆腐切成铜板大小的片，每两片中夹入蚕豆大小由猪肉虾仁和调味品做成的馅米。然后用蛋清打成飞糊，裹住豆腐入油锅初炸至金黄。然后初炸好的豆腐再下油锅，炸至橙黄。最后糖汁在火上熬成稀糊，入醋，浇在炸好的豆腐上。成菜后呈金黄色，外脆里嫩。

豆腐菜中最家常者，应该是小葱拌豆腐。拌豆腐最好用豆腐脑，在井花水①中泡三次，使井花水之清凉渗入其中，与小葱相拌，更显清莹。豆腐菜中最有趣者，则是泥鳅豆腐。此菜据说乃一位渔民所创。渔民以捕鱼为生，捉到一些小泥鳅没法卖，于是自己加些佐料煮熟了吃。一次，这位渔民买了些豆腐，想与泥鳅同煮。因泥鳅太小，不好拾掇，因为已经在盆里吐净了泥，他就把活泥鳅直接捞到了锅里。煮熟以后，发现泥鳅都钻到豆腐里去了，只有尾巴露在外面，味道鲜美。后来，他就不盖锅盖，看着水热后小泥鳅都往豆腐里钻。做这道菜，一定要使泥鳅将泥吐尽，待泥鳅钻入豆腐后，入葱、姜、蒜、花椒、胡椒、板油丁和盐，汤汁浓白时入香油与香菜。

现时，辽宁有豆腐宴，菜单为：1.吐丝豆腐（豆腐制泥，入猪肥膘茸，与蛋液搅匀，抹于面包托上，入油锅炸）；2.千层豆腐（豆腐切片，夹以虾茸、猪肥膘茸等，三层豆腐三层馅料，入笼蒸透，浇汁）；3.莲蓬豆腐（豆腐制泥，调以虾泥、猪膘油泥、鸡蛋清，以酒盅做坯，炒好的肉末加茸泥再用豌豆成莲蓬状，入笼蒸，浇汁）；4.煎酿豆腐（瓤豆腐法）；5.箱子豆腐（豆腐先切块炸黄，再从切口入三鲜馅蒸透，勾芡浇汁）；6.八宝豆腐（豆腐制泥入碗，中间夹以八宝馅，入笼蒸透浇汁）；7.翡翠豆腐（豆腐成泥，加虾泥鱼泥等，入菠菜汁后挤成丸子）；8.九转豆腐（豆腐做成小圆墩形状，炸至金黄，肉末、榨菜末、干椒末炒熟后，与鸡汤豆腐同炖，有酸甜香辣咸五味）；9.砂锅老豆腐；10.鳝鱼干丝。

豆腐还可治饮酒过度，《食物本草》记："饮烧酒过多，遍身红紫欲死，心头尚温者，热豆腐切片，满身贴之，冷则换，苏醒乃止。"

---

① 井花水：清晨初汲的水。

做豆腐菜最忌讳的是，铜铁刀切，合锅盖烹也。

明苏平（号雪溪）《豆腐诗》曰："传得淮南术最佳，皮肤褪尽见精华。一轮磨上流琼浆，百沸汤中滚雪花。瓦缶浸来蟾有影，金刀剖破玉无瑕。个中滋味谁知得，多在僧家与道家。"此诗描述豆腐最准确且意味深长。

熊　掌

熊掌，古人称为熊蹯，为八珍之一。熊者，雄也。按古人的说法，在陆为熊，在水曰能。能即鲧所化者，鲧是一种大鱼。所以熊字从能。熊穴居于山林之中，蜷伏之处一般都在石崖枯木之中，乡人称为熊馆。

《穆天子传》称熊罴为瑞兽，司马相如《谏猎书》中则称熊罴为"逸才之兽"。早时捕猎到熊，一般都作为重礼献于君王，史书上多见贡献的记录。《周礼》："甸役则设熊席，右漆几。"甸役即田猎。古人称"居则狐裘，坐则熊席"。当时熊席多为君王所设，都以食熊掌为中心。熊之美在其掌，吃熊掌因此也往往是权势的象征。然而此物胹①之难熟，因此有纣王因为吃熊蹯不熟而杀厨人的故事。晋灵公因为熊掌没胹酥，不光杀了厨子，杀完还要装畚箕中，让女仆扔到宫外，结果碰巧被朝臣看到了。

熊掌好吃，在其膏腴。后掌肉粗，前掌好吃。因为熊性轻捷，能攀援上树，前掌要比后掌灵活。熊一入冬就入洞冬眠，乡人称为"蹲仓"。冬眠时不再进食，饥则舔其前掌，所以被唾液精华浸润的

---

① 胹：煮；煮烂。

也是前掌。据说，熊冬眠时，必用一只前掌抵住谷道（肛门），另一只专供舔吃。所舔之掌，一说牡左牝右，另一说一年一换，比如今年用左掌，明年必用右掌。所以，古人告诫，烹熊掌时，一对掌一定要分两只锅炖。用来抵谷道的那一只掌，炖好后无论如何都有隐隐的臭味，所以总是其一可食其一不可食。

另外，古人认为，熊有三种：熊、罴和魋。李时珍考曰："如豕，色黑者，熊也。大而色黄白者，罴也。小而色黄赤者，魋也。建平人呼魋为赤熊，陆机谓罴为黄熊，是矣。罴头长脚高，猛憨多力，能拔树木，虎亦畏之。遇人则人立而攫之，故俗呼为人熊。"南宋罗愿《尔雅翼》说："熊有两种：猪熊，其形如猪，马熊，其形如马，各有牝牡。问以罴，则云熊是其雄，罴，即熊之雌者。"还有一种说法，把熊分为人熊、狗熊。人熊掌圆，可直立半晌，坐于石，前掌不着地，身无臭。狗熊蹲地而坐，坐亦不能久，臭气逼人。按这种说法，所食之掌最好是人熊之掌，按李时珍所考，即罴，也就是今之棕熊。

熊乃壮毅之物，其掌胶汁凝聚，须经泡、烫、蒸、炖四道工序，还须酒、醋、水三者同炖，方能"软如皮毯"。古人炖熊掌之法是，先用泡使其软，再烫去其毛，再蒸去其骨，最后才配上酒、醋和各种佐料炖烂。后来又发明了用石灰发酵去毛法：挖地做坑，放入石灰，大约放到坑之一半深，放熊掌，上面再加石灰，浇以凉水。待熊掌在石灰中发过，停冷后取出，则毛很容易连根而出。洗净以后，用米泔水浸一两天，裹以猪油，煨一日。一日后取出去油，撕成条，与猪肉同炖。这一食方同时见于清代好几部著作，可见在当时极为流行。

　　明人宋诩在《宋氏养生部》中，则告以"用石灰汤挦洁，以帛苴而烹之，宜糟。其掌入烹猪鹅汁中，转捞数回，絮羹珍美"。挦是拔的意思。用石灰汤浸泡，也可去毛。帛苴，一种麻织品。用这种麻织品包裹后入锅炖，要用糟，还要在炖猪肉、鹅肉的汤中转捞数回。清顾仲《养小录》记，熊掌最难熟透，不透者食之发胀。加椒盐末和面裹，饭锅上蒸十余次，乃可食。《调鼎集》中记，可用泔水浸发熊掌，浸后用温水再泡，然后放在瓷盆内加酒醋蒸熟，去骨切片，下好肉汤及酱油、酒、醋、姜、蒜，再蒸至极烂。清徐珂《清稗类钞》中，还记有庖人用砖砌成酒桶，高四五尺，上口仅能放一只碗。把熊掌加上各种调料，封固置口上，其下燃一支蜡烛，以微火熏一昼夜，汤汁不耗而掌已化矣。这样以烛火熏成之掌，据说饱食之后，能"口作三日香也"。

　　熊春夏时最肥，皮厚筋弩，只是不好捕捉。十一月，待其冬眠时捕猎最好。熊性憨。《清稗类钞》中，说它爬树知上不知下，从树梢跌下来，再接着往上爬，爬上去又跌下来，好像在练习体力。熊偶入田垄，拔玉米而掖在肘间，再拔再掖，则前面掖的已失，所以俗语称，黑瞎子掰苞米，掰一个扔一个。熊与虎斗，必须先辟战场，拔尽周围树木，虎视眈眈蹲在林木中。等相斗时，熊已精疲力竭，所以屡斗屡败。熊过河时，母熊要是带乳熊过河，往往先叼一个过河，取大石头压乳熊于岸畔。如果为时稍久，乳熊不是被石头压死就是被猎人捉去。熊冬眠时喜欢蹲在空树中，猎人捕猎时，找到洞口后，就往里投木块。熊拿到木块，就会垫在屁股下面。再投，再垫，越垫越高。等到与洞口平，猎人就用斧子用力砍杀。若木块填塞洞口，可以从旁边钻刺，把熊刺死。如果枪击，即使击中，血流肠出，熊都会掘泥土以塞伤口，奋力追击猎手以使其毙命。

诸熊中，东北长白山的熊掌最好，因为长白山盛夏多蜜蜂，而熊馋蜜又善于偷蜜。被蜂蜜浸润后，熊掌厚而不腻。东北兴安岭蜂少蜜少，差了这一条，所产之掌就不及长白山的厚润。

新割之掌，据说要等一年才能彻底干透。而且，新割之掌不能见水，要用纸或粗布把血水擦干，然后入瓷坛。坛中先用石灰垫底，再铺上厚厚的一层炒米，用炒米把熊掌周围塞严，上面再用石灰密封。在坛里搁置一年后，去其腥气，再拿出来食用。炖熊掌据说离不开蜂蜜，掌去毛洗净后，要抹透蜂蜜，用旺火煮，然后再转文火炖。若不用蜜，据说煨几天都下不了筷子。

谭家菜讲究用鲜掌。不发制，直接拔毛去骨。谭家菜中熊掌有红烧和清炖两种。红烧时，先将熊掌放锅里的竹箅子上，加葱、姜、酒煮，用小火爁一小时后拆骨。然后把拆去骨的掌肉再放在竹箅子上，把鸡鸭的腿肉、冬菇、冬笋、口蘑、干贝、火腿片均盖在上面，放糖色，在锅内爁四小时，使掌中的脂肪软化。爁完后，盖在上面的肉与辅料均弃之不要，熊掌入盘中上蒸笼再蒸两小时。然后将口蘑码于掌上，使之黑白相间，勾棕红色芡汁浇淋。清炖者，先用鸡鸭小火煮汤，熊掌、冬菇、冬笋各用开水汆一下，与火腿、干贝同时入砂锅，以鸡鸭为底汤炖三小时，汤鲜爽口，掌糯味浓。

现时烹熊掌，讲究扒。鲁菜与粤菜是两种不同的扒法，一种色红，一种色黄。鲁菜做法是，先用泥把熊掌包严慢烤，再用微火煮，煮后剔骨去甲。然后切成掌条再炖，配鸡肉、猪肉、口蘑、火腿，炖后恢复掌形，走红浇汁。粤菜做法是：涨发熊掌后，先剥掌皮，再取掌心肉，分别汆煨，再用纱布包掌皮和掌肉，加各种佐料煲。煲后将掌肉切片，掌皮盖在上面，围以菜松，用原汤加蛋清勾芡浇淋。鲁菜选用单掌，粤菜则用全扒。粤菜做成后，前掌夹火腿、冬菇、鸡肉叠十二件，后掌夹火腿、冬菇、鸡肉叠十六件。

此外，古人还有蒸熊法。北魏崔浩《食经》中记有做法："取三升肉（猪肉），熊一头，净治，煮令不能半熟，以豉清渍之，一宿。生秫米（糯米）二升，勿近水，净拭①，以豉汁浓者，二升，渍米，令色黄赤，炊作饭。以葱白——长三寸，一升，细切姜、橘皮各二升，盐三合，合和之，著甑中蒸之，取熟②。"

《齐民要术》卷八所引《食次》中，亦记有"蒸熊法"："熊蒸，大，剥大烂。小者，去头脚，开腹③。浑复蒸。熟，擘之，片大如手④。"又云："方二寸许，豉汁煮。秫米，籄白一寸断——橘皮、胡芹、小蒜——并细切——盐，和糁更蒸。肉一重，间米。尽令烂熟。方六寸，厚一寸。奠，合糁⑤。"又云："秫米、盐、豉、籄、姜，切段为屑，内熊腹中，蒸熟，擘奠。糁在下，肉在上⑥。"又云："四破，蒸令小熟。糁用馈。葱、盐、豉和之。宜肉下更蒸⑦。蒸熟，擘。糁在下，干姜、椒、橘皮在上⑧。"

---

①不要洗，只用布揩抹干净。

②把猪肉、熊肉和糯米都放到甑里蒸熟。

③大熊剥皮，小熊不剥皮，要去毛去头脚，开膛。

④全部盖密而蒸，蒸熟后撕成手掌大的片。

⑤切成二寸见方的块，用豉汁煮。糯米，薤子白切成一寸长的段，橘皮、胡芹、小蒜都细切，加盐和成糁。一层肉一层米，蒸到烂熟。熟后做成六寸见方、一寸厚，上席。

⑥把糯米和各种佐料都灌进熊肚，蒸熟后撕开，糁在下，肉在上。

⑦剖成几大块，蒸到稍微有些熟，用蒸饭做糁。馈：蒸饭。和上葱、盐、豆豉，适合放在肉下再蒸。

⑧蒸熟后撕开，糁在下，干姜、椒、橘皮撒在上面。

　　古人亦有食熊白与熊胆者。熊白是熊背上的脂肪，据说色白如玉，味甚美。南朝大医学家陶弘景说，此物寒月则有，夏月则无。凡取得，每一斤入生椒十四个，同炼过，器盛收之。熊胆佳者，据说投于水中，旋转如飞。一般的胆入水也转，只是转得缓慢。宋周密《齐东野语》记："熊胆善辟尘。试之之法，净一器，尘幕其上。投胆一粒许，则凝尘豁然而开。"《清稗类钞》记："长白山之熊，胆有铜胆、铁胆、草胆之分。铜胆作金黄色，最佳。铁胆之色灰黑，次之。草胆则相去远甚。且胆随月之盈亏为消长，月之十五以前者，力足而体重；十六以后者，力亏而体轻。卧仓者尤佳。夏日食之有腥。"

　　南朝刘敬叔《异苑》："熊兽藏于山穴穴里，不得见秽及伤残，见则舍穴外死。"《本草纲目》说"熊性恶盐，食之则死"。熊之别名，又叫"子路"。东晋干宝《搜神记》："熊居树孔中，东土人击树，呼为子路则起，不呼则不动。"

　　熊体纯阳，熊肉振赢。《诗经·小雅·斯干》曰："维熊维罴，男子之祥。"古人因此告诫：有痼疾者不可食熊肉。若腹中有积聚寒热者食之，永不除也。其掌年老者食后方能寝，壮年人不宜也。

烧　鹅

鹅在周代就是六牲之一。它充祭坛，充庖厨，都为时很早。六牲是指牛、羊、豕、犬、雁、鱼。《尔雅》："舒雁，鹅。"李巡注："野曰雁，家曰鹅。对文则鹅与雁异，散文则鹅亦谓之雁。"野雁驯养，便成了鹅。《庄子·山木篇》："命竖子杀雁而烹之"，杀的其实是鹅。西汉刘向《说苑·臣术篇》："公孙支归，取雁以贺"，取的也是鹅。《本草纲目》释名曰："鹅鸣自呼，江东谓之舒雁，似雁而舒迟也。"宋陆佃《埤雅》说，鹅行走，自然而有行列，所以称"出如舒雁"。

古人认为，鹅逆月孵卵，向月助气取卵，所以能治蛇毒，能辟虫虺。《禽经》："鹅飞则蜮沉。"古人常把鬼蜮放在一起，蜮相传是一种躲在水里暗中含沙射人的动物。《毛传》说，蜮就是短狐。唐代经学家陆德明的解说是，蜮"状如鳖，三足，一名射工，在水中含沙射人，一曰射人影"。

李时珍考证说，鹅分苍鹅、白鹅。唐日华子《日华子本草》说，苍鹅食虫，白鹅食草。吃蛇、辟虫、主射工毒都是指苍鹅。苍鹅冷，有毒，吃苍鹅肉发风发疮。白鹅凉，无毒，治虚赢，消渴。这么说来，古人食鹅，指的是白鹅。

鹅早时的吃法，用于炙，也就是烧烤。《齐民要术》中记有鹅炙法四种。一、捣炙："取肥子鹅肉二斤，剉[1]之，不须细剉。好醋三合，瓜菹[2]一合，葱白一合，姜、橘皮各半合，椒二十枚——作屑，合和之，更剉令调。裹著充竹串上[3]。破鸡子十枚，别取，白先摩之，令调。复以鸡子黄涂之[4]。唯急火急炙之，使焦，汁出便熟。"二、衔炙："取极肥子鹅一只，净治，煮令半熟。去骨，剉之。和大豆酢[5]五合，瓜菹三合，姜、橘皮各半合，切小蒜一合，鱼酱汁二合，椒数十粒——作屑，合和，更剉令调。取好白鱼肉，细琢[6]，裹作串，炙之。"三、腩炙[7]："肥鹅，净治洗，去骨，作脔[8]。酒五合，鱼酱汁五合，姜、葱、橘皮半合，豉汁五合，合和，渍一炊久[9]，便中炙。"四、筒炙："用鹅、鸭、獐、鹿、猪、羊肉，细斫，熬，和调如啖炙。若解离不成，与少面[10]。竹筒六寸围，长三尺，削去青皮，节悉净去。以肉薄之。空下头，令手捉[11]。炙之欲熟，小干不著手[12]。竖堛[13]中，以鸡鸭白手[14]灌之。若不均，可再上白。犹不平者，刀削之。更炙，白燥，与鸭子黄——若无，用鸡子黄，加少朱助赤色[15]。上黄用鸡鸭

---

①剉：剁成肉馅。

②菹：腌菜。

③把一切剁碎调和以后，敷于竹串之上。

④鸡蛋十只，分取蛋清与蛋黄，先以蛋清抹之，后以蛋黄涂之。

⑤酢：醋。

⑥琢：剁的意思。

⑦腩炙：用调味品浸渍后炙。

⑧脔：把肉切成块。

⑨腌一顿饭的时间。

⑩若团不起来，就稍加一些面粉。

⑪把肉薄薄地敷在竹筒上，下面空一段，以便炙时手握。

⑫稍微干些，不粘手。

⑬堛：瓦器。

⑭指鸡鸭蛋清。

⑮再烤，蛋清烤干后，抹上蛋黄，再加一些朱色。

翅毛刷之。急手数转，缓则坏^①。既熟，浑脱^②，去两头，六寸断之，促奠二^③。若不即用，以芦荻苞之，束两头，布芦间——可五分——可经三五日。不尔，则坏^④。与面，则味少，酢多则难著矣^⑤。"

古人膳食，讲究调和。《周礼》规定："牛宜稌，羊宜黍，豕宜稷，犬宜粱，雁宜麦，鱼宜苽。"鹅，味甘，性平，解五脏热，主消渴。大麦，味酸而性温。小麦，味甘而性微寒。吃鹅配以麦，为气味调和。

以李渔之见，"鹅鹅^⑥之肉无他长，取其肥且甘而已矣。肥始能甘，不肥则同于嚼蜡"。

古时食鹅之法，除炙以外，还有"封鹅"法："治净，内外抹香油一层，用茴香、大料及葱实腹，外用长葱裹紧。入锡罐，盖住，入锅，上覆火盆。重汤煮，以箸插入，透底为度。鹅入罐通不用汁，自然上升之气味凝重而美。吃时再加糟油或酱油、醋。"（清顾仲《养小录》）亦有"坛鹅"法："鹅煮半熟，细切，用姜、椒、茴香诸料装入小口坛内。一层肉，一层料，层层按实。箬叶扎口极紧，入滚水煮烂。破坛，切食。"（清朱彝尊《食宪鸿秘》）但有名的是元倪云林《云林堂饮食制度集》中所记"烧鹅"："整鹅一只，洗净，用盐三钱擦其腹内，塞葱一帚，填实其中，外将蜜拌酒通身满涂之。锅中一大碗酒、一大碗水蒸之，用竹箸架之，不使鹅近水。灶内用山

---

①快手多次转动，转慢了会坏。

②肉熟后，要把肉整筒地脱下来。

③去两头，切成六寸长的段，挤紧，两段作一份，供上席。

④如不立即食用，可用芦荻包好，两端扎好，铺在芦荻中间。芦荻上下铺到五分厚，可存三五天。如果不这样处理，肉容易坏。

⑤面多了，味道差，醋太多，则不黏。

⑥李笠翁认为鹅的名称来源于它的叫声。

茅二束，缓缓烧尽为度。俟锅盖冷后，揭开锅盖，将鹅翻身，仍将锅盖封好蒸之。再用茅柴一束，烧尽为度。柴俟其自尽，不可挑拨锅盖。用绵纸糊封，遇燥裂缝，以水润之。起锅时，不但鹅烂如泥，汤亦鲜美。""每茅柴一束，重一斤八两。擦盐时，搀入葱椒末子，以酒和匀。"此法据说乃苏州某庖厨所创。昔日，天如禅师邀请倪云林设计苏州名园狮子林，其设计巧夺天工。某菜馆老板为表示对倪云林的敬意，专门在席间准备了一条清蒸鳜鱼，本想讨得倪云林欢心，没料他只吃了两口就放下筷子。老板于是悬赏，能做一道菜令倪云林欢心者给予重赏。结果，就有一位庖厨做了这道烧鹅。云林只吃了一口便拍案叫绝，并把其方带回家去，定为居家日用食谱。

《红楼梦》记，芳官爱食"胭脂鹅"。此乃明代名食。明人韩奕《易牙遗意》记其方："鹅一只，不剁碎，先以盐腌过，置汤锣内蒸熟，以鸭弹（蛋）三五枚洒在内。候熟，杏腻浇供，名杏花鹅，又名杏酪鹅。"杏腻乃杏花腌渍而成。杏花娇红，鹅肉腌后呈赤色，似胭脂，故又名"胭脂鹅"。

古时还有一道特殊的鹅掌菜。清徐珂《清稗类钞》记："上海叶忠节公映榴好食鹅掌。以鹅置铁楞上，文火烤炙，鹅跳号不已，以酱油、醋饮之。少焉鹅毙，仅存皮骨，掌大如扇，味美无伦。"先精选肥鹅，待烹饪时，将鹅放入网笼。笼下有铁楞，铁楞下放炭火，旁边放酱油和醋。笼下炭火蒸腾，鹅在笼中又热又渴，边喝酱油和醋边号叫挣扎，死时据说全身脂膏都集中于掌，使掌变得像扇子一样大。此掌据说又嫩又好吃，而全身皮肉反而变臭，要全部丢弃。这样，一盘菜就需要十多只鹅。李渔《闲情偶寄》记："昔有一人，善制鹅掌。每豢肥鹅将杀，先熬沸油一盂，投以鹅足。鹅痛欲绝，则纵入池中，任其跳跃。已而复擒复纵，炮瀹如初。若是者数四，则其为掌也，丰美甘甜，厚可径寸，是食中异品也。"以沸油活烫鹅掌，连续烫四五次，掌熟，而脂膏亦已凝于掌上。

鹅最名贵者，乃河南固始之鹅。固始人以饭食饲鹅，所以那里的鹅最肥。

清人《调鼎集》记："凡鹅鸭鸡以宰后，即宜破腹去脏，设经热水烫过，然后破腹，则脏气尽馅肉中，鲜味全去矣。"

吃　羊

东汉许慎《说文》说："羊，祥也，象头、角、足、尾之形。孔子曰：牛羊之字，以形举也。"古人称牡羊为"羖""羝"，牝羊为"羒""牂"，白羊为"羒"，黑羊为"羭"，羊子为"羔"。董仲舒《春秋繁露》说："凡执贽，天子用畅，公侯用玉，卿用羔……羔有角而不任，设备而不用，类好仁者。执[1]之不鸣，杀之不谛，类死义者。羔食于其母，必跪而受之，类知礼者。故羊之为言犹祥与，故卿以为贽。"羊，是吉祥的象征。古人把"羊"引申为"美"。"美"本义是"味美"，说明是："羊在六畜，主给膳也。"又引申为"羸"。"羸"是瘦的本义，徐铉说："羊主给膳，以瘦为病。"又引申为"羡"（异体字为"羡"），上为羊，下从"次"，"次"的意思是"口水"，也说是望羊而流口水。可见羊之美味。

西汉扬雄《扬子法言》说，羊见草而悦，外柔内刚，所以兑为羊，兑卦，刚爻得中，柔爻在外。兑是喜悦的意思。此卦在自然为泽，在身体为口，方位为西，季节为秋，在人为少女。唐苏鹗《杜阳杂编》中说："牛羊共居丑未之位。羊色白，虽杂毛而白多，近于

---

[1]执：捉住。

秋阴之杀气。"

因为羊群而不觉，跪乳有仪理，因此羊在古时是重要的祭祀食品。《周礼·夏官·羊人》记："羊人掌羊牲，凡祭祀，饰羔。祭祀，割羊牲，登其首。凡祈珥，共其羊牲。宾客，共其法羊。"这段话的意思是：羊人掌管供祭祀和食用的羊。祭祀要用羊羔。祭祀时，要把羊头割下来挂起来。为什么要把羊头挂起来？"升首，报阳也。"也就是助阳气。还要供羊血以做衈礼。羊在最早时的烹法，除了炮、炙，就是做羹。西周"八珍"之一的"炮牂"，就是烤母羊；《礼记·内则》记"膳：臐、膮、膮醢"，臐是牛肉羹，膮是猪肉羹，臐就是羊肉羹。

《齐民要术》中，记有脯炙、肝炙、豉丸炙（煎丸子）、筒炙、五味脯、胡炮肉、蒸羊、羊盘肠等十四种关于羊的烹饪法。其中五味脯的做法是：在正月、二月、九月、十月，切肉做条或成片，将骨捶碎，煮成汁，入豆豉，入葱白、花椒、姜、橘皮，把肉浸在骨头汤里，过三夜捞出来，挂在屋子北边檐下，阴干。脯炙法为：把羊肉切成一寸见方的脔，浸在入盐的豆豉汁里，浸完以后近火急烤。胡炮肉则用刚一年的肥白羊，肉与板油都切成细片，加豆豉、葱白、姜、花椒、胡椒、荜拨、盐调和。将羊肚洗净，把调味后的肉与板油一起灌进肚里。然后，掘一个坑，用火把坑烧热，停掉火，把羊肚放到坑里，用灰火盖着。然后在灰上再烧火，烧到煮一石米所需的时间，就熟了。《齐民要术》记羊蹄做羹，一方用十五斤羊肉、七副羊蹄、三升葱、五升豉汁、一升米（同煮）。另一方作"肺膹"之法：一副羊肺煮熟，切碎。另外做成羊肉浓汤，加上两合粳米，生姜（连羊肺一并放在羊肉臛里）煮。还有一方：一个羊百叶，加三升生米和一（虎口）葱，煮到半熟。一斤羊肉、半斤猪肉、一斤肥鸭肉混合斫碎，做成浓汤，加蜜。半熟的羊百叶入浓汤再煮。

隋唐时期，谢讽[①]《食经》记有"细供没忽羊羹""拖刀羊皮雅脍""露浆山子羊羔""烙羊成美公"的菜肴。唐韦巨源[②]《烧尾宴食单》中有"红羊枝杖""升平炙"等羊肴，但无做法。其中"红羊枝杖"注为"蹄上栽一羊"，用四只羊蹄撑一羊体，可能指烤全羊。"升平炙"注为"沾羊、鹿舌拌，三百数"，看来这道菜是羊舌与鹿舌拌和后炙成。《食经》中提到的"细供没忽羊羹"，后在北宋钱易《南部新书》中，出现了一道叫"浑羊没忽"的菜：取羊一口，燖剥去肠胃，置鹅于其中，缝合炙之，肉熟便堪，去却羊，取鹅浑食之。

唐以后，羊肉的吃法越来越多。有"柳蒸羊"：在地上掘坑，周围用石块围住，用火烧红，用铁筐盛带毛全羊，上面用柳条盖住，覆以土，焖熟。有"碗蒸羊"：肥羊肉切片，入佐料后，用湿纸封碗面，蒸熟。有"羊头签""炒羊肚""肝肚生"（羊肉、羊肝、羊百叶加嫩韭、芫荽、萝卜、姜丝）、"河西肺"（羊肺内灌入韭汁与酥油、胡椒、生姜调和的面糊）。至明末清初，发展为"全羊席"。

"全羊席"原来是伊斯兰的"圣席"，是伊斯兰的最上宴席，席面设茶不设酒。"全羊席"分早、中、午三席，每席都是先上茶点，然后上饭点、菜肴，每席二十七个菜，最后上汤。后来发展到宫廷"全羊席"，是在"圣席"基础上仿"满汉全席"的规模，最多为七十二道菜。据《清稗类钞》记，还有号称一百又八品者。此席除必备四干果、四鲜果外，席首要摆羊头，头面朝外，以示开席。席

①曾任隋炀帝的尚食直长。
②唐武后时曾任尚书左仆射。

尾要以同样的方法摆放羊尾，以示终席。这种"全羊席"亮席后，先上一道冷荤，即"爽口菜"，然后上第二道、第三道菜，宾主休息，上第四道菜，这才是正式的全羊大菜，一般是"双十件"，也就是二十个菜。第四道吃完，宾主休息，再上第五道菜，第二个"双十件"，也就是再来二十个菜。第五道吃完休息，再上第六道，第六道菜三十二个，菜上齐后，上米饭、荷叶卷、麻花卷、酸菜干贝丝汤。"全羊席"需要连续吃一天。

古时"全羊席"，要求对羊头、脖、颈、上脑、肋条、外脊、磨档、里脊、三岔、内腱子、腰窝、腱子、胸口、尾部等部位及内脏分档取料，用各种方法烹饪，必须"无往而不见羊"，而且要"味各不同"。用羊而每道菜都不见羊，而且菜名也不准有羊。

请看这些菜名，光是羊头各部位，就有各种名称。羊耳的耳梢称"顺风旗"，耳中间称"耳中风"，耳根称"千里追风""天开秦仑"。犄角称"玉斤顶"，羊脑门称"莲盖顶"，顶部带皮厚肉又称"麒麟顶"。羊眼叫"凤眼珍珠"，口唇称"唇边""全饺猩唇"，气管称"三脆一品"。上牙膛称"上天梯""千层梯丝"，舌头称"口白""有丝落水泉"。脑子称"芙蓉脑花"，鼻子称"二龙戏珠""采闻灵芝""鹿茸风穴"。其他部位，肝称"金丝绣球"，肚称"水晶明珠""甜蜜蜂窝"，心称"七孔玲台"，肾称"御展龙肝"，肺称"彩云子箭"，脊髓称"吉祥如意"，尾称"冰雪翡翠"，里脊称"烤红金枣""宝寺藏金"，蹄称"青云登山"，排骨称"文臣虎板"。肉、心、散丹烩叫"丹心宝袋"，肚、心、肠、葫芦头、肾、肝、蹄、散丹合在一起叫"八仙过海"。

何荣显、牛思正两位先生提供了"圣席"和"宫廷席"当年的两张菜单，足见菜名之琳琅满目。

圣席——早席茶点：鸳鸯卷果、炸江米果、酥黄菜、麻香肝。饭点：油香椒盐芝麻饼、蒸千层饼。菜肴：扒麒麟顶、迎风扇、烩鹿筋、荔枝岭、层层翻草、佘丹袋、炸鹿尾、烧龙肝、爆凤尾、望风坡、迎草香、天花板、炒玲珑、五花宝盖、扒熊掌、炸丹角、提炉顶、五味花、雀舌香、清烹雪卷、糖蜜红叶、菇香金钱、雪地香花、秋湖金瓜、清烹鸳鸯板、香菇捧印、苍龙脱壳。午席茶点：脆麻花、糖蜜果、干烹腰穗、炸蚕豆。饭点：糖馅油香、板子芝麻糕、长条花卷。菜肴：金顶麒麟、落水泉、炸鹿筋、彩凤眼、榴开百子、双凤翠、采灵芝、千层丝、玻璃方肉、玉珠灯、清炖鹿排、香菇鹿唇、玉环锁、金葫芦、凤头冠、爆鸡花、雪卧鹿肋、五福满堂、炸银鱼、炖熊掌、鸳鸯戏莲、甜香方腐、锅烧金腐、玉雁翎盔、红袍拜相、香辣金丝、炸酥香肉。晚席茶点：香蕉酥、炸麻球、炸烹金钟、炸蛋盒。饭点：肉馅油香、奶皮金糕、荷花卷。菜肴：麒麟冠玉、龙门角、灯客古、香菇玉方、玉丝鸳鸯、蜜蜂窝、犀牛眼、红叶含霜、鹿挞户、炸东篱、八宝玉带、蜂舞莲叶、百子蘑菇、荔枝芙蓉、顶炉盖、珍珠点梅、葱蜜糕肥、雪地冰花、玉印方香、葵花献寿、香笋驼峰、金丝绣球、清烹鸳鸯板、花煎明目、群星捧月、冰霜酥元、琥珀香排。

宫廷席——第一个"双十件"：迎风扇、塑峰坡、千层梯、玉珠灯笼、鹅毛雪片、花爆金钱、素心菊花、佘丹袋、独百子、落水泉、炸铁伞、玉环锁、爆荔枝、彩灵枝、安南台、炸银鱼、鼎炉盖、五料焖味、山鸡油卷、千层梯。第二个"双十件"：苍龙脱壳、爆炒玲珑、青云登山、红白棋子、拔草还园、双凤翠、开秦仑、天花板、五关锁、提炉顶、犀牛眼、炸鹿尾、炸血丹、蜜蜂窝、八宝袋、彩凤眼、烩虎眼、凤头冠、金鼎冠、鹿尸。后三十二道：明鱼骨、迎香草、饮涧台、明开夜合、香糟猩唇、五花宝盖、七孔灵台、算盘子、梧桐子、红炖豹胎、千层翻草、百子葫芦、清烩凤髓、黄焖熊胆、烩鲍鱼丝、红叶含云、清烩鹿筋、受天百禄、清烧排岔、玻璃方肉、吉祥如意、满堂五福、樱桃红肉、红炖熊掌、锅烧浮筋、冰花松肉、八仙过海、炸龙肝、爆凤尾、炸冻篱、炸鹿茸、龙门角。

这里，龙肝、凤尾、猩唇、豹胎、熊掌、驼峰，都是羊各部位的代称。旧时吃全羊席，较著名处是天津鸿宾楼，后迁至北京，独家经营"全羊大菜"。"全羊大菜"总共八个菜，分别是：独脊髓、白扒蹄须、炸羊脑、单爆腰、烹千里风、炸蹦肚仁、独羊眼、红扒羊舌。

羊肉味甘而大热，性属火，食后可补中益气，安心止惊，开胃健力。羊全身是宝。元忽思慧《饮膳正要》中说，羊头可治骨瘵、脑热、头眩；羊心可治忧恚膈气，羊肝可治性冷、肝气虚热；羊血可治妇女中风、血虚；羊肾可补肾虚、益精髓；羊骨可治虚劳、寒中、羸瘦；羊髓可治男女伤中，阴气不足，利血脉、益经气；羊酪可治消渴，补虚乏。不过，书中告诫羊脑不可多食。

北方人认为羊肉大补，故入冬多食之。立秋之后，老北京除涮羊肉外，也好吃烤肉。烤肉的去处，有所谓"南宛北季"。南宛即是宣武门内的"烤肉宛"，北季则是什刹海后海东头的"烤肉季"。吃烤肉只用西口羊后腿和上脑两个地方的肉，切成的肉片要求宽二至三厘米，长七至十厘米，薄至半透明状。烤肉铺子里，一张大圆桌上放一口大铁锅，锅沿放一铁圈，上面放铁条炙子。铁圈留一火口，以便投入木柴。木柴选用果木或松木。烤肉时，肉片用佐料搅拌后，放在炙子上，用那种比擀面杖还长的筷子，待肉片烤至金黄便夹出蘸食。蘸食的佐料有卤虾油、高酱油、大蒜末、香菜末、辣椒油等。大锅旁，一般可围十数人，"各持碟踞炉旁，解衣盘碟且烤且啖，佐以烧酒，过者皆觉其香美"。清道光年间诗人杨静亭有诗曰："严冬烤肉味堪饕，大酒缸前围一遭。火炙最宜生嗜嫩，雪天争得醉烧刀。"（《都门杂咏》）

老北京吃羊肉，还有一个有名的地方，就是隆福寺白魁的"烧全羊"。白魁是人名。他原来开的羊肉铺叫"东广顺"，烧羊肉货真价实，久而久之，食客只呼"白魁"，不称"东广顺"。

烧全羊选用一至三岁、四五十斤重的西口大羊。宰杀后，羊肉切成五六斤重的大块，头蹄用开水烫后去毛，再用烧红的火筷烙去小毛。肚、肠要洗四五遍，用沸水烫掉表皮，再用开水煮去腥味。肺洗净先用旺火煮半小时，撇去白沫，肝、尾漂洗干净后入锅。白魁烧羊肉，用的是乾隆年代的两口双底大锅，一口大锅可煮肉一百五十斤。

白魁烧羊肉，第一步是"吊汤"。平均六十斤肉用水一百斤。水先入锅后，下高黄酱，用旺火煮，水沸时撇清浮渣滓，这是煮肉用的汤。第二步是紧肉。一块一块下锅，每煮半小时翻一次肉，入广料、口蘑、花椒、冰糖、生姜、大葱和甘草。第三步叫码肉。把紧好的肉捞出，用碎骨垫锅底，先码羊肉，再码羊头、蹄、尾、肚、肺、肠等，每码一层放一层细料（就是砂仁、丁香、肉桂、桂楠、陈皮、白芷研成的细粉）。码好后，把羊脊骨压在上面，另再用竹板压住，上面放一个盆，盆里放水，锅里放盐，用旺火炖两小时。炖时，每开一次，放一勺酱汤。第四步是煨烧。旺火炖两小时后用微火煨两小时，然后起锅晾凉。待吃前，再入油锅炸，挖去油后用刀一拍，切成碎块。随炸随吃，外焦里嫩，香气四溢。吃烧全羊时，肉一定要搭些杂碎调味。

羊肉是大补之物，《本草纲目》说，羊肉能比人参、黄芪。人参、黄芪补气，羊肉补形。凡食品中，折耗最重者，数羊肉。俗语说："羊几贯，账难算，生折对半熟时半，百斤只剩廿余斤，缩到后来只一段。"一百斤羊，解割下来只有五十斤，煮熟后大约只有二十斤。羊肉折损多，也最能饱人，因为羊肉吃到肚里容易发胀。据说秦人日食一顿，之所以不饿，就因为羊肉。所以李渔告诫，滋补者是羊肉，害人者也是羊肉。吃羊肉时，肚里一定要留余地，以待它发胀，不可吃得太多，饱则伤脾坏腹。

金齑玉脍

齑，指捣碎的姜、蒜或韭菜的细末；脍，就是细切的生鱼肉。柳宗元《设渔者对智伯》曰："脱其鳞，脍其肉，剒其肠，断其首而弃之。"

古时食单，最重鱼脍。三国曹植《七启》："脍西海之飞鳞，臛（肉羹）江东之潜龟。"孙毓《七诱》："脍天流之潜鲂。"西晋傅玄《七谟》："脍锦肤，胾斑胎[1]。"西汉枚乘《七发》："熊蹯之臑[2]，勺药之酱，薄耆[3]之炙，鲜鲤之脍，秋黄之苏[4]，白露之茹[5]。兰英之酒[6]，酌以涤口。山梁[7]之餐，豢豹之胎，小饭大歠[8]，如汤沃雪。"东汉桓麟《七说》："脉[9]一元之肤，脍挺祭之鲜。"东汉傅毅《七激》："涔养之鱼，脍其鲤鲂。分毫之割，纤如发芒。"汉刘劭《七华》："洞

---

① 胾：切成小块的肉。斑胎：豹胎。
② 熊蹯：熊掌。臑：烂熟。
③ 薄耆：切得薄薄的兽脊肉。
④ 苏：紫苏。秋天变黄的紫苏。
⑤ 茹：蔬菜。
⑥ 用兰花泡成的酒。
⑦ 山梁：野鸡。
⑧ 歠：喝。
⑨ 脉：将肉切成薄片。

庭之鲋，出于江岷。乃使朱元挥斋，骋厥妙技。"东汉张衡《七辨》："巩洛之鳟，割以为鲜。审其齐和，适其辛酸。芳以姜椒，拂以桂兰。"

东汉赵晔《吴越春秋》记："人作鱼须脍者，阖闾之时造也。"其实在阖闾之前，《诗经·小雅》中已有"饮御诸友，炰鳖脍鲤"之句。

南宋黄庭坚《涪翁杂说》称："燕人脍鲤方寸，切其腴以留，所贵腴鱼腹下肥处。"鱼脍之料，要求既肥又嫩，洁白透亮。切鱼脍时，贵在刀功，要又细又薄。桓麟《七说》："鲤鲝之脍，叠似蜽羽。"形容其薄到蚊虫翅膀的程度。古时称切生鱼片为"斫脍"。斫，是削的意思。《尔雅·释器》："肉曰脱之，鱼曰斫之。"斫脍，先要将鱼肉削成薄片，有霍叶刀与柳叶刀之说。霍，是豆类的古称，要薄到豆叶柳叶的状态，然后再细切为丝。唐段成式《酉阳杂俎》记："进士段硕，常识南孝廉者，善斫鲙，縠薄丝缕，轻可吹起，操刀响捷，若合节奏。"形容其切下的鱼片若透明之薄纱，有飘飘欲飞之感。如此薄的鱼片，如蝴蝶翅膀，因此又称"化蝶脍"。杜甫有诗："饮化纯丝熟，刀鸣脍缕飞。"（《陪王汉州留杜绵州泛房公西湖》）"饔子左右挥双刀，脍飞金盘白雪高。"（《观打鱼歌》）黄庭坚有诗："厨白方看金作屑，脍盘已见雪成堆。"（《谢荣绪惠贶鲜鲫》）

西晋潘尼有《钓赋》，其中赞斫工之技："飞刀逞技电，剖星流芒散。缕解随风离，锷连翻雪累。"意思是：飞刀像电闪一般，脍丝如飞芒散落，随刀落缕解，脍已像雪片一样堆积起来。

脍所用之鱼，早时最佳者为鲤。所谓"脍炙人口"，炙，指的是烤猪里脊肉；脍，指的就是鲤鱼脍。秦汉时，以鲤为脍，"切葱若

韭，实以醯以柔之"。醯是肉酱，调料除葱、醯外还有芥酱①。西晋
巨富石崇食脍，所用调料叫"韭萍齑"。另一巨富王恺买通了石崇的
下人，打听到那是用韭菜根杂以鲜麦苗捣烂而成。晋以后，鱼脍的
调料日益增多，有蒜、姜、葱、韭末、苏子、胡芹；有梅、橘、粟。
雪白的鱼丝，配以金盆，点缀有鲜绿的香蒿和艳红的枸杞。唐时，
因鲤与皇帝李姓谐音，鲤被尊称为"赤鳞公"。皇帝下令，严禁捕
捞鲤鱼，有售卖者，杖责六十大板。因此，到北宋郑望之《膳夫录》
中，已是"脍莫先于鲫，鳊、鲂、鲷、鲈次之，鲚、鲐、黄、竹五
种为下，其它皆强为"，根本就不提鲤鱼。

用鲈鱼做脍，其名气出于西晋张翰。张翰字季鹰，吴郡吴县
（今江苏苏州）人。《晋书·张翰传》说张翰"有清才，善属文，而
纵任不拘，时人号为江东步兵"。当时齐王司马冏执政，张翰是其
幕僚，任执掌政务军务之官。后司马冏将败，张翰又"因见秋风起，
乃思吴中菰菜莼羹鲈鱼脍，曰：'人生贵得适志，何能羁宦数千里，
以要名爵乎。'遂命驾而归"。这就是"秋思莼鲈"的起源。自此，
鱼脍就与鲈鱼、莼羹连在了一起。

张翰抬高了鲈鱼的声望，加上很多诗人以"秋思莼鲈"为题进
行吟诵，鲈鱼便一跃成为进献皇上的贡品。《太平广记》记："吴郡献
松江鲈鱼干脍六瓶，瓶容一斗。""作鲈鱼脍，须八九月霜降之时。收
鲈鱼三尺以下者，作干脍。浸渍讫，布裹沥水会尽，散置盆内，取
香柔花叶相间，细切和脍，拨令调匀。霜后鲈鱼，肉白如雪，不腥。
所谓金齑玉脍，东南之佳味也。紫花碧叶，间以素脍，亦鲜洁可

---

① 类似今之芥末泥。

观。"北宋宋祁《宋景文公笔记》:"捣辛物作齑,南方喜之,所谓金
齑玉脍者。"据传,"金齑玉脍"一名,乃隋炀帝所赐。

鲈鱼,黑色,出吴中。其实鲈鱼长不过五六寸,根本不可能达
两三尺。鲈鱼四五月方出,状微似鳜,头大扁平,体侧有黑斑纹,
巨口细鳞。鲈鱼,古松江府为多,故又称松江鲈鱼。又据传别处鲈
鱼皆两鳃,独松江长桥[①]下为四鳃。《松江府志》:"天下鲈鱼皆两鳃,
惟松江鲈四鳃。"南宋范成大《吴郡志》:"鲈鱼,生松江,尤宜脍,
洁白松软,又不腥,在诸鱼之上。俗传江鱼四鳃,湖鱼止三鳃。"明
卢熊《苏州府志》,又说四鳃鲈出吴江[②]:"鲈鱼出吴江,长桥南者,
四鳃,味美而肉紧。出长桥北者,因入长江近海,止三鳃,味咸而
肉散,与四鳃者不同。"北宋朱长文《吴郡图经续记》亦记:"吴江旧
有'如归亭'[③]。庆历中,知县事张先益修饰之,蔡君谟为记其事。熙
宁中林郎中肇出宰,又于如归之侧作'鲈乡亭',以陈文惠有'秋风
斜日鲈鱼乡'之句也。"四鳃鲈产地,一说在今上海松江绣鞋桥(今
称秀野桥)下,一说则在今苏州境内宝带桥下。清钱大昕《十驾斋
养新录》:"唐人诗人称松江者,即今吴江县也,非今松江府也。"然
而,不管松江还是苏州,不管绣鞋桥还是宝带桥,今日均已不见一
尾四鳃鲈鱼矣。

古人咏鲈鱼有很多,最有名者数杨万里诗,李时珍说它"颇尽
其状"。《松江鲈鱼》诗云:"鲈出鲈乡芦叶前,垂虹亭上不论钱。买
来玉尺如何短,铸出银棱直是圆。白质黑章三四点,细鳞巨口一双

---

①又称垂虹桥。
②吴江古曾属松江府。
③即唐松江亭故址。

鲜。秋风想见真风味，只是春风已迥然。"鲈鱼，须霜后才肉香味美。

鲈鱼的名声出于张翰，张翰字季鹰，因此也有称鲈鱼为"季鹰鱼"的。杜牧有诗曰："冻醪元亮秫，寒脍季鹰鱼。"

莼菜，早时称作"茆"。《诗经》中有"思东泮水，薄采其茆"句，陆机疏曰："茆与荇菜相似，江南人谓之莼菜，或谓之水葵。"

清汪灏《广群芳谱》："莼，一名茆，一名锦带，一名水葵，一名露葵，一名马蹄草，一名缺盆草。生南方湖泽中，最易生种，以水浅深为候。水深则茎肥而叶少，水浅则茎瘦而叶多。其性逐水而滑。吴越人喜食之，叶如荇菜而差圆，形似马蹄，茎紫色，大如箸，柔滑可羹。夏月开黄花，结实青紫色，大如棠梨，中有细子。三四月嫩茎未叶，细如钗股，黄赤色，名稚莼，又名雉尾莼，体软如甜。五月叶稍舒，长者名丝莼。九月，萌在泥中，渐粗硬，名瑰莼，或作葵莼。十月十一月名猪莼，又名龟莼，味苦体涩不堪食。"

关于莼菜，《晋书》中有一名句，陆机入洛见王济："济指羊酪谓机曰：'卿吴中何以敌此？'答云：'千里莼羹，未下盐豉'。"后人因此考莼菜出江苏溧阳千里湖。《名胜志》曰："溧阳有莼湖，即陆机所谓'千里莼羹，未下盐豉'者，又名'千里渟'。"后人也因此认为莼羹应该淡煮，不应下盐和其他调料。杨万里《松江莼菜》诗曰："一杯淡煮宜醒酒，千里何须更下盐。可是士衡杀风景，却将膻腻比清纤。"然而，陆游却持截然相反的看法，他认为："莼菜最宜盐豉。所谓'未下'者，言下盐豉则非羊酪可取，盖盛言莼羹之美耳。"他的意思是，所谓"未下"，是指莼羹不加盐豉，就能与羊酪比美，加上盐豉，绝非羊酪可比。陆游《西窗》诗云："姜宜山茗留闲啜，豉下湖莼喜共烹。"

古人有称莼菜出溧阳千里湖，有称出太湖西山水夏湾。袁中郎在吴江当过县官，他的《湘湖》一文中，考其只出自西湖、湘湖，而湘湖者为最佳。他说："莼采自西湖，浸湘湖一宿然后佳，若浸他湖便无味。浸处亦无多地，方圆仅得数十丈许。其根如符，其叶微类初出水荷钱，其枝了如珊瑚而细，又如鹿角菜。其冻如冰，如白胶附枝叶间，清液泠泠欲滴。其味香粹滑柔，略如鱼髓蟹脂而清轻远胜。半日而味变，一日而味尽。比之荔枝，尤觉娇脆矣。其品可以宠莲嬖藕，无得当者。唯花中之兰、果中之杨梅可异类作配耳。惜此物东不逾绍①，西不过钱塘江，不能远去。以故世无知者，余往仕吴，问吴人张翰莼作何状，吴人无以对。果若尔，季鹰弃官不为折本矣？然莼以春暮生，入夏数日而尽，秋风鲈鱼，将无非是。抑千里湖中，别有一种莼邪？"

袁中郎所说"春暮生，入夏数日而尽"，其实言过其实。莼菜四月中至九月末都可食用，区别只在于春莼比秋莼嫩。

古人咏莼诗亦多，有南宋方岳《羹莼》："烟雨中间几白鸥，藕花菱叶小亭幽。紫莼共煮香涎滑，吐出新诗字字秋。"有明沈明臣《西湖采莼曲》："西湖莼菜胜东吴，三月春波绿满湖。新样越罗裁窄袖，著来人说似罗敷。"著名者，有司马光《送章伯镇知湖州》："莼羹紫丝滑，鲈脍雪花肥。"有杜甫《赠别贺兰铦》："君思千里莼。"有辛弃疾《六幺令》："谁怜故山归梦，千里莼羹滑。"有贺知章《回乡偶书》："镜湖莼菜乱如丝。"

其实，金齑玉脍是鲈鱼与莼羹的组合，并非一道菜。莼菜做羹

_____

①即绍兴。

滴翠冰紫，配以雪白的鲈脍，再配以各种色彩的佐料，鲈脍莼羹便成了典型的文人菜。历代文人中最善食鲈脍莼羹者，据说是梅尧臣。秋后，梅家庭院中养有鲈鱼，鲈脍莼羹是他招待文友的拿手菜。梅尧臣做鲈脍，需配以橘、橙与熟粟黄，取其金黄之色，更突出"金齑"。

到了冬天，无莼羹可映衬之时，还可以用鸡汤氽鲈鱼，亦鲜美无穷，鲈鱼依然可斫为丝，鸡汤金黄，鲈鱼雪白，投以新嫩的菠菜，可久煮不老，越煮越嫩。

清李渔《闲情偶寄》："陆之蕈，水之莼，皆清虚妙物也。予尝以二物作羹，和之以蟹之黄、鱼之肋，名曰'四美羹'。座客食而甘之，曰：'今而后无下箸处矣。'"他是把莼菜和香菇、蟹黄、鱼肚放在一起做成"四美羹"，客人吃后都赞叹说：从今之后，再无可下筷子的地方了！

鲤　鱼

李时珍《本草纲目》曰："鲤鳞有十字文理，故名鲤。虽困死，鳞不反白。"《神农书》称："鲤为鱼之主。"为什么鲤鱼为鱼之主呢？《图经》："鲤鱼脊中鳞一道，每鳞上皆有小黑点，从头至尾无大小皆三十六鳞。"南宋王观国《学林》曰："二四为六，六者老阴之能变者也……鲤三十六鳞，六六之数也，能神化。"可见，鲤之所以能成主，一是因为它能"神化"，二是因为它能变为龙①，三是据说它额上有字。北宋陶毂《清异录》说："鲤鱼多是龙化，额上有真书王字者名王字鲤。此尤通神。"《河图》曰："黄帝游于洛，见鲤鱼长三丈，青身无鳞，赤文成字。"

有关鲤鱼神化的故事很多。《江西通志》记："彭、铿曾过彭蠡之滨，造其名岳，今庐山是也。遍游洞府，以窥圣迹，已而把钓于台上。双鲤化为双龙，冲天而去。"西汉刘向《列仙传》："子英者，舒乡人也，善入水捕鱼。得赤鲤鱼，爱其色好，持归著池中，数以米谷食之，一年，长丈余，遂生角，有翅翼。子英怪异，拜谢之。鱼言：'我来迎汝，汝上背，与汝俱升天。'即大雨。子英上其鱼背，腾

---

① 宋马永卿《懒真子》："鲤鱼化龙。"

升而去。"《云仙散录》记:"冯正云《金溪记》曰:孙愿夜行横塘,见池中大鱼映月吸水,移时不去……明日,汰池中,惟一鱼最大,乃鲤也,身已五色。"《冀州图经》:"太和三年,文明太后冯氏幸金河府摩磷宫汤泉,钓得鲤鱼一双,皆长三尺。以黄金锁穿鳃放于池内,后皆长五尺,沉泛相从。正光元年五月五日,天清气爽,闻池内锵锵声,水中惊沸。须臾雷电,其一浮天化五色虹而去,久之乃灭。一在池中,至孝昌元年六月,行台元渊北伐顿此,决池取鱼,鳞甲非常。渊令杀之,得金二斤八两。渊明年为葛荣所杀。"北宋徐铉《稽神录》:"池州民杨氏以卖鲊为业。尝烹鲤鱼十枚,令儿守之。将熟,忽闻釜中乞命者数四。儿惊惧,走告其亲。往视之,釜中无复一鱼,求之不得。期年,所畜犬恒窥户限下而吠。数日,其家人曰:'去年鲤鱼,得非在此耶?'即撤视之,得龟十头,送之水中,家亦无恙。"

南朝陶弘景《本草经集注》:"鲤为诸鱼之长,形既可爱,又能神变,乃至飞越江湖,所以仙人琴高乘之也。"

古人认为,鱼中惟鲤、鳣、鲔三十六鳞,所以三者是一类。西晋崔豹《古今注》:"鲤之大者曰鳣,鳣之大者曰鲔。"三国陆玑《毛诗草木鸟兽鱼虫疏》:"鳣身形似龙,锐头,口在颔下,背上腹下皆有甲,纵广四五尺,大者千余斤。"魏武《四时食制》:"鳣鱼大如五斗奁,长丈,口在颔下。常三月中从河上,常于孟津捕之。黄肥,惟以作鲊。"《水经》:"鳣、鲔出巩穴,渡龙门为龙。"汉辛氏《三秦记》:"河津,一名龙门①,大鱼集龙门下数千,不得上。上者为龙,

_____
① 今属山西,黄河禹门口。

不上者为鱼，故云曝鳃龙门。"北魏郦道元《水经注》："鳣鲔出巩穴三月，则上渡龙门，得渡为龙矣。否则点额而还。"因此而有鲤鱼跳龙门之说。其实鳣、鲔与鲤并非一类。鳣、鲔，今之江中鳇鱼、鲟鱼也。

因有跳龙门之说，古人称鲤为"稚龙"。崔豹《古今注》中，记兖州人呼"赤鲤为赤骥，青鲤为青马，黑鲤为玄驹，白鲤为白骐，黄鲤为黄雉"。

古书中称为赤鲤者，其实专指黄河鲤鱼。所谓"洛鲤伊鲂，贵于牛羊"。明牛衷《埤雅广要》："鱼品，齐鲁之间，鲂为下色，鳏[1]为中色，鲤为上色。""洛鲤伊鲂，贵于牛羊，言洛[2]以浑深宜鲤，伊[3]以清浅宜鲂也。"

黄河鲤鱼肥美之极，梁章钜《浪迹三谈》称"足以压倒鳞类"。古人食鲤，刚开始只用以做脍。《诗经·小雅·六月》："饮御诸友，炰鳖脍鲤。"西汉枚乘《七发》："熊蹯之臑，勺药之酱。薄耆之炙，鲜鲤之脍。"东汉傅毅《七激》："渌养之鱼，脍其鲤鲂。分毫之割，纤如发芒。散如绝谷，积如委红。"在唐以前，鲤在做脍的鱼品里一直排第一。但做脍用的鱼不宜过大，《齐民要术》称，"长一尺者第一好。大则皮厚肉硬，不任食，止可作鲊鱼耳"。

做鲊，要用大鱼。《齐民要术》："凡作鲊，春秋为时，冬夏不佳。取新鲤鱼，去鳞讫，则脔。脔形长二寸，广一寸，厚五分，皆使脔别有皮……手掷著盆水中，浸洗，去血，脔讫，漉出，更于清水中

---

① 鳏即鲇鱼。
② 河南洛水。
③ 河南伊水。

净洗，漉著盘中，以白盐散之，盛著笼①中，平板石上迮去水②。水尽，炙一片，尝咸淡，炊粳米饭为糁（饭要硬些，不宜太软，软了鲊会烂），并茱萸、橘皮、好酒，于盆中合和之……布鱼于瓮子中，一行鱼，一行糁，以满为限。腹腴居上③，鱼上多与糁。以竹箬交横帖上（用竹叶和箬叶交错平铺在顶上，要铺八层），削竹，插瓮子口内，交横络之④，著屋中。赤浆出，倾却；白浆出，味酸，便熟⑤。食时，手擘，刀切则腥。"

除鲊以外，还可做臛。做臛要用一尺以上的大鱼，去鳞，整治干净后斜切成一寸半见方的片，然后豆豉与鱼片一齐下锅，再加上米汁一起煮。煮熟之后，再加盐、姜、橘皮、花椒末和酒。上席时，要把米粒去掉。古人有规矩，臛上席时只能盛半碗，超过半碗，便不合规矩。

到唐朝，唐律曾规定不准食鲤，因为鲤与唐朝皇帝李姓同音，鲤预示着唐之兴盛。唐杜宝《大业杂记》："清冷水南有横渎，东南至宕山县西北，入通济渠。是时大雨，沟渠皆满。忽有大鱼，似鲤而头一角，长尺余，鳞正赤，从清冷水出，头长三尺许，入横渎，逆流西北十余里不没。此亦唐祚将兴之兆。"南宋王应麟《玉海》记："景龙三年春正月，元宗至于襄坦，漳水有赤鲤腾跃圣皇之瑞也。潘炎赋曰：'鱼在在藻，跃于中流。吾君庥止，乐我王游。惟赤鲤之呈祥，殊白鳞之入舟。'"唐朝因此而称鲤为"赤鲤公"。钱易《南

①笼同篓。
②放在平板石上榨去水。
③肥软的放在上面。
④削些竹签插在瓮子口内，要交叉着插。
⑤红浆出来倒掉，白浆出来，味变酸了，就熟了。

部新书》："唐律，取得鲤鱼即宜放，仍不得吃，号赤鲢公，卖者决六十。"抓了只能放，发现有卖者，要打六十大板。

宋朝有个故事很有名。据说汴京有一位宋五嫂制鱼羹很是著名，明袁褧、袁颐《枫窗小牍》等笔记中记有其事迹。后北宋南迁，宋嫂亦南渡。后赵构游西湖，听到有东京人口音，遣内官召来，见是一名白发老妪。有太监认出她就是当年汴京樊楼下做得一手好鱼羹的宋五嫂，因此奏告皇上。赵构想起旧事，凄然伤感，命宋五嫂制鱼羹来献。鱼羹果然鲜美，赵构当场赐宋五嫂一百文钱、十匹绢。此事传遍了临安府，王孙公子、富家巨室，人人以食宋五嫂鱼羹为荣，宋五嫂因此成为巨富。宋五嫂制羹用鲤鱼，鱼先用旺火汆，再转小火煮三四分钟，以保持鱼之本身鲜味，后来这道菜就叫"宋嫂鱼羹"。

鲤鱼尾，曾被列入"八珍"之一。清人《调鼎集》中记有"鲤鱼尾羹"的做法：鸡汁、笋片、火腿、肥膘入鲤鱼尾作羹。另还记有"烹鲤鱼腴"法：取鲤鱼腹下肥曰腴，切长方块，油爆，入酱油、酒、姜葱汁烹，亦可脍。还记有"炒鲤鱼肠"的做法，洗净炒，愈大愈佳，配笋片、木耳、酱油、醋。炒鲤鱼肝同。烩鱼脬谓之佩羹。

都说黄河鲤鱼好吃，其实专指中州（今河南）这一段。这一段处于黄河的"豆腐腰"，河床开阔，夏季雨多，水质肥沃，所以这一段水域的鱼最为肥美。一年四季，以秋鲤鱼为最好。秋季食料好，鱼需在冬眠前加紧进食，鲤鱼又是两年成熟，从鱼苗到第二年秋刚好长成一斤多重，肉质肥嫩。雌雄相比，其时雄鱼肥，肉质也嫩。

黄河鲤鱼还必须吃鲜。南宋孟元老《东京梦华录》记，东京吃鲤鱼脍，都是"临水斫脍，以荐芳樽"。宋太祖攻打北汉时，孙承祐从车驾北征，要"大斛贮水养鱼自随"。北宋梅尧臣《设脍示坐客》诗："汴河西引黄河枝，黄流未冻鲤鱼肥。随钩出水卖都市，不惜百金持与归。"要以"百金"买刚出水的鱼。清梁章钜《浪迹三谈》曰："黄河鲤鱼，是以压倒鳞族，然非到黄河边活烹而啖之，不知其果美。"梁章钜称，他在黄河边吃到的鲤鱼，"当为生平口福第一，至今不忘。吾乡惟鲥鱼可与之敌，而嫌其多刺，故当逊一筹也"。

吃黄河鲤鱼，讲究当场把鱼摔死下锅。但因黄河水泥土味重，打上来的鱼，一定要在清水里养两三天，待其把土腥味吐尽。鲤鱼性逆水而上，所以鱼肉虽活厚，筋也特别坚韧，非得懂得抽筋的名家好手，先把大筋抽去，肉才鲜嫩好吃。

古时中州鲤鱼讲究吃软熘，在宋代就被列为"食品上味"。软熘，鱼先要用油浸透，佐料配料一齐入锅用热油烘汁，使油与糖醋汁全部融合，使鱼肉软如豆腐，味道甜中透酸，酸中透咸。中州人还讲究鲤鱼活吃，鱼宰杀后，挂糊，油炸，烹汁，上席后鱼鳃动而嘴张。昔开封有位厨师，在鱼体上覆一层金黄色的蛋丝，炸、浆并举，边浆边淋，使丝不离鱼、鱼不离丝，端上来，鱼还是活的。此菜名为"金网锁黄龙"，真令人拍手叫绝。

鲥　鱼

古有四大“美鱼”之称，即黄河鲤鱼、伊河鲂鱼、松江鲈鱼和富春江鲥鱼。鲥鱼，最早时古人称其为“鯦”。《尔雅》又称“当魱”，注曰：“海鱼也，似鳊而大鳞，肥美多鲠。”被称作“鲥”，大约从宋代始。《类篇》释“当魱”：“其出有时，即今鲥鱼。”《食鉴本草》：“鲥鱼，年年初夏时则出，余月不复有也，故名。”梅尧臣亦写有《时鱼》诗。鲥鱼，又称作“箭鱼”。《宁波府志》：“箭鱼即鲥鱼，海中者最大，腹下细骨如箭镞，俗名箭鱼。”又叫“三鯬鱼”。明黄省曾《养鱼经》：“鲥鱼，广州谓之三鯬之鱼。”

鲥鱼形秀而扁，微如鲂而长，白色如银，肉中多细刺如毛，大者不过三尺，腹下有三角硬鳞如甲。鲥鱼的脂肪凝于鳞，阳光照耀时，鳞间有鲜艳的七彩时隐时现。富春江鲥鱼据说唇部微有胭脂色，故更为名贵。

鲥鱼平日生活于海中，每年只春末夏初才进入长江、珠江、钱塘江等淡水水域产卵。吃鲥鱼也就只在四五月间。鲥鱼离水便死，因此吃新鲜鲥鱼更显不易。

鲥鱼成为名贵之鱼，大约始于宋。宋以前史料中难见食鲥鱼的记载。梅尧臣写《时鱼》诗后，江南文人骚客始以食鲥鱼作为时尚。

明以后，鲥鱼被规定为南京应天府上贡贡品。入贡选肥美者，陆路用快马，水路用水船。明人何景明有《鲥鱼》诗云："五月鲥鱼已至燕，荔枝芦橘未应先。赐鲜遍及中珰弟，荐熟谁开寝庙筵。白日风尘驰驿骑，炎天冰雪护江船。银鳞细骨堪怜汝，玉箸金盘敢望传。"

入清以后，进贡规模更为扩大，在南京设有专门的冰窖，每三十里立一站，白天悬旗，晚上悬灯，做飞速传递。清初吴嘉纪有《打鲥鱼》诗两首，描述当时进贡状况。

其一："打鲥鱼，供上用。船头密网犹未下，官长已备驿马送。樱桃入市笋味好，今岁鲥鱼偏不早。观者倏忽颜色欢，玉鳞跃出江中澜。天边举匕久相迟，冰填箬护付飞骑。君不见金台铁瓮路三千，欲限时辰二十二。"诗中金台指今之北京，铁瓮为今之镇江，要求二十二个时辰，也就是四十四个小时送到。

其二："打鲥鱼，暮不休，前鱼已去后鱼稀，搔白官人旧黑头。贩夫何曾得偷买，胥徒两岸争相待。人马销残日无算，百计但求鲜味在。民力谁知夜益穷，驿亭灯火接重重。山头食藿杖藜叟，愁看燕吴一烛龙。"

清沈名荪亦有《进鲜行》诗，诉鲥贡之苦："江南四月桃花水，鲥鱼腥风满江起。朱书檄下如火催，郡县纷纷捉渔子。大网小网载满船，官吏未饱民受鞭。百千中选能几尾，每尾匣装银色铅。浓油泼冰养贮好，臣某恭封驰上道。钲声远来尘飞扬，行人惊避下道傍。县官骑马鞠躬立，打叠蛋酒供冰汤。三千里路不三日，知毙几人马几匹？马伤人死何足论，只求好鱼呈至尊。"送鱼人在途中不准吃饭，只吃蛋、酒和冰水。三千里路，要求三日之内送到。当时宫中时有鲥鱼宴，但进京的鲥鱼，开封之后，十之八九已有异味。

鲥鱼进贡，历时两百余年，至康熙二十二年（1683）之后方被废除。原因是当时的山东按察司参议张能麟写了一篇很著名的《代请停供鲥鱼疏》。疏曰："康熙二十二年三月初二日，接奉部文：安设塘拨，飞递鲥鲜，恭进上御。值臣代摄驿篆，敢不殚心料理？随于初四日，星驰蒙阴、沂水等处，挑选健马，准备飞递。伏思皇上劳心焦思，廓清中外，正当饮食宴乐，颐养天和。一鲥之味，何关轻重！臣窃以为鲥非难供，而鲥之性难供。鲥字从时，惟四月则有，交时则无。诸鱼水养则生，此鱼出网即息。他鱼生息可餐，此鱼味变极恶。因黎藿贫民，肉食艰难，传为异味。若天厨珍馐，滋味万品，何取一鱼？窃计鲥产于江南之扬子江，达于京师，计程二千五百余里。进贡之员，每三十里一塘，竖立旗杆，日则悬旌，夜则悬灯，通计备马三千余匹，役夫数千人。东省山路崎岖，臣见州县各官，督率人夫，运木治桥，劚石治路，昼夜奔忙，惟恐一时马蹶，致干重谴。且天气炎热，鲥性不能久延，正孔子所谓鱼馁不食之时也。伏念皇上圣德如天，岂肯以口腹之欲，罪责臣民？而臣下奉法惟谨，故一闻鲥鱼进贡，凡此二三千里地当孔道之官民，实有昼夜不安者。"此疏写得情真意切，开明的康熙皇帝此后真的下令免除鲥贡。

鲥鱼因是贡品，所以一直价值昂贵，只能为富商大贾之用。清黎士宏《仁恕堂笔记》记："鲥鱼初出时，率千钱一尾，非达官巨贾，不得沾箸。"清陆敬安《冷庐杂识》记："杭州鲥鱼初出时，豪贵争以饷遗，价值贵，寒婆不得食也。凡宾筵，鱼例处后，独鲥先登。胡书农学士诗云：'银光华宴催登早，腥味寒家馈到迟。'"

鲥鱼之吃法，李时珍说："不宜烹煮，惟以笋、苋、芹、荻之属，连鳞蒸食乃佳。"明韩奕《易牙遗意》记载"蒸鲥鱼"："去肠不去鳞，用布拭去血水，放荡锣内，以花椒、砂仁、酱、水酒、葱拌匀，其味和，蒸之吉鳞供之。"元人《居家必用事类全集》庚集记："去肠，不去鳞。糁江茶，抹去腥，洗净，切作大段。荡锣盛，先铺韭叶或茭叶或笋片，酒醋共一碗，化盐、酱、花椒少许，放滚汤内顿熟供。或煎食，勿去鳞，少用油，油自出矣。"袁枚《随园食单》则说，鲥鱼要用"蜜酒蒸食"，"或竟用油煎，加清酱、酒酿亦佳。万不可切成碎块加鸡汤煮，或去其背，专取肚皮，则真味全失矣"。

鲥鱼也有别的吃法。苏东坡有诗云："芽姜紫醋炙银鱼，雪碗擎来二尺余。尚有桃花春气在，此中风味胜莼鲈。"这是炙鲥鱼。清人《调鼎集》中另记有多种做法。比如"煮鲥鱼"："洗净，腹内入脂油丁二两，姜数片，河水煮，水不可宽，将熟加滚肉油汤一碗，烂少顷，蘸酱油。""红煎鲥鱼"："切大块，麻油、酒、酱拌，少顷，下脂油煎深黄色，酱油、葱、姜汁烹（采石江亦产鲥鱼，姑熟风俗配苋菜焖，亦有别味）。""淡煎鲥鱼"："切段，用飞盐少许，脂油煎。将熟，入酒酿烧干。""鲥鱼圆"："脍绿鸡圆（凡攒团，宜加肉膘及酒膏，易发而松），鲥鱼中段去刺，入蛋清、豆粉（加作料），劗圆。又，以鸡脯劗绒，入莴苣叶汁（或绿色）蛋清、豆粉（加作料），圆成配笋片、鸡汤脍。""鲥鱼豆腐"："鲜鲥鱼熬出汁拌豆腐，酱蒸熟为付，加作料脍。又，鲥鱼撕碎，烂豆腐。"还有"醉鲥鱼"："剖，用布拭干（勿见水），切块，入白酒糟坛（白酒糟须入腊月做成，每糟十斤，用盐四十斤，拌匀，装坛封固，俟有鲥鱼上市，入坛醉之）酒、盐盖面，泥封。临用时蒸之。""糟鲥鱼"："切大块，每鱼一斤，用盐三两，腌过用大石压干，又用白酒洗净，入老酒浸四五日（始终勿见水），再用陈糟拌匀入坛，面上加麻油二杯，烧酒一杯泥封，阅三月可用。"

春末，鲥鱼初到，名叫"头膘"。郑板桥《题竹石图》写道，"江南鲜笋趁鲥鱼，烂煮春风三月初"，这里指的是春鲥。春鲥为数极少，捕获极难，故老饕们视为珍食。"头膘"之后，称作"樱桃"。清曹寅《鲥鱼》诗曰："三月齑盐无次第，五湖虾菜例雷同。寻常家食随时节，多半含桃注颊红。""含桃注颊红"，指的就是樱桃鲥鱼。入夏后，鲥鱼已不算珍食。江南镇江、扬州一带，民俗五月端午亲友往来，好赠鲥鱼。《仪征岁时记》曰："初五日端午节，楣上贴神符，中堂悬判官，瓶插蜀葵、石榴、菖蒲，小儿背老虎头，戴老虎兜，手腕系五彩绳。人家以腌腊包糯米于芦箬，谓之火骽粽，与鲥鱼、枇杷相馈遗。"

五代毛胜《水族加恩簿》中称"铠材①本美，妙位无高"②，封为"珍曹必用郎中时充"。

明彭大翼《山堂肆考》曰："鲥鱼一名箭鱼，腹下细骨如箭镞。其味美在皮鳞之交，故食不去鳞。"江南扬州一带有一则民间故事，说公婆以烹鲥鱼来考新媳妇之烹饪才能。新媳妇烹前，将鱼去鳞，公婆因此而贬之。新媳妇灵机一动，将鱼鳞用丝线穿起，烹时挂于锅中鱼上，使鳞中鱼脂蒸热后滴入鱼内。俟熟后拿去鳞片，烹完后鱼既无鳞，又同样肥腴鲜美。

鲥鱼鳞不仅鲜美，亦可制成装饰品。李时珍《本草纲目》："其鳞与他鱼不同，石灰水浸过，晒干，层层起之，以作女人花钿，

---

①烹饪材料。
②妙位：美名。

甚良。"

清人谢墉曾有诗，把鲥鱼比作国色佳人西施。诗曰："网得西施国色真，诗云南国有佳人。朝潮拍岸鳞浮玉，夜月寒光尾掉银。长悔黄梅催盛夏，难寻白雪继阳春。维其时矣文无赘，皆酒端宜式燕宾。"

鲥鱼也知自身美在于鳞，故甚惜之。其性浮游，渔人以丝网沉水数寸取之，一丝挂鳞，即不复动。明袁达《禽虫述》："鲥鱼罥网而不动，护其鳞也。"据说，鲥鱼被捕后不再挣扎，为保护自己美丽的鳞片不致掉落。一旦鳞片被钩破，便以为美已被破坏，不再动，三刻必死，死后极易馁败，且馁败后味极恶。故渔人天黑下网，俟天明时起网，网中鲥鱼往往已死多时，想吃到真正新鲜的鲥鱼极难也。

鲫　鱼

　　鲫鱼，《说文》作"鰿"，秦汉以前多称为"鲋"。西汉东方朔《神异经》中，则早称为"鲫"："南方湖中多鲫鱼，长数尺，食之宜暑而避风寒。"《吕氏春秋·本味篇》中，有"鱼之美者：洞庭之鱄，东海之鮞"之称，后人汇校，认为鱄鲋音义并通，鱄即鲋，《太平御览》因此改做"洞庭之鲋"，也就是鲫。古有"洞庭鲜鲋，温湖美鲫"之称。南朝宋盛弘之《荆州记》："荆州有美鲋，逾于洞庭温湖。"东汉崔骃《七依》："洞庭之鲋，灌水之鳢，滋以阳朴之姜，蕲以寿水之华。"

　　北宋陆佃的《埤雅·释鱼》考曰："鲫鱼旅行，以相即也，故谓之鲫；以相附也，故谓之鲋。"即、附，相随相靠的意思。鲫鱼旅行，必两条以上相随而行，所以《仪礼·士昏礼》记，古时男女完婚，婚礼后要吃鲋鱼，以取夫妇相附和的吉兆。

　　据说，鲫鱼乃稷米所化，所以腹中尚有米色。古书中有把鲫鱼形容为美女的。明蒋一葵《尧山堂外纪》中记有南朝大诗人谢灵运的一则趣事："谢灵运守永嘉，游石门洞，入沐鹤溪，泊舟溪旁，见二女浣纱，颜貌娟秀，非尘俗态，以诗嘲之曰：'我是谢康乐，一箭射双鹤。试问浣纱娘，箭从何处落。'二女邈然不顾。又嘲之曰：'浣纱谁氏女，香汗湿新雨。对人默无言，何事甘良苦。'二女微吟曰："我是潭中鲫，暂出溪头食。食罢自还潭，云踪何处觅。'吟罢不见。"

鲫鱼味美，两千多年前在我国已成美食。当时楚国有佳肴脧肉煎鱖，脧肉是雀肉做的羹，煎鱖就是煎鲫鱼。不过当初的洞庭之美鲋与今之鲫鱼似有不同。刘劭《七华》曰："洞庭之鲋，出于江岷，红腴青颅，朱尾碧鳞。"

鲫鱼早时的食法就是做脍，做羹。杜甫有诗曰："鲜鲫银丝鲙，香芹碧涧羹。"唐以前，鲤鱼一直是鱼脍的重要材料。唐以后，皇帝与士官多用鲫鱼做脍。史书记唐玄宗"酷嗜鲫鱼脍"，派人专取洞庭湖大鲫鱼，放养于长安景龙池中，"以鲫为鲙，日以游宴"。唐人《提要录》记："法鲫，鱼脍须得鲫之大者，腹间微开小窍，以椒涂马芹实其中，每一斤用盐二两、油半两，擦窖三日，外以法酒渍之入瓶，石灰棉盖封之一月，红色可脍。"

北魏王肃喜食鲫鱼羹。唐昝殷《食医心镜》记其羹法："半斤重鲫鱼一尾，切碎，用沸豉汁投之，入胡椒、莳萝、干姜、橘皮等末。"

《齐民要术》中记载了"脃鱼法"和"蜜纯煎鱼法"。脃鱼法："用鲫鱼，浑用（整鱼），软体鱼不用。鳞治，刀细切葱，与豉葱俱下。葱长四寸。将熟，细切姜、胡芹、小蒜与之。汁色欲黑（汤要成黑色）。无酢者，不用椒（不放醋就不用下花椒）。若大鱼，方寸准得用（若是大鱼，切成一寸见方使用）。"蜜纯煎鱼法："用鲫鱼，治腹中，不鳞（去内脏，不用去鳞）。苦酒、蜜，中半，和盐渍鱼，一炊久漉出（醋与蜜各一半，和盐浸鱼，一顿饭的工夫捞出）。膏油熬之，令赤，浑奠焉（用油煎成红色，整条上席）。"

苏东坡一生喜食鲫鱼，曾自创"煮鱼法"："以鲜鲫鱼或鲤治斫，冷水下入盐如常法，以菘菜心芼之，仍入浑葱白数茎，不得搅。半熟，入生姜、萝卜汁及酒各少许，三物相等，调匀乃下。临熟，入橘皮线，乃食之。"

袁枚也喜鲫鱼。《随园食单》记："鲫鱼先要善买，择其扁身而带白色者，其肉嫩而松；熟后一提，肉即卸骨而下。黑脊浑身者，崛强槎丫，鱼中之喇子也，断不可食。照边鱼蒸法，最佳，其次煎吃亦妙。拆肉下可以作羹。通州人能煨之，骨尾俱酥，号'酥鱼'，利小儿食，然总不如蒸食之得真味也。六合龙池出者，愈大愈嫩，亦奇。蒸时，用酒不用水，稍稍用糖以起其鲜。以鱼之小大，酌量秋油、酒之多寡。"

在鲫鱼的各种做法中，"罗汉鲫鱼"与"汆汤鲫鱼"很有名，还各有一段传说。"罗汉鲫鱼"传说是李渊反隋时，乡间一位姓罗的老人为他所做。李渊当皇帝后，不忘罗家救命之恩与那顿美味佳肴，利用一次打猎机会重返罗家，点名重温佳味后，命名为"罗汉鲫鱼"。做法是：以猪肉、口蘑丁加酱油、绍酒、鸡蛋、淀粉、白糖拌匀成馅，塞入鱼肚内，然后煎鱼，煎至两面金黄，入葱姜、口蘑、笋片，小火慢煨一小时，再用旺火收汁。"汆汤鲫鱼"传为唐朝尉迟敬德所创。尉迟敬德晚年封鄂国公后，在竟陵西湖筑乾明寺，好食湖产鲫鱼，创制此菜，曾以贡品进奉唐王。做法是：鲫鱼去鳞去脏后，鱼身剞十字花纹，下锅两面略煎后熬汤，下冬笋、冬菇、冬瓜、金钩、豌豆苗，保持汤色洁白，酽如奶浆。

鲫鱼好吃，只是刺多。于是清人有干煨鲫鱼、酥鲫鱼、荷包鲫鱼等吃法。干煨鲫鱼制法：用酱油、香油将鱼抹透，用荷叶包好，裹湿黄泥置热炭内，围砻糠火煨透，肉骨皆为松脆。酥鲫鱼制法：先平铺大葱于锅底，葱上铺鱼，鱼上铺葱，一层葱一层鱼。然后入香油、醋、酱油，淹鱼一指深。以高粱秸烧，一般将汤烧尽即可。讲究者则烧数滚后撤火，点灯一盏燃着锅脐烧一夜，次日再用。荷包鲫鱼制法：鱼腹中填以猪肉、笋丁，以竹签别住开口处，下油锅炸酥后再浇汁淋上葱油。这三种做法，都可连骨食用。

也有吃得讲究的，比如倪云林，他自创的一道菜名叫"鲫鱼肚儿羹"。做法是：挑鲫鱼小者，破肚去肠，切腹腴两片子，使之相连如蝴蝶状，以葱、椒、盐、酒渑之。然后把渑过的腹片入笊篱，鱼头、鱼背熬汁后，捞出肉不用，以汁焯腹片，候温，取出鱼刺，再以花椒、胡椒调和。然后再入汁为羹，入菜或笋同供。《调鼎集》中有一道菜，名叫"鲫鱼脑"，做法是：取鱼头煮半熟，去腮，切脑上一块连骨、笋片、火腿片、木耳鲜汤胵。清李斗《扬州画舫录》中所记的满汉全席四十五道主菜中，有一道菜叫"鲫鱼舌汇熊掌"。"汇"疑是"煨"。熊掌先入铫煨一日，然后再入鱼唇。

鲫鱼喜偎泥，不食杂物。诸鱼属火，独鲫属土，故能养胃。《本草纲目》：（鲫鱼）"合五味煮食，主虚羸，温中下气，上下痢肠痔。合莼作羹，主胃弱不下食，调中益五脏"。而民间讲究将鲫鱼汤用于妇人发奶。奶水不足者，取活鲫鱼数条，不用葱姜盐，入汤煨烂至牛乳状。据说妇人食此汤可发奶，男子食之可鼓荡性欲。

冬天鲫鱼肉厚多子，食之最佳。小雪前，可剖肥鲫，用清酒洗净，腹内填红谷、花椒、茴香、干姜诸末及盐，装瓮泥封。俟元宵节后开坛，将鱼翻转，再用白酒灌满，仍封固。待春后开瓮，香气扑鼻。

《清稗类钞》中，有"无目鲫"条记载："高宗第六次南巡，于杭州凤凰山宋故宫址葺治行宫，掘地为池。下锸数尺，适得旧池栏杆，皆白石所琢成者，雕镂精绝，盖德寿宫旧基也。池底泥土中，获鲫鱼十余头，长可尺余，而无目，大抵埋于地下，年久之故。工人烹之，食数尾，顷刻皆暴死，乃惧，举余者弃之江，浮至中流，风浪陡作，有大鱼数十附翼而去，人皆异之。后此池又没为平地矣。"

张鼎《食疗本草》记载："鲫和蒜食，少热；同砂糖食，生疳虫；同芥菜食，成肿疾；同猪肝、鸡肉、雉肉、鹿肉、猴肉食，生痈疽。"

《尔雅》中有鱼名"鳜鲋"，郭璞注："小鱼也，似鲋子而小，俗呼为鱼婢，江东呼为妾鱼。"南宋罗愿《尔雅翼》："鳜鲋……今人谓之旁皮鲫，又谓之婢妾鱼，盖其行以三为率，一头在前，两头从之，若媵妾之状，故以为名。"崔豹《古今注》又称作"青衣鱼"。有人将此鱼与鲫鱼混作一谈。据李时珍考曰：此鱼名鳜，与鲫颇同而味不同。宽大者为鲫，狭小者是鳜。鳜鱼小且薄，黑而扬赤。袁枚所说的那种黑脊"喇子"其实是这种鳜鱼，俗名鳑鲏鱼，绝非鲫鱼。

河 豚

　　河豚，又叫“赤鲑”“鲋鲋鱼”“鳊鲺鱼”“鳊鲐”“吹肚鱼”“气泡鱼”“胡夷鱼”。

　　《山海经·北山经》中，称河豚为“赤鲑”“鲋鲋之鱼”：敦薨之山“其上多棕、楠，其下多茈草。敦薨之水出焉，而西流注于泑泽。出于昆仑之东北隅，实惟河原。其中多赤鲑，其兽多兕、旄牛，其鸟多鹮鸠”。“又北二百里，曰少咸之山。无草木，多青碧。有兽焉，其状如牛而赤身，人面马足，名曰窳窫。其音如婴儿，是食人。敦水出焉，东流注于雁门之水，其中多鲋鲋之鱼，食之杀人。”敦薨山，即今新疆之天山。

　　唐段成式《西阳杂俎》：“鳊鲺鱼，肝与子俱毒。食此鱼，必食艾，艾能已其毒。”鳊鲺，亦作“鳊鲐”“鹕鲺”，又名“鲵鱼”，即河豚。

　　河豚，体圆呈筒形，牙床愈合成牙板，有背鳍一个，无腹鳍。河豚，今出长江中。明嘉靖《江阴县志》：“河豚鱼，一名鲑，立春出于江中，盛于二月。无颊无鳞，口目能开及作声，凡腹、子、目、精、脊血有毒。”《石林诗话》：“今浙人食河豚于上元前，常州、江阴最先得。方出时，一尾至直千钱，然不多得，非富人大家预以金啖渔人未易致。二月后，日益多，一尾才百钱耳。柳絮时，人已不食。"清明前，河豚皮外毛刺较软，清明后毛刺变硬，因此以清明之前者佳。

元陶宗仪《南村辍耕录》："水之咸淡相交处产河豚。河豚，鱼类也，无鳞颊，常怒气满腹，形殊弗雅，然味极佳。煮治不精，则能杀人。……腹中之腴，曰西施乳。"《宁波府志》："河豚触物辄嗔，腹胀如鞠，浮于水上，一名嗔鱼。"《梦溪笔谈》："吹肚鱼南人通言之，以其腹涨如吹也。南人捕河豚法，截流为栅，待群鱼大下之时，小拔去栅，使随流而下，至自相排蹙，或触栅则怒，而腹鼓浮于水上，渔人乃接取之。"这种捕捉方法很有趣，待河豚互相拥挤，触到栅栏就怒，怒就鼓腹浮于水上，渔人只要用网去捞。古人说，人吃河豚中毒后，最初亦会腹中胀痛，从胀痛到绞痛，最终活活胀死。

河豚有剧毒，老饕们为什么还要争相品尝？就因为其鲜美远在一般鱼之上。古今关于河豚的诗句，最著名者是苏东坡的"竹外桃花三两枝，春江水暖鸭先知。蒌蒿满地芦芽短，正是河豚欲上时"。历代文人多有赞颂河豚的名句，如"如刀江鲚白盈尺，不独河豚天下稀""河豚羹玉乳，江鲚脍银丝""柳岸烟汀钓艇疏，河豚风暖燕来初""河豚雪后网来迟，菜甲河豚正及时。才喜一尊开北海，忽看双乳出西施"。梅尧臣是反对吃河豚的，见其《范饶州坐中客语食河豚鱼》诗："春洲生荻芽，春岸飞杨花。河豚当是时，贵不数鱼虾。其状已可怪，其毒亦莫加。忿腹若封豕，怒目犹吴蛙。炮煎苟失所，入喉为镆铘[1]。若此丧躯体，何须资齿牙。持问南方人，党护复矜夸。

---

① 镆铘：锋利的宝剑。

皆言美无度，谁谓死如麻。吾语不能屈，自思空咄嗟。"

李时珍释河豚名曰："豚，言其味美也。鲢鮧鲑鲮，状其形丑也。鰗，谓其体圆也。吹肚、气包，象其嗔胀也。""今吴越最多，状如蝌蚪，大者尺余，背色青白，有黄缕文，无鳞无鳃无胆，腹下白而不光，率以三头相从为一部，彼人春月甚珍贵之。尤重其腹腴，呼为'西施乳'。宋严有翼《艺苑雌黄》云：'河豚，水族之奇味，世传其杀人。余守丹阳宣城，见土人户户食之，但用菘菜、蒌蒿、荻芽三物煮之，亦未见死者。南人言鱼之无鳞无鳃无胆有声，目能眲者皆有毒。河豚备此数者，故人畏之。然有二种，其色炎黑有文点者名斑鱼，毒最甚。或云三日后则为斑鱼，不可食也。'又案南朝宋雷敩《雷公炮炙论》云：'鲑鱼插树，立使干枯。狗胆涂之，复当荣盛。'陶览云，河豚鱼虽小，而獭及大鱼不敢唼之，则不惟毒人，又能毒物也。东汉王充《论衡》云：'万物含太阳火气而生者，皆有毒，在鱼则鲑与鮧鲡。故鲑肝死人，鮧鲡杀人。'"

唐代中医药家陈藏器说，河豚"海中者大毒，江中者次之，煮之不可近锅，当以物悬之"。清朱彝尊有《河豚歌》，详细记有河豚的处理方法："抉精刮膜滤出血，如鳖去丑鱼乙丁。磨刀霍霍切作片，井华水沃双铜瓶。姜芽调辛橄榄榨，荻笋抽白蒌蒿青。日长风和灶觚净，纤尘不到晴窗棂。重罗之面生酱和，凝视滓汁仍清泠。吾生年命匪在卯，奚为舌缩箸蠲停。西施乳滑恣教啗，索郎酒酽未愿醒。入唇美味纵快意，累客坐久心方宁。起看墙东杏花放，横参七点昏中星。"

古人吃河豚，须先制酱，前一年取上好的黄豆数斗，要逐粒细拣，不能有一颗坏豆。黄豆必须纯黄，不许杂色。把黄豆煮烂后，用淮麦面拌做酱黄，第二年就成为河豚酱。要是豆色不纯，酱烧河豚食后必死。杀河豚前，先要准备很洁净的江水数缸，漂洗和入锅，都要用江水。剖河豚，要先割眼，再去腹中鱼子、内脏，自脊背下刀剁开，洗净血迹，肥厚之处血丝，要用银簪细挑干净。然后剥皮，将皮入沸水一滚捞起，用镊子夹去芒刺。鱼切成方块，用猪油爆炒后下河豚酱入锅烹煮。烹河豚前，房屋一定要打扫得窗明几净，揭锅盖时还须张伞，以防热气上冲，万一有烟尘落入锅中，据说食之亦必死。烹河豚，必须烧透。

这里多少有一些夸张成分。今人烹河豚，要求一是选新鲜者，即色泽鲜艳、眼凸出、无异味、皮外无黏液者。腐败不新鲜者不可食。二是剖杀前先点清公母条数，剖肚后小心取出内脏，绝不可扯皮。然后剥皮，剔去鱼鳃，切开脑骨，洗净血筋，挂在竹竿上沥净血水，要将眼、肝、籽、肠杂等点数后深埋。剖洗工具要严格消毒。三是烹饪是铺油烧，以酒代水，即不添加水，先入鱼白，再入皮，再下肉，依次下锅，加热时间至少四十分钟，用大火和中火，不用小火。

河豚必须烹熟才能去其毒，然唐末五代杜光庭《录异记》中却记有生吃河豚者。说昔饶州有吴生者，家盛丰足，夫妻和睦，一天吴生喝醉了酒，回家躺在床上，妻为他解衣解履，他在醉中一脚踢中妻的胸部，妻因此毙命。妻族将这位吴生告官，狱讼经年，皆以为实。吴生的亲族怕敕命一到，就要正以典刑，于是让吴生吃河豚鱼脍，希望他自毙。谁知连吃四次都没死，后来吴生免罪出狱，回家之后，一直活到八十岁，才寿终正寝。

河豚的味道之美，其一美在西施乳，即雄鱼之白，据说鲜嫩胜于乳酪；其二美在鱼皮，其软糯超过鳖裙。鱼皮要反过来卷着吃，因为正面有细刺戳口；其三才是鱼肉。

元贾铭《饮食须知》："河豚，味甘，性温，有毒。海中者，有大毒。多食，发风助湿动痰。有痼疾疮疡者，不可食。与荆芥、菊花、桔梗、甘草、附子、乌头相反。修治失法，误入烟煤或沾灰尘，食之并能杀人……其血有毒，脂令舌麻，子令发胀，眼令目花。其肝及子有大毒，入口烂舌，入腹烂肠，无药可解。中其毒者，以橄榄、芦根汁、粪清、甘蔗汁解之，少效。或用鸭血灌下，可解。服药人不可食之。赤目者、极肥大者、腰腹有红筋者，误食杀人，诸药不能解。厚生者宜远之，勿食。又一种斑子鱼，形似小河豚，其性味有毒，与河豚相同。河豚鱼，饱后不可再食，食此不可尽饱，宜防发胀耳。"

元陶宗仪《南村辍耕录》："凡食河豚者，一日内不可服汤药，恐内有荆芥，盖与此物大相反[①]。亦恶乌头、附子之属。余在江阴时，亲见一儒者因此丧命。其子尤不可食，能使人胀死。尝以水浸试之，经宿，颗大如芡实。世传中其毒者，亟饮秽物乃解，否则必亡。又闻不必用此，以龙脑浸水，或至宝丹，或橄榄，皆可解。后得一方，用槐花微炒过，与干燕支各等分，同捣粉，水调灌，大妙。"

---

① 李时珍《本草纲目》载：河豚与荆芥、菊花、桔梗、甘草、附子、乌头相反。

鱼　丸

　　氽鱼丸之制作，一说始于先秦。传说秦始皇酷爱食鱼，又常常因为鱼刺哽喉而恼怒，一恼怒就要宰杀烧鱼的御厨。有一位姓任的御厨眼见那些烧鱼的御厨一个个都成了冤命之鬼，担心杀身之祸将降临自己头上，呆呆地木立在案旁，无意识地用刀背狠击案上之鱼。在传膳声中，鱼块已成鱼茸，鱼刺却奇迹般地被剔除了。这时，鼎中的豹胎汤已经沸腾，这位幸运的御厨手忙脚乱地把烂烂的鱼茸一团团挤入汤内，成了鱼丸。一个个鱼丸飘浮在汤面上，鲜美异常。秦始皇品尝后，喜形于色，冠之以"皇统无疆凤珠氽"。

　　而另一说法是，鱼丸创于春秋战国楚文王时。按此说，是楚文王一次因为鱼刺哽喉，当即就怒杀了司宴官。从此，凡吃鱼都要求厨师斩去鱼头，剥皮剔刺。剔刺的方法是，把活鱼劈做两半，钉其头部于案上，用刀斜刃顺纹刮其肉。刮的时候，鱼尾会微微动。刮尽其肉，留骨刺于案上。再将刮下的肉细斩化，用豆粉、猪油拌和，用手搅之。放一点盐水，不用清酱，再加葱和姜汁而成丸。鱼丸成后，要先入滚水，俟八成熟，稍见变色即撩起，进冷水养成，待临吃时再氽。

　　氽以沸汤为传熟介质，几滚即成，一般都以汤品为氽。氽分清氽混氽。清氽清澈见底，混氽汤则呈乳白色。氽的技巧全在于掌握水温。《吕氏春秋·本味篇》："凡味之本，水最为始。五味三材，九沸九变，火为之纪。时疾时徐，灭腥去臊除膻，必以其胜，无失其理。"这段话的意思是说，大凡味之根本，水是第一位的。依靠五味和三材而烹饪，鼎中每一次沸腾都有变化。消腥味，去臊味和膻味，都需要掌握火候。只要顺应了火的规律，就可以转臭为香。

古人制鱼丸，宋代有"荷花鱼圆"，以清汤银耳氽鱼丸，汤清如水，中间飘几星清新的莲叶，极有情调；元代有"鱼弹儿"，用羊尾与鱼泥调和，丸如弹，用小油炸；明人做鱼丸，将冬笋、去皮荸荠、松子仁劗细同入丸内，并辅以姜末、陈皮、胡椒等调料，衬金钩片做汤；清人食谱中，讲究者有以鲫鱼做丸，再配以用鸡脯加膘及酒膏、入莴苣叶汁做成，用鸡汤烩，清淡的鸡汤中，一绿一白，交相辉映。

世人担心氽鱼丸过于单调，便想出种种花样来加以点缀。近人创有"橘瓣鱼氽"，将鱼茸挤成橘瓣形状，先在冷水锅内用小火氽煮，待橘瓣洁白，成形之后再入鸡汤，配以香菇、笋片。又有人创出"橙香鱼氽"；以大橙子十二只，开盖挖去肉瓤。将鱼丸挤成橙瓣形，放入剜去肉瓤的橙子，每只橙子内放五瓣，配以冬菇、冬笋、青菜心。将鸡汤倒入橙子，盖好盖，装盆，上笼屉蒸熟。如此虽完成了艺术造型，但也失却了鱼丸的本然真味。

鱼丸本应以清淡为本色，应留其洁净清鲜为好。做氽鱼丸，最好是鳜鱼和乌鳢。因为这两种鱼都吃鱼为生，肉质鲜嫩。次者为鲩鱼、鲢鱼。鲜鱼取其既鲜活又嫩者做丸，鲜味其实已足够，不需再配高汤。如袁枚在《随园食单》中所说，配以鸡汤紫菜，往往以鸡汤夺其本味。所以，以清汤沸滚下鱼丸，撒以葱花，多则配以嫩绿菜心，使晶莹乳白之中有几片绿叶相衬，就此足矣。

吃鱼丸最著名者，乃徐州"彭城鱼丸"。"酒家悦来誉九州，古彭烹盛选鳌头。鲤鱼脱骨化银珠，多味龙骨腹中囿。大海漂浮王子衣，鸾刀纷纶糖醋熘。虽化肴羹瑶台献，千载毛遂遗风流。"这是纂修《大清一统志》的状元李蟠在徐州吃过彭城鱼丸后所作的一首七律。徐州悦来酒家的绝活，是一鱼四做。以鲤鱼为原料，一尾鱼分别制成"银珠鱼""醋熘酥鱼丁""多味鱼骨"三道菜和一碗"鱼衣羹"。李蟠这首诗里的"一鱼四做"分别是："鲤鱼脱骨化银珠"指"银珠鱼"，"鸾刀纷纶糖醋熘"指"醋熘酥鱼丁"，"多味龙骨腹中囿"指"多味鱼骨"，而"大海漂浮王子衣"，指"鱼衣羹"。

1917年，康有为应张勋之邀，秘密离京南下徐州。张勋的亲戚、徐州杨渐记南货栈经理杨鸿斌，在"西园菜馆"为康有为接风。康有为吃到"银珠鱼"后赞叹不绝，于是赋诗一首："元明庖膳无宗法，今人学古有清风。彭城李翟祖笺铿，异军突起吐彩虹。"另书对联一副："彭城鱼丸闻遐迩，声誉久驰越南北。"徐州因彭祖而名彭城，因此康有为誉为"彭城鱼丸"。

做彭城鱼丸，要以鸡蛋清与肉汤和鱼泥，调馅时不可入淀粉。鱼丸汆好后，淋以香油，出锅入鱼盘，以清蒸处理过的鱼头、鱼尾相配，在盘中仍保持鱼形，上席之鱼丸如银珠极富质感，中间点缀以葱姜、香菜，鲜嫩爽口，确实令人回味无穷。

食　蟹

蟹，古人称作"蛫"。《广雅》："蟹，蛫也，其雄曰鲲鳈，其雌曰博带。"南宋罗愿《尔雅翼》："蟹，八跪而二敖。八足折而容俯，故谓之跪；两敖倨而容仰，故谓之敖。"明牛衷《埤雅广要》："蟹，八跪而二螯，水虫。壳坚而脆，团脐者牝，尖者牡也……外骨内肉旁行，故今里语谓之旁蟹。"

唐陆龟蒙《蟹志》："蟹，水族之微者……考于《易·象》为介类，与龟鳖刚其外者，皆乾之属也。"乾之属，具体又为离象。宋傅肱《蟹谱》："易之离，象曰为鳖为蟹为蠃为蚌为龟。孔颖达云，取其刚在外也。""易离为蟹者，言卦体外刚内柔而性又火躁，故为蟹也。"《荀子·劝学篇》："蟹六跪①而二螯，非蛇蟺之穴无所寄托者，用心躁也。"离卦，离是附着的意思，但附着之两物，必然又是分离的，所以又有附、偶、合的意思。离卦，是中间的一个阴爻，附着于两个阳爻的形象。离卦象征火，火的内部空虚，火又必定附着于燃烧的物体上，所以相当于中间阴虚、外方阳实的卦形。明王逵《蠡海集》："虾与蟹坚在外，离象也。熟而色归赤，离中含阴，阴中不

---

①蟹应八足。因蟹行后两小足不着地，因其无用所略不言。

生，故虾蟹之子皆在腹外。"蟹生长如蝉蜕壳，一蜕一长，所以《埤雅广要》认为："蟹解壳，故曰蟹。"

唐段公路《北户录》曰："蟹大小壳上多作十二点深燕支色，亦如鲤之三十六鳞耳。"李时珍《本草纲目》考："按傅肱《蟹谱》云：蟹，水虫也，故字从虫，亦鱼属也，故古文从鱼。以其横行，则曰'螃蟹'①，以其行声，则曰'郭索'②，以其外骨，则曰'介士'③，以其内空，则曰'无肠'④。""蟹，横行甲虫也。外刚内柔。于卦象离。骨眼蜩腹，蚟脑鲨足，二螯八跪，利钳尖爪，壳脆而坚，有十二星点。雄者脐长，雌者脐团。腹中之黄，应月盈亏⑤。其性多躁，引声喷沫，至死乃已。生于流水者，色黄而腥；生于止水者，色绀而馨。佛书言：其散子后即自枯死。霜前食物故有毒，霜后将蛰故味美。"

蟹之美味，早被古人发现，周代的人们就学会了制作蟹酱。《周礼·天官·庖人》："庖人掌共六畜、六兽、六禽，辨其名物。凡其死生鲜薧之物以共王之膳，与其荐羞之物及后、世子之膳羞。"这段话意思是：庖人主管天子膳食所需的肉味，所谓六畜是指马、牛、羊、豕、犬、鸡，六兽是指麋、鹿、熊、麇、野猪、兔，六禽指雁、鹑、鷃、雉、鸠、鸽。要辨别这些家畜、野味，以一切鲜活和杀后干制的食品来供给天子、王后、太子膳食。这段话后，东汉郑玄注："谓四时所为膳食，若荆州之鳝鱼，青州之蟹胥。"《尚书·禹贡》：

①又称"蚗步"。《埤雅广要》：蟹横行，故谓之"蚗步"。
②扬雄《方言》称蟹为"郭索"。
③蟹因其两螯而为"兵证"。《蟹谱》：蟹为兵证，称为"横行介士"。
④《抱朴子》：山中辰日，称"无肠公子"者，蟹也。
⑤《罗氏杂说》："蟹腹中之虚实，视月之盈虚，月黑则肥，月明则寒，其性甚寒，故必用姜。"

"海岱惟青州。"青州乃古"九州"之一，海指今渤海，岱指泰山。东汉刘熙《释名》："蟹胥，取蟹藏之，使骨肉解，足胥胥然也。"西晋吕忱《字林》："胥，蟹酱也。按：郑①云作醢及臡，必先膊干其肉，乃后莝之集以粱曲及盐，渍以美酒，涂置瓶中，百日即成。"这种蟹酱，用海蟹制作，非常美味。笔记记载，西晋大富翁石崇冬月得到蟹酱，珍藏之，王恺专门买通了石崇手下的人，偷得蟹酱。

神话志怪小说《汉武洞冥记》中，有汉武帝吃蟹的记录："汉武帝时，善苑国曾贡一蟹，长九尺，有百足四螯，因名百足蟹。煮其壳谓之螯膏，胜于凤喙之膏也。"

隋唐时，糖蟹与糟蟹是美食。北宋陶穀《清异录》记："炀帝幸江都，吴中贡糟蟹、糖蟹。每进御，则上旋洁拭壳面，以金缕龙凤花云贴其上。"这段话是说，隋炀帝每次吃蟹前，先要把蟹壳擦拭干净，然后把金纸剪成的龙凤花密密地贴在上面，真够有情趣的。隋炀帝喜欢吃的糖蟹、糟蟹，《齐民要术》中记有制法："九月内，取母蟹，得则著水中，勿令伤损及死者，一宿，则腹中净（久则吐黄，吐黄则不好）。先煮薄糖，著活蟹于冷糖瓮中，一宿。煮蓼汤，和白盐，特须极咸。待冷，瓮盛半汁，取糖中蟹，内著盐蓼汁中，便死（蓼宜少著，蓼多则烂）。泥封，二十日，出之，举蟹脐，著姜末，还复脐如初。内（纳）著坩瓮中，百个各一器，以前盐蓼汁浇之令没，密封，勿令漏气，便成矣。特忌风里，风则坏而不美也。"这段话意思是：九月得到母蟹，就放在水里，不要让它受伤或死掉。过一夜，肚子里就干净了。如果放得太久，就会"吐黄"，这就不

---

①指郑玄。

好了。先煮一些糖稀，把在水里过了夜的活蟹放到盛糖稀瓮里，又过一夜。再煮蓼汤，加盐，待冷了，把糖稀里浸的蟹移进去，蟹就死了。瓮口用泥封住，过二十天，把蟹取出来，揭开蟹脐，放些姜末进去，再盖上蟹脐盖。再入瓮，一只瓮放一百只蟹，把原来的盐蓼汁浇下去，让汁水淹过蟹，密封，不让漏气，就成了。要特别留心，忌遭风吹，风吹过就容易坏。

吃蟹被称为"持螯"，源出《世说新语·任诞》："毕茂世云，一手持蟹螯，一手持酒杯，拍浮酒池中，便足了一生。"毕茂世就是毕卓，东晋新蔡鲖阳人，太兴末为吏部郎。毕卓嗜酒如命，常因酒废职。《晋书》记："比舍郎酿熟，卓因醉夜至其瓮间盗饮之，为掌酒者所缚，明旦视之，乃毕吏部，遽释其缚。卓遂引主人宴于瓮侧，致醉而去。卓尝谓人曰：得酒满数百斛船，四时甘味置两头，右手持酒杯，左手持蟹螯，拍浮酒船中，便足了一生矣。"

吃蟹的好时候是秋后，所以有"持螯餐菊"之说，俗语"九月团脐十月尖"，也就是说九月母蟹有黄，十月公蟹才有膏。吃蟹开始讲究，是在明代。明代有能工巧匠发明了一整套小巧玲珑的食蟹工具，初创时共有锤、镦、钳、匙、叉、铲、刮、针八件，故称"蟹八件"，后又在此基础上发展为十二件。这些工具，一般都是铜制，讲究者，则是白银的，制作都很精巧。其中刮具形状有点像宝剑，匙具像文房中的水盂，盛蟹肉用的是三足鼎立的爵。这些工具都配以圆形荷叶状的盘，盘底下亦有三足，三足均雕成龙状，三条龙顶起一只荷叶盘。吃蟹的时候，先把蟹放进荷叶盘，用锤具把蟹各个部位敲打一遍，再劈开蟹壳，剪下螯和脚，分别用钳、叉，夹出剔出蟹黄、蟹膏和各部分蟹肉。食时先吃斗再吃箱最后吃脚和螯。每吃一部分时先要舀进爵内，再用匙盛上佐料，一点一点地品尝。

这些食蟹工具大大提高了食蟹的品位。至清代，开始有"全蟹宴"，集蟹类菜肴、面点之精华，可谓"吃蟹大全"。清时"全蟹宴"食单今已不存，不过北京柳泉居秋后仍设有"全蟹宴"，食单如下：

冷荤：彩拼河塘秋蟹。六围碟：蟹黄菜花、姜汁蟹、炝蟹爪、如意蟹爪、炸蟹螯、网中蟹。热炒：柳泉蟹盒、全蟹两吃、菊花蟹肉、金丝海蟹、锅塌蟹贝、百花河蟹、蟹黄菜心、拔丝蟹球。汤：芙蓉群蟹。面点：烤蟹酥、四喜蟹角、葫芦蟹包、蟹甲面，外加红糖姜水。

清代文人雅士善吃者，一为朱彝尊朱竹垞，一为袁枚袁子才，一为李渔李笠翁。朱竹垞《食宪鸿秘》记："制蟹要诀有三：其一雌不犯雄、雄不犯雌，则久不沙[1]。其一酒不犯酱、酱不犯酒，则久不沙。其一必须全活，螯足无伤。忌嫩蟹。忌火照。或云：制时逐个火照过则不沙。"朱竹垞记倪云林煮蟹法为："用姜、紫苏、橘皮、盐同煮。才大沸便翻，再一大沸便啖。凡旋煮旋啖则热而妙。啖已再煮，捣橙齑、醋供。"[2]又记酱蟹方："大坛内闷酱味厚而甜，取活蟹，每个用麻丝缠定，以手捞酱搪蟹如泥团，装入坛，封固。两月开，脐壳易脱，可供。如剥之难开，则未也，再候之。此法酱厚而凝密，且一蟹自为一蟹，又自吸甜酱精华，风味超妙殊绝。"袁子才《随园食单》说："蟹宜独食，不宜搭配他物，最好以淡盐汤煮熟，自剥自食为妙。蒸者味虽全，而失之太淡。""剥蟹为羹，即用原汤煨之，不加鸡汁，独用为妙。见俗厨从中加鸭舌，或鱼翅，或海参者，徒夺其味而惹其腥，恶劣极矣。"李笠翁在《闲情偶寄》中，专有一节论

---

[1] 沙：㿔的意思。
[2] 捣橘皮为末，和醋蘸食。

蟹。他说："予于饮食之美，无一物不能言之，且无一物不穷其想象，竭其幽眇而言之。独于蟹螯一物，心能嗜之，口能甘之，无论终身，一日皆不能忘之。"李笠翁嗜蟹如命，他说每年蟹还没下来，就存好了钱，家里人因他把食蟹看得像性命一样重要，称此钱为"买命钱"。从蟹上市一直到下市，他每天都要食此美味，因此把九月、十月称作"蟹秋"。他说："蟹之为物至美，而其味坏于食之之人。以之为羹者，鲜则鲜矣，而蟹之美质何在？以之为脍者，腻则腻矣，而蟹之真味不存。更可厌者，断为两截，和以油盐、豆粉而煎之，使蟹之色、蟹之香与蟹之真味全失。此皆似嫉蟹之多味，忌蟹之美观而多方蹂躏，使之泄气而变形者也。世间好物，利在孤行。蟹之鲜而肥，甘而腻，白似玉而黄似金，已造色、香、味三者之至极，更无一物可以上之。和以他味者，犹之以爝火助日，掏水益河，冀其有裨也，不亦难乎！[1]凡食蟹者，只合全其故体，蒸而熟之，贮以冰盘，列之几上，听客自取自食。剖一匡[2]食一匡，断一螯食一螯，则气与味丝毫不漏。出于蟹之躯壳者，即入于人之口腹，饮食之三昧再有深入于此者哉？凡沾他具，皆可人任其劳，我享其逸，独蟹与瓜子、菱角三种，必须自任其劳，旋剥旋食则有味。人剥而我食之，不特味同嚼蜡，且似不成其为蟹与瓜子、菱角而别是一物者。此与好香必须自焚，好茶必须自斟，童仆虽多，不能任其力者，同出一理。讲饮食清供之道者，皆不可不知也。"

蟹菜古肴，倪赞《云林堂饮食制度集》记"蟹鳖"方："以熟蟹

---

[1]此句意为：好比通过小火把来增加太阳之光亮，通过捧水来增添河水之浩瀚，希望达到这种效果，岂不很困难吗？

[2]匡：即蟹斗。

剔肉，用花椒少许拌匀，先以粉皮铺笼底干荷叶上，却铺蟹肉粉皮上。次以鸡子或凫弹（鸭蛋）入盐少许搅匀浇之，以蟹膏铺上。蒸鸡子干为度，取起，待冷，去粉皮，切象眼块。以蟹壳熬汁，用姜浓捣，入花椒末，微著真粉牵和，入前汁或菠菜铺底，供之。"明代食疗家韩奕著《易牙遗意》中记"蟹生方"："用生蟹剁碎，以麻油并草果、茴香、砂仁、花椒、水姜、胡椒俱为末，再加葱、盐、醋共十味，入蟹内拌匀，即时可食。"南宋林洪《山家清供》记"蟹酿橙"方："橙大者截顶，去瓤，留少液，以蟹膏肉（蟹黄、蟹油、蟹肉）纳其内，仍以带枝顶覆之，入小甑，用酒、醋、水蒸熟。加苦酒，入盐供，既香而鲜，使人有新酒、菊花、香橙、螃蟹之兴。"《居家必用事类全集》庚集记"蟹黄兜子"方："熟蟹大者三十只，斫开，取净肉。生猪肉斤半，细切。香油炒碎鸭卵五个。用细料末一两，川椒、胡椒共半两，擂姜、橘丝少许，香油炒碎葱十五茎，面酱二两，盐一两。面牵同，打拌匀，尝味咸淡，再添盐。每粉皮一个，切作四片，每盏先铺一片，放馅，折掩盖定，笼内蒸熟供。"《随园食单》卷三记有"剥壳蒸蟹"方，即今之"雪花蟹斗"："将蟹剥壳，取肉、取黄，仍置壳中，放五六只在生鸡蛋上蒸之。上桌时完然一蟹，惟去爪脚，比炒蟹粉觉有新色。"

吃蟹，江蟹胜于海蟹，湖蟹又胜于江蟹。清人李斗在《扬州画舫录》中记："蟹自湖至者为湖蟹，自淮至者为淮蟹。淮蟹大而味淡，湖蟹小而味厚，故品蟹者以湖蟹为胜。"湖蟹有多种，味佳者多在苏州，如太湖之"太湖蟹"，阳澄湖之"大闸蟹"，吴江汾湖之"紫须蟹"，昆山蔚洲之"蔚迟蟹"，常熟潭荡之"金爪蟹"。而汾湖蟹之紫脐最为有名，与松江四鳃鲈并列江南美品。

蟹有附明奔火之性。宋傅肱《蟹谱》："今之采捕者，夜则燃火以照，咸附明而至。"蟹怕雾。北宋《物类相感志》："落蟹怕雾。"《玄池说林》中有这样一则故事："金陵极多蟹。古传有巨蟹，背圆五尺，足长倍之，深夜每出啮人。其地有贞女，三十不嫁，夜遇盗逃出，遇巨蟹横道，忽化作美男子诱之。贞女怒曰：'汝何等精怪，乃敢辱我？我死当化毒雾以杀汝。'遂自触石而死。明日大雾中，人见巨蟹死于道上，于是行人无复虑矣。至今，大雾中蟹多僵者。"

蟹性碱寒，唐陈藏器《本草拾遗》谓蟹能续断了的筋骨："去壳同黄捣烂微炒纳入疮中，筋即连也。"孟诜《食疗本草》云："蟹主散诸热。又堪治胃气，理经脉，消食。又，盐淹之作蝑，有气味。和酢食之，利肢节，去五藏中烦闷气。"

南朝陶弘景《本草经集注》："蟹未被霜者，甚有毒，以其食水莨[①]也。人或中之，不即疗则多死。至八月，腹内有稻芒，食之无毒。""凡熟蟹劈开，于正中央红外黑白黳内有蟹鳖[②]，厚薄大小同瓜仁相似，尖棱六出，须将蟹爪挑开，取出为佳。食之腹痛，盖蟹毒全在此物也。"

宋刘词《混俗颐生录》："凡人常膳之间，猪无筋，鱼无气，鸡无髓，蟹无腹，皆物之禀气不足者，不可多食。"

①水莨：多年生草本植物，生在水边湿地，植株有毒，可供药用。
②即蟹之心脏，为一六角形包囊，俗称"六角虫"。

潘　鱼

　　潘鱼原是北京西四牌楼广和居的名菜，是京菜中的传统名肴。广和居原址在北京宣武门外菜市口附近北半截胡同南口路东。据崇彝《道咸以来朝野杂记》载，该店创于清道光中，专为宣南士大夫所设。广和居刚开张时只有两间门脸的铺面房，后扩展为三间房的小四合院，有磨砖刻花小门楼、黑漆大门、红油对联。广和居虽地方狭小，屋宇低矮，却是朝贤文宴之地。当时的王公贵族、文人雅士纷纷云集，天天食客满堂。当年经常出入这里的，有张之洞、翁同龢、何绍基、李慈铭、潘祖荫，也有赛金花、小凤仙等。

　　广和居最有名气的菜，就是潘鱼。潘鱼用羊肉清汤蒸活青鱼，配以虾米、香菇。因所配虾米需形同钓钩，又名金钓钩鱼。

　　潘鱼一说系潘祖荫所创。潘祖荫是晚清高官，其祖潘世恩是状元，他自己由翰林院编修官至工部尚书。潘祖荫是江苏吴县（今苏州）人。当时朝臣分南北两党。北党主驳，对朝廷多有驳议，以李鸿藻为首，孙毓汶、张之万、张佩纶等附之。南党以潘祖荫、翁同龢为首，孙家鼐、孙诒经、汪鸣銮等附之。

　　潘祖荫好金石文字，好收藏古书，也好吃，好办私宴，宴请各方雅士。清胡思敬《国闻备乘》："道光时，京朝士大夫好谈考据训诂，其后，梅曾亮、曾国藩倡为古文，邵懿辰、龙启瑞、陈用光、王拯、朱琦皆从之游。一时为文者虽才力各有不同，皆接踵方、姚①，尊尚义法，各以品谊相高。光绪初年学派最杂，潘祖荫好金石，翁同龢、汪鸣銮好碑版，洪钧、李文田好舆地，张之洞好目录，张之万好画，薛福成、王先谦好掌故，虽不能自成一家，亦足觇其趋向。"清徐珂《清稗类钞》中记有"潘张大宴公车名士"条，记同治、光绪年间，某科会试场后，潘祖荫和张之洞纠集各方公车名士，设宴于京师陶然亭。所约为午刻。先一日，发请帖，经学、史学、小学、金石学、舆地学、历算学、骈散文、诗词，各方人士，请了百余人。到了那一天，百余人如期而至，或品茗谈艺，或联吟对弈，无不兴高采烈。午时过后，日影西斜，文人们方觉饥饿，高谈阔论者渐少。这时，潘祖荫才询问张之洞筵席为何家主办，张之洞大愕，连连顿脚，原来把办筵的事忘了，赶紧派仆人去酒楼，让送筵到园中。因为临时应付，饮菜都是草草凑成，且时辰已过，大家饥不可忍，勉强下咽，回家后有因此而闹肚子的。《清稗类钞》中还记有潘祖荫私宴门生事，说他平日经常私宴门生，其请柬上往往有附言曰："天气甚热，准九点钟入座，迟则彼此皆以暍②死，无益也。"

潘祖荫也写诗，但无专集传世，《癸酉消夏南苑唱和集》中录存数首，颇见韵致。如《初三夜听雨作》："秋声撼枕不成眠，忽听潇潇到耳边。已自无尘何待洗，偶因有漏欲参禅。露华净拭銮坡道，云树遥生帐殿烟。陡忆横塘篷底话，廿年无梦上吴船。"如《江涨桥步月》："北郭月初上，江桥策杖还。天空秋影澹，风定市声闲。隐

---

① 指持拟古主张的方苞、姚鼐。
② 暍：中暑的意思。

隐渔家火，遥遥湖上山。沿缘独归去，门巷未曾关。"又如《岁暮遣怀》："急箭光阴逼岁除，大江消息近何如。四方多难频忧国，百事难为且读书。种柳未成元亮宅，入山曾挽鲍宣车。阳和欲转梅花放，怅望春风到草庐。"

据传潘祖荫创潘鱼，是受"鲜"字的启发。清人王筠《说文释例》说，鲜是会意字，鱼羊为鲜，南方为鱼，北方为羊，合南北所嗜而兼备之，便是鲜。鲜有两层含义。第一层意思，本味为鲜。第二层意思，气味浓烈之食相聚而鲜。韩昌黎有"长安众富儿，盘馔罗膻荤"之说。鱼羊合而为鲜，气味投合也。有人认为，南方之鱼腥加北方之羊膻，合而便为鲜。潘祖荫选用蒙古羔羊为汤，骨肉尽弃之不用，配以金钩虾米与鸡枞。潘祖荫做潘鱼，在家专宴请高朋而用。潘祖荫是广和居常客，一来二往，与广和居掌柜结为至交，便把潘鱼传了过去。

近人夏仁虎《旧京琐记》卷九记："士大夫好集于半截胡同之广和居，张文襄在京提倡最力。其著名者为蒸山药。曰'潘鱼'者，出自潘炳年，曰'曾鱼'，创自曾侯。曰吴鱼片，始自吴闿生。"这里，曾侯是指曾国藩，吴闿生乃内阁学士，苏州人，对烹饪很有研究。潘炳年，福建人，曾在四川当过知府。《旧京琐记》未说明潘炳年如何创制潘鱼，有说是从闽人"神仙活鱼"中得到的启示，但"神仙活鱼"却不用羊汤。还有一种说法说潘鱼是清翰林、书法家潘龄皋饮酒时点制的鱼菜，因此而命名。

潘鱼在重要宴席中是一道大菜。正宗的潘鱼，青鱼要讲究活杀，还余活气时，便下沸汤氽，然后与羊羔汤同烹。菜端上来，一整条鱼除头尾外，全身浸于乳白色的羊汤内。这道菜，只喝汤不吃鱼肉。

应该直到终席，鱼还在碗里纹丝不动。吃潘鱼忍不住动筷子者，都算不上是真正的食客。

　　广和居经营一百多年，20世纪30年代末倒闭，据说同治皇帝都曾到这里微服私访过。广和居倒闭后，有厨子进同和居，潘鱼又转为同和居所有。不过今之同和居潘鱼，早不用羊羔汤，而改为鸡汤，已全无潘祖荫当年原意。吃潘鱼者，也早已没有不吃鱼之雅客。相反，见鱼而不动筷子者，大概不算食客了吧。

吃 蛇

蛇字，古作"它"，俗作"虵"，篆文像其宛转屈曲之形。因为其无足，爬行委蛇，故名。李时珍考曰："蛇在禽为翼火[1]，在卦为巽风[2]，在神为玄武[3]，在物为毒虫，有水火草木土五种，青黄赤白黑金翠斑花诸色。""蛇出以春，出则食物（以春夏为昼，秋冬为夜）；其蛰以冬，蛰则含土。"春天出洞吃东西，冬天入洞冬眠便口中含土。李时珍还说，蛇的舌头是双的，耳朵是聋的，蛇以眼睛来代替耳朵。蛇的毒在其涎，其珠在口。蛇交蛇，雄入雌腹。蛇交雉，生蜃[4]及蜄。蛇的仇敌是龟鳖，又与黑鱼鳝鱼通气。蛇入水交石斑鱼，入山与孔雀匹。竹化蛇，蛇化雉；水蛇化鳝，螣蛇[5]化龙，螣蛇听孕，蟒蛇目圆，巴蛇吞象，蚺蛇[6]吞鹿，玄蛇吞麈[7]。

---

①翼火：天文象形，翼宿，二十八宿中朱鸟七宿的第六宿，居南方，又称长蛇座。

②巽的原义，是台上放有物，引申为顺、入的意思。巽卦是阴卦，以一个阴爻为主爻，一阴爻顺从二阳爻，象征伏顺。

③玄武为北方之神，为道教所信奉，它的形象为玄龟与缡蛇相结合。

④大蛤蜊。

⑤螣蛇：传说中一种能飞的蛇。《荀子·劝学》："螣蛇无足而飞。"《尔雅》郭璞注：螣蛇"龙类，能兴云雾而游其中也"。

⑥即蟒蛇。

⑦麈：古书上指鹿一类的动物，见《山海经》。

　　蛇历来是一种神秘的象征。唐段成式《酉阳杂俎》说："凡禽兽，必藏匿形影，同于物类也。是以蛇色逐地，茅兔必赤，鹰色随树。"据说，蛇一刻三变。蛇还有头上有冠的，据说这种蛇最毒。有角的①，有翅的②，有飞的③，有长兽脸的④，有长人脸的⑤，还有两头两身者、歧尾钩尾者。这些传说使蛇神秘，也使吃蛇笼罩上一层神秘的色彩。

　　最早见吃蛇的记载，是《山海经》。其中，《海内南经》记："巴蛇吞象，三岁而出其骨。君子服之，无心腹之疾。"《淮南子·精神训》说："越人得髯蛇以为上肴。"髯蛇，即蚺蛇，也就是蟒蛇。《抱朴子·诘鲍篇》甚至说："越人之大战，由乎分蚺蛇之不均。"因为分蛇不均，竟引起大战。北魏郦道元《水经注》卷三十七："交趾郡⑥及州"，注曰"山多大蛇，名曰髯蛇，长十丈，围七八尺，常在树上伺鹿兽。鹿兽过，便低头绕之，有顷鹿死，先濡令湿讫，便吞，头角骨皆钻皮出。山夷始见蛇不动时，便以大竹签签蛇头至尾，杀而食之，以为珍异。故杨氏《南裔异物志》曰：'髯惟大蛇，即洪且长，采色驳荦⑦，其文锦章，食豕吞鹿，腴成养创，宾享嘉宴，是豆是觞⑧。'言其养创之时，肪腴甚肥。"那时，岭南人称蛇为"茅蟮"。明谢肇淛《五杂组》："南人口食，可谓不择之甚，岭南蚁卵、蚺蛇，

①三角蛇有角。
②《山海经·西山经》："太华之山……有蛇焉，名曰肥蟥，六足四翼。"
③《山海经·中山经》："柴桑之山……多白蛇、飞蛇。"
④《山海经·大荒北经》："有肃慎氏之国……有虫，兽首蛇身，名曰琴虫。"
⑤《江湖纪闻》："岭表有人面蛇，能呼人姓名，害人，惟畏蜈蚣。"
⑥古地名，泛指五岭以南，即今之广东、广西大部与越南北部、中部。
⑦驳荦：色彩混杂。
⑧豆是古时盛食物之器，觞乃酒器。

皆为珍膳。"北宋张师正《倦游杂录》："岭南人喜啖蛇，易其名曰茅
蟮。"

吃蛇传到中原的最早记载是南朝梁任昉《述异记》："汉元和元
年，大雨。有一青龙，堕于宫中。帝命烹之，赐群臣龙羹各一杯。
故李尤《七命》曰：'味兼龙羹。'"这里的"青龙"，应该就是蛇。
唐以后，中原吃蛇的人也越来越多。唐人孙光宪《北梦琐言》记："太
原属邑有水清池……后唐庄宗未过河南时，就郡捕猎，就池卓帐，
为憩宿之所。忽见巨蛇数头自洞穴中出，皆入池中。良久，有一蛇
红白色，遥见可围四尺以来，其长称是。猎卒齐彀弩连发，射之而
毙，四山火光，池中鱼鳖咸死，浮在水上。……猎夫辈共刲^①剥食之，
其肉甚美。"《宋史·党进传》说党进"一日自外归，有大蛇卧榻上
寝衣中，进怒，烹食之"。苏东坡被贬岭南时也吃蛇，并留下诗句：
"平生嗜羊炙，识味肯轻饱。烹蛇啖蛙蛤，颇讶能稍稍。"北宋朱彧
《萍洲可谈》记载苏东坡的姜朝云因吃蛇羹而死："广南食蛇，市中鬻
蛇羹。东坡姜朝云随谪惠州，尝遣老兵买食之，意谓海鲜，问其名，
乃蛇也，哇之，病数月，竟死。"

古人所食多为蟒蛇，其实蟒肉远不如一些有毒蛇鲜美。现代人
吃蛇，多用眼镜蛇、广蛇和金环蛇。

吃蛇的季节，有两种说法。一说五月之蛇最好。因为五月之蛇
尚未交尾，体内精华尚未泄，毒液最多，肉也最鲜。一说是中秋前
后，金风送爽，蛇为冬眠蓄足了营养，此时最肥最壮，也最为滋补。
吃蛇之乡，当属广东。广东历来有蛇行，专做卖蛇生意，一立秋，

---

①刲：宰杀。

捕蛇专家们就要进山捉蛇。捉蛇要掌握种种技巧。据说眼镜蛇喜欢听音乐，要以笛声诱捕；金环蛇喜欢光，须夜间用灯火捕捉；蟒蛇则喜淫，据说见到女人便会摇尾驰来，投以女人衣则盘绕不去。蛇分雌雄，雄蛇胆大，雌蛇毒多，雌蛇比雄蛇更鲜美。辨蛇雌雄，以细软物停蛇著上，其躁娆者当知是雄，住不动者当知是雌。

吃蛇，先要吃胆。蛇胆上端近头，中端近心，舐之甜苦，摩挲以后注入水中，沉而不散，有清热祛火解毒之奇效。据说，蟒蛇之胆，取后还生。又说，蛇被取胆之后，还能活三年。唐刘恂《岭表录异》中有一则趣闻："普安州有养蛇户，每岁五月五日即担蛇入府，只候取胆①，余曾亲见皆于大笼之中，藉以软草，盘屈其上。两人舁一条在地上，即以十数拐子从头翻其身，旋以拐子案之，不得转侧，即于腹上约其尺寸，用利刃决之，肝胆突出即割下，其胆皆如鸭子大，曝干以备上贡。却合内肝，以线合其疮口，即收入笼，或云舁归放川泽。"

《清稗类钞》记："粤人嗜食蛇，谓不论何蛇，皆可佐餐。以之镂丝而作羹，不知者以为江瑶柱也，盖其味颇似之。售蛇者以三蛇为一副，易银币十五圆。调羹一簋，须六蛇，需三十圆之代价矣。其干之为脯者，以为下酒物，则切为圆片。其以蛇与猫同食也，谓之曰龙虎菜。以蛇与鸡同食也，谓之曰龙凤菜。"

广东吃蛇的馆子很多。最著名者，要数"蛇王满"。此店开业时店主叫吴满，至今有近百年历史。"蛇王满"的名菜，有"双龙争明珠"，两条斑斓大蛇盘旋于盘中，晶莹雪白的鸽蛋嵌于"龙口"之

---

① 蛇胆为贡品。

间，很有气势。誉名中外者，则为"菊花龙虎凤"。这一般是三蛇大
会，即"饭匙头"（眼镜蛇）、"金甲带"（金环蛇）和"过树榕"。这
三种蛇合在一起，可治三焦湿热恶毒。如果再加一条"贯中蛇"（三
索线），加一条"白花蛇"，就叫金蛇大会。"贯中蛇"只有拇指粗细，
但据说可以把上中下三焦豁然贯通。所以，金蛇大会要比三蛇会价
钱贵一倍。

吃蛇宴，先喝三蛇胆汁。侍者要先展览活蛇，然后剖蛇取胆，
把胆盛于小银盆中。备一枚银针、一个小银夹子，用针把胆刺破，
用夹子挤出胆汁，每只胆在客人酒杯里滴一滴，最后轮到主人。每
只胆要不多不少，都各剩两滴，滴到主人杯中。滴进胆汁的酒，碧
绿晶莹，有浓烈的苦香。

菜谱有"百花煎蛇脯""四珍炒蛇柳""七彩炒蛇丁""脆皮炸龙
衣""双龙争明珠""蚬鸭炖蚺蛇"，到最高潮才是"菊花龙虎凤"。正
宗的"菊花龙虎凤"盛巨型银鼎，主料为蛇（三蛇或五蛇）、豹狸、
老鸡，辅料为浸发鳖肚、煲发鲍鱼、瘦猪肉、火腿、水发北菇丝和
木耳丝、蛋清、桂圆肉、陈皮丝、竹蔗和柠檬叶、蟹爪菊花。这道
大菜要经过六道工序才能做成。先将蛇和生姜、竹蔗、桂圆肉、旧
陈皮一起入砂锅煲。三十分钟后拆出蛇骨，要保证蛇骨完整，顺纹
把蛇肉撕成细丝。蛇骨入纱布袋回砂锅再煮。然后煸豹狸肉。然后
煲豹狸，把老鸡和瘦肉、火腿、豹狸肉一起入砂锅，加入蛇汤用慢
火炖，炖后肉都撕成细丝。然后煸蛇丝和蒸蛇丝，将蛇丝煸炒一下，
再加蛇汤入瓦钵，用蒸笼蒸约三十分钟。再处理辅料，将鳖肚、鲍
鱼等入锅以微火泡油。然后再把所有的主料辅料集在一起烩。这道
压轴菜作为终席端上来，鼎内热气升腾，色彩金黄，暗香扑鼻。再

配以几个小碟，碟内有菊花、柠檬叶，还有生姜、薄脆，真令人拍案叫绝。

　　吃完金蛇宴后，会发现腋下、腿弯处都有黄色汗渍。这是通过汗水蒸发出的风湿。所以按旧时说法，请人吃金蛇宴，一定需附请洗澡。总吃蛇宴的人，入席前也一定预先准备了换洗衣物。吃够美馔珍肴之后，在腾腾热气中美美地浸泡一回，真是不亦乐乎！

东坡肉

苏东坡好吃猪肉，幽居黄州时作有《猪肉颂》。颂曰："净洗铛，少著水，柴头罨①烟焰不起，待它自熟莫催它，火候足时它自美。黄州好猪肉，价贱如泥土。贵者不肯吃，贫者不解②煮。早晨起来打两碗，饱得自家君莫管。"

当时，苏东坡被谪黄州，黄州是长江边一个小镇，距汉口约六十里。当时苏东坡所居之地，"寓居去江干无十步，风涛烟雨，晓夕百变，江南诸山，在几席上，此幸未始有也"。苏东坡刚刚死里逃生，到这里后"杜门不出，闲居未免看书，惟佛经以遣日，不复近笔砚也"。当时他住的地方，于坐榻之上，就可望见江上风帆上下，躺在榻上，有忘其置身何处的感觉。在这样的山光水色之中，苏东坡很快就投身于大自然的怀抱，找到了心灵的安宁。当时因被谪，生活拮据，他给自己规定，日用不得超过一百五十钱。每月初就把四千五百钱分为三十份，挂在屋梁上。每天用画叉挑取一份，然后就把叉藏起来。当天用不完的，要用大竹筒装起来，以待宾客用。因为生活困匮，他自己开荒种十来亩地，精心躬耕。劳苦之中，亦

①罨：遮盖。
②不解：不会的意思。

尝尽归隐之乐趣。其时所作的《东坡八首》，中间极有陶渊明那样的情思："种稻清明前，乐事我能数。毛空暗春泽，针水闻好语。分秧及初夏，渐喜风叶举。月明看露上，一一珠垂缕。秋来霜穗重，颠倒相撑拄。但闻畦垄间，蚱蜢如风雨。新舂便入瓹，玉粒照筐筥。我久食官仓，红腐等泥土。行当知此味，口腹吾已许。"

当时黄州猪肉非常便宜，富人不屑于吃，穷人不会煮。苏东坡经常吃肉，并把其方法介绍给附近村民。他的炖肉法其实非常简单，就是大块切肉，用很少的水煮开后，用文火把佐料和水都烧干，把肉炖得酥烂。当时，黄州远近的人都知道苏东坡爱吃猪肉。于是请苏东坡除了备酒和鱼虾，必有猪肉。有酒有肉，苏东坡因此非常满足，曾自吟道："东坡居士酒醉饭饱，倚于几上，白云左绕，青江右洄，重门洞开，林峦岔入。当是时，若有思而无所思，以受万物之备。惭愧惭愧。"

猪肉，是汉民族食用的主要肉食。食猪肉之历史，最起码可推至夏。《帝王世纪》记，夏桀为肉山脯林，将各种肉共煮于鼎中。当时已将马、牛、羊、鸡、犬、豕定为六畜。当时吃饭称"鼎食"："天子九鼎，诸侯七，卿大夫五，元士三。"其中，诸侯的鼎食中，就有牛、羊、豕、鱼、麋五大荤，至于天子，则是"以酒为池，悬肉为林，使男女倮①，相逐其间，为长夜之饮"。

猪的名称很有意思。古作"豕"，《说文》说"豕"字的象形，是毛足而后有尾。南朝梁殷芸《殷芸小说》："豕食不洁，故谓之豕。"《易说》："卦曰坎为豕，坎性趋下，豕能俯其首又喜卑秽，亦水畜

①倮：裸身。

也。"古人对猪有各种叫法。牡猪曰"豭",曰"牙";牝猪曰"豝",曰"豝";去势之牡猪曰"豶";四蹄都白的猪曰"豥";高五尺的猪曰"貌";猪仔曰"猪""豚"或"豰"。而且还有具体称呼:"一子曰特,二子曰师,三子曰豵,末子曰么。三月生曰豯,六月生曰豵。"

《齐民要术》中,对当时的烧猪肉法记载很详细:"净㶇①猪讫,更以热汤遍洗之,毛孔中即有垢出,以草痛揩,如此三遍。疏洗令净,四破,于大釜煮之。以勺接取浮脂,别著瓮中,稍稍添水,数数接脂,脂尽漉出,破为四方寸脔,易水更煮。下酒二升,以杀腥臊——青白皆得。若无酒,以酢浆代之。添水接脂,一如上法。脂尽,无复腥气,漉出。板切于铜铛中焦②之。一行肉,一行擘葱、浑豉、白盐、姜、椒。如是次第布讫,下水焦之,肉作琥珀色为止。恣意饱食,亦不饧,乃胜燠肉。"这段话的意思是:猪去毛洗净后,再用热水泡,使毛孔中垢泥出来,用草用力擦三遍,然后用水洗净后破成四块在大锅里煮。边煮边把汤面上浮起的油捞出来,把油撇完后,再把肉捞出,切成四方寸的大块,换水再煮。放二升酒,去腥臊味,清酒白酒都可以。如没有酒,可以用酸酱水代替。仍然边煮边撇油,油撇完,腥气也没有了,再捞出来切成小块在铜铛里煮。要一层肉,一层撕开的葱、整颗的豆豉、白盐、姜和花椒。分层码完后,加水煮,等肉煮到琥珀色,就行了。这样的肉尽管吃饱,吃多了也不会觉得太腻,比燠肉还好。

袁枚在《随园食单》中,介绍烧猪肉其实有三法:或用甜酱,

①㶇:用开水烫后去毛。
②焦:煮。

或用秋油，或者不用秋油、甜酱，每肉一斤，用盐三钱，纯酒煨之。煨时可以放水，但必须熬干水气。三种煨法都是肉色红如琥珀，不可依靠加糖炒色。袁枚说，早起锅，肉是黄的；起锅迟了，红色变紫，精肉就会变硬。而且经常起锅盖，肉质就会走油，而味道都在油汁中。要煨到切成的肉块，烂到不见锋棱上口，而精肉俱化为妙。

所谓"紧火粥，慢火肉"，炖肉之优劣，全靠火候把握。《调鼎集》中说，猪肉入锅后，要以湿纸在锅盖周围护缝，干则以水润之。还有装瓷坛煨法：肉一斤，酱一两，盐二钱，大小茴香各一钱，葱花三分拌匀，将肉擦遍。锅内用铁条架起，先入香油八分，盖好不令泄气，用文火煮，内有响声，就用砻糠撒上。半熟后开坛，再敷香料，转面仍封好，再煨。肉面上放葱数十根，鸡、鸭放在腹内，葱熟其肉亦熟。

黄州东坡肉，其实就是极一般的红煨肉。另有一种开封东坡肉，则不用酱油，肉切块后加上鲜笋，加盐入大碗上笼清蒸，蒸成酥烂。据说汴梁原不食鲜笋，后因为苏东坡有诗传至汴梁，诗曰："无竹令人俗，无肉使人瘦。不俗加不瘦，竹笋加猪肉。"汴梁人因此而命名这种笋蒸肉为"东坡肉"。又苏东坡喜欢吃火腿，又有"东坡腿"，就是将火腿一只去脚，分做两正方块，入锅先煮去油腻，再用清水煮极烂为度。

有关东坡食肉，南宋周紫芝《竹坡诗话》记一趣闻，说"东坡喜食烧猪。佛印住金山时，每烧猪以待其来。一日为人窃食，东坡戏作小诗云：'远公沽酒饮陶潜，佛印烧猪待子瞻。采得百花成蜜后，不知辛苦为谁甜。'"

烧猪肉是极普通的一道菜，史书记载也有吃出花样的。晋代有一位王济，喜豪侈，一日请晋武帝吃饭，供馔甚丰，其中一味蒸猪肉味尤美。晋武帝问何故，答曰，以人乳蒸之。《清稗类钞》则记当时治河总督常设宴，座客都赞猪肉之美。酒阑，一客起去，偶然见院中有几十具死猪，因惊异而询问典厨，才知席上的一簋肉，实际是集很多头猪背上的肉而成。其法是把猪关在一间房内，屠者人持一竿，边追边打。猪被击痛，奔走号叫，越跑就越狠挞，待其力竭倒地，就马上割下背上被挞部分的肉。因为背部被挞，以全力护痛，所以猪的全部精华都荟萃于背，这一块肉甘脤无比，其余部分腥恶失味，不堪烹饪，都弃之不用。这样供一席之用，就需用五十头猪。

猪肉其实不可多食，历代医家都有告诫。陶弘景说，猪肉能闭血脉，弱筋骨，虚人肌。孙思邈说，多食猪肉，令人"少子精，发宿病"，"遍体筋肉酸痛乏气"。王士雄说，多食猪肉，"助湿热，酿痰饮，招外感，昏神智"，故先人列下规矩，把它列为"养老之物"。对医家这种种说法，苏东坡一笑了之。宋邵博《闻见后录》记："经筵官会食资善堂，东坡称猪肉之美。范淳甫曰：'奈发风何？'东坡笑呼曰：'淳甫诬告猪肉。'"

苏东坡一生喜好猪肉。宋元丰六年（1083），其妾朝云生了一个儿子，苏东坡为他起名为"豚儿"。苏东坡当年"朝嬉黄泥之白云，暮宿雪堂之青烟"时，大约不会料想，"东坡肉"亦会与其诗文一样扬名千秋。明浮白斋主人的《雅谑》中，有记"东坡肉"条："陆宅之善谐谑，每语人曰：'吾甚爱东坡。'时有问之者曰：'东坡有文，有赋，有诗，有字，有东坡巾，汝所爱何居？'陆曰：'吾甚爱一味东坡肉。'闻者大笑。"李渔因此哀叹："食以人传者，'东坡肉'是也。卒急听之，似非豕之肉，而为东坡之肉矣。噫！东坡何罪而割其肉，以实千古馋人之腹哉。甚矣！名士不可为，而名士游戏之小术尤不可不慎也。至数百载而下，糕布等物，又以眉公^①得名。取'眉公糕''眉公布'之名，比较'东坡肉'三字，似觉彼善于此矣。而其最不幸者，则有溷厕中之一物，俗人呼为'眉公马桶'。噫！马桶何物，而可冠以雅人高士之名乎！予非不知肉味，而于豕之一物，不敢浪措一词者，虑为东坡之续也。"

---

① 即明文学家陈继儒。

东坡羹

苏东坡在黄州时，作有《菜羹赋》：

东坡先生卜居南山之下，服食器用，称家之有无。水陆之味，贫不能致。煮蔓菁、芦菔、苦荠而食之。其法不用醯酱，而有自然之味。盖易具而可常享。乃为之赋，辞曰：

嗟余生之褊迫，如脱兔其何因。殷诗肠之转雷，聊御饿而食陈。无刍豢以适口，荷邻蔬之见分。汲幽泉以揉濯，搏露叶与琼根。爨铏锜以膏油，泫融液而流津。汤濛濛如松风，投糁豆而谐匀。覆陶瓯之穹崇，谢搅触之烦勤。屏醯酱之厚味，却椒桂之芳辛。水初耗而釜泣，火增壮而力均。滃嘈杂而糜溃，信净美而甘分。登盘盂而荐之，具匕箸而晨飧。助生肥于玉池，与吾鼎其齐珍。鄙易牙之效技，超傅说而策勋。沮彭尸之爽惑，调灶鬼之嫌嗔。嗟丘嫂其自隘，陋乐羊而匪人。先生心平而气和，故虽老而体胖。计余食之几何，固无患于长贫。忘口腹之为累，以不杀而成仁。窃比予于谁欤？葛天氏之遗民。

这段话翻译过来，大致意思就是：东坡先生选择住在南山脚下，穿着饮食器物用具与家里的情况相当。山珍海味，因家境贫穷无法享用，就煮蔓菁、荠菜吃。蔓菁即芜青，类似萝卜，茎比萝卜大，可做腌菜。煮的时候不用醋和酱油，而是利用其自然美味。因这些菜蔬日常容易得到，因而能经常享用。我因此而作赋：哀叹生活之窘迫，像逃走的兔子一样，究竟是什么原因？饥饿使我饥肠辘辘，食陈年的谷子以充饥。没有喂养适合自己口味的牲畜，多蒙邻居分给我菜蔬。汲山泉以洗濯，取其叶根，点火上灶放入膏油。锅内热气腾腾香津沸腾，加入豆米搅匀，盖上盖。不要开盖搅动，不要放醋和酱油，也不要胡椒桂皮之类的调料。用大火把锅烧开后一会儿就用均匀的文火煨。菜蔬随开水而翻滚，就煮成了酥烂的浓羹。实在是清醇甘美，盛入盘碗奉上，准备好勺子筷子，消磨暮霭和晨光。溪畔泽旁取的这些野菜，能与诸侯当年的王鼎媲美！

文中提到的易牙、傅说，都是古时善烹饪的大臣。彭尸："彭"是"三尸虫"的姓，道家认为人体腹内有"三尸虫"，专门窥伺人的过失。苏东坡赋说：轻鄙易牙向齐桓公献的技艺，技艺超过了傅说，实在是建立了功勋。专窥伺人过失的彭尸，你做不了非分之想了。喜怒无常的灶君，你是否和我共尽一觞？可叹汉高祖那位长嫂^①，怎么这样心胸狭窄？更可悲的是自食其子的乐羊^②。先生我心平而气和，虽已年迈身体还健壮。算一算还剩多少饭食，就可以不怕长久的家境贫困。忘却口腹之累吧，古人杀身成仁，我今日不杀也应成仁。这种心境，谁能予以比拟？葛天氏：古帝号。南宋罗泌《路史·禅

---

①据《汉书》载：高祖未成气候时，常带客人到他长嫂家吃饭，所以长嫂讨厌他。

②《战国策》载：战国时魏将领乐羊攻打中山国时，他的儿子在中山国。中山君把他儿子杀了，做成肉羹敬献给乐羊，乐羊竟吃了一碗。后乐羊攻下了中山国，魏文侯因此赏其功，但还是对乐羊起了疑心。他连自己儿子都能吃，还有什么不能吃呢。

通记》记："其为治也，不言而自信，不化而自行，荡荡乎无能名之。"后"葛天氏之民"一典用来指无忧无虑、安居乐业的人们。

苏东坡以老馋嘴自称，这首赋把菜羹写得淋漓尽致。这种羹原料是蔓菁和芦菔（也就是萝卜），荠菜是配料。苏东坡关于此羹有诗曰："我昔在田间，寒庖有珍烹。常支折脚鼎，自煮花蔓菁。中年失此味，想像如隔生。谁知南岳老，解作东坡羹。中有芦菔根，尚含晓露清。勿语贵公子，从渠醉膻腥。"苏东坡还专门记有此羹做法：

> 东坡羹，盖东坡居士所煮菜羹也。不用鱼肉五味，有自然之甘。其法以菘、若蔓菁、若芦菔、若荠，揉洗数过，去辛苦汁。先以生油少许涂釜①缘及瓷碗，下菜沸汤中，入生米为糁②，及少生姜，以油碗覆之，不得触，触则生油气，至熟不除。其上置甑③，炊饭如常法，既不可遽覆，须生菜气出尽乃覆之。羹每沸涌，遇油辄下，又为碗所压，故终不得上。不尔，羹上薄饭，则气不得达而饭不熟矣。饭熟，羹亦烂可食。若无菜，用瓜茄皆切破，不揉洗，入罨④，熟赤豆与粳米半为糁，余如煮菜法。

这段话的意思是：用白菜或蔓菁或萝卜或荠菜，冲洗干净，去掉苦汁后，先用一点生油擦锅边和瓷碗，然后把菜、米与水及少许生姜放到开水中，用油碗盖上。但碗不能碰到汤。若碰到，羹就有

---

①釜：古代的炊事用具，相当于现在的锅。
②糁：米饭粒儿。
③甑：古代蒸食器具。
④罨：覆盖。

生油味，熟后都不能去掉。锅上边放蒸屉，不能很快盖上，必须等生菜气味出尽后才能上盖。羹沸腾时常常要溢出来，但碰到油就不会溢了，又因为有碗压着，所以就溢不出来。如果不这样，羹上面蒸屉里的米饭就会因气上不来而蒸不熟。米饭蒸熟了，羹也就煮烂能吃了。如没有菜，可以用瓜或茄子，切开后不用冲洗，入锅中上盖，用煮熟的红小豆和粳米各一半做羹料。其他与煮菜羹的方法一样。

另有一种荠羹。陆游曾写道："食荠羹甚美，盖蜀人所谓东坡羹也：'荠糁芳甘妙绝伦，啜来恍若在峨岷。莼羹下豉知难敌，牛乳抨酥亦未珍。异味颇思修净供，秘方常惜授厨人。午窗自抚膨脝腹，好住烟村莫厌贫。'"苏东坡曾致信徐十二，专门介绍此羹做法："荠一两升，净择，入淘了米三合、冷水三升，生姜不去皮，捶两指大，同入釜中，浇生油一蚬壳多于羹面上，不得触，触则生油气，不可食，不得入盐、醋。"此两种羹，前一种是北宋时苏东坡自己命名，后一种是南宋人命名的。

另有"玉糁羹"。这是苏东坡的三儿子苏过所创，由苏东坡命名的。从《东坡诗集》看，此羹的主要原料是山芋。因为苏东坡《玉糁羹》诗曰："香似龙涎仍酽白，味如牛乳更全清。莫将南海金齑脍，轻比东坡玉糁羹。"诗前有题记："过子忽出新意，以山芋作玉糁羹，色香味皆奇绝。天上酥酡①则不可知，人间决无此味也。"但林洪的《山家清供》中，却把"玉糁羹"记作"玉糁根羹"："东坡一夕与子由饮酣甚，捶芦菔烂煮，不用它料，只研白米为糁。食之，忽放箸抚几曰：'若非天竺酥酡，人间决无此味。'"芦菔即萝卜。林洪把山

———
　①酥酡：古印度酪制食品。《法苑珠林》："其中诸天有以珠器而饮酒者，受用酥酡之食，色触香味，皆悉具足。"

芋误记成了萝卜。

苏东坡在黄州时，早寝晚起，风晨月夕杖履野步，放浪于山水之间，喜以各种菜蔬为羹。他在黄州时有多封书信，均言菜羹之美。如与徐十二叙荠羹乃"天然之珍"，"君若知此味，则陆海八珍，皆可鄙厌也。天生此物，以为幽人山居之禄"；给毕仲举的信中也说："菜羹菽黍，差饥而食，其味与八珍等。而既饱之余，刍豢满前，惟恐其不持去也。"东坡羹，其实是苏东坡在黄州时发明的多种菜羹之总称。

菜羹里不入油星，以其自然之味，可以清心明目。所以后世文人骚客，都以食东坡羹为雅嗜。陆游有《菜羹》诗曰："青菘绿韭古嘉蔬，莼丝菰白名三吴。台心短黄奉天厨，熊蹯驼峰美不如。老农手自辟幽圃，土如膏肪水如乳。供家赖此不外取，被襏宁辞走烟雨。鸡豚下箸不可常，况复妄想太官羊。地炉篝火煮菜香，舌端未享鼻先尝。"

荠　菜

北宋陶穀《清异录》曰："俗呼荠为百岁羹，言至贫亦可具，虽百岁可长享也。"清人王磐《野菜谱》有歌曰："荠菜儿，年年有，采之一二遗八九。今年才出土眼中，挑菜人来不停手。而今狼藉已不堪，安得花开三月三。"

荠菜，《本草纲目》称"护生草"，《植物名实图考》称"净肠草"，川人称"烟盒草"，闽人称"蒲蝇花"，江浙人称"枕头草"或"饭锹头草"。荠菜，历代都是野菜中的上品。富人立春日尝鲜，穷人用于三春度荒。对荠菜的称颂，起于《诗经·邶风·谷风》："谁谓荼苦，其甘如荠。宴尔新昏，如兄如弟。"《谷风》诉说的是一位被丈夫遗弃的妇人心中的哀怨。诗中苦菜与荠菜形成强烈对照，荠菜之甘甜是甜蜜生活之象征。荠菜因此而始有美名。

因为荠是甘甜的象征，采荠这种行为也就有了鲜明的意味。《周礼·春官·宗伯》记："乐师，掌国学之政，以教国子小舞。凡舞，有帗舞，有羽舞，有皇舞，有旄舞，有干舞，有人舞。教乐仪，行以肆夏，趋以采荠。"这段话的大致意思是：乐师掌管国学中的乐政，教子弟以诗为舞。小舞指二十岁以下的人所用舞乐，二十岁加冠成人，则舞"大夏"。乐师还教王伴随乐仪出入于大寝朝廷。《尔雅》：

"堂上谓之行，门外谓之趋。"《尚书·人传》："天子将出，则撞黄钟，右五钟皆应……入则撞蕤宾，左五钟皆应……然后少师奏登堂就席，告入也。"这里，《肆夏》和《采荠》，都是乐曲名称。肆夏乃当时九夏之一。天子走到堂上，奏《肆夏》；走到庭外，奏《采荠》。

董仲舒《春秋繁露》记："故荠以冬美，而荼以夏成，此可以见冬夏之所宜服也。冬，水气也，荠，甘味也，乘于水气而美者，甘胜寒也。荠之为言济与？济，大水也。"这段话的意思是：荠生于冬天，其甘美是冬天水气熏染的结果。荠入了冬天之水气，以甘而胜寒。济，这里似应作利讲，荠生于水气，利于大水。李时珍对"荠"释名说："荠生济泽，故谓之荠。"这里的济，本意应指济水。《书经·禹贡》："济河惟兖州……九河既道，雷夏既泽。"济泽的引申义指的是水泽。

西晋夏侯湛的《荠赋》是对荠菜的礼赞："寒冬之日，余登乎城，踌步①北园。睹众草之萎悴，览林果之零残。悲纤条之槁摧，愍②枯叶之飘殚。见芳荠之时生，被畦畴而独繁。钻重冰而挺茂，蒙严霜以发鲜。舍盛阳而弗萌，在太阴而斯育。永安性于猛寒，羌无宁乎暖燠③。齐精气于款冬，均贞固乎松竹。"把荠与松竹摆在一起，喻其品节。之后，有南朝卞伯玉《荠赋》曰："终风扫于暮节，霜露交于杪秋④，有凄凄之绿荠，方滋繁于中丘。"

古人食荠，多为羹。北宋僧人文莹所作《玉壶清话》中，记有

---

①踌步：踌的本意为迈半步。这里有踯躅的意思。

②愍通愍，这里有哀怜的意思。

③这两句是说，荠草永远都是在严寒的天气中安守着本性，在暖热的气候下反而不得安宁。

④杪：本意为树梢。杪秋：晚秋。

宋太宗赵光义与大臣苏易简的一段对话:"太宗命苏易简评讲《文中子》,中有杨素遗子《食经》'羹藜含糗'之句。上因问曰:'食品称珍,何物为最?'易简对曰:'臣闻物无定味,适口者珍。臣止知齑汁为美。'太宗笑问其故,曰:'臣忆一夕寒甚,拥炉火,乘兴痛饮,大醉就寝。四鼓始醒,以重衾所拥,咽吻①燥渴。时中庭月明,残雪中覆一齑碗,不暇呼僮,披衣掬雪以盥手,满引数缶②,连沃渴肺,咀齑数根,灿烂金脆。臣此时自谓上界仙厨,鸾脯凤腊,殆恐不及。屡欲作《冰壶先生传》纪其事,因循未暇也。'太宗笑而然之。"此事后传为佳谈,《山家清供》因此称荠羹为"冰壶珍"。

东坡先生认为荠菜之鲜美可敌水陆八珍。东坡曾给徐十二写信,专门推荐荠羹:

> 今日食荠极美,念君卧病,面、醋、酒皆不可近,惟有天然之珍,虽不甘于五味,而有味外之美。本草,荠,和肝气明目。凡人夜则血归于肝,肝为宿血之脏,过三更不睡,则朝旦面色黄燥,意思荒浪,以血不得归故也。若肝气和则血脉通流,津液畅润,疮疥于何有?君今患疮,故宜食荠。其法:取荠一二升许,净择,入淘米三合,冷水三升。生姜不去皮,捶两指大,同入釜中。浇生油一砚壳,当于羹面上,不得触,触则生油气不可食。不得入盐醋。君若知此味,则陆海八珍,皆可鄙厌也。天生此物以为幽人山居之禄,辄以奉传,不可忽也。

文人墨客多对荠揄扬备至,屡见于诗文。陆游可谓荠之知己,

---

① 吻:这里是口的意思。
② 缶:古代一种大肚子小口的器皿。

有《食荠十韵》："舍东种早韭，生计似庾郎。舍西种小果，戏学蚕丛乡。惟荠天所赐，青青被陵冈。珍美屏盐酪，耿介凌雪霜。采撷无阙日，烹饪有秘方。候火地炉暖，加糁沙钵香。尚嫌杂笋蕨，而况污膏粱。炊粳及鬻饼，得此生辉光。吾馋实易足，扪腹喜欲狂。一扫万钱食，终老稽山旁。"又有七言绝句："不著盐醯助滋味，微加姜桂发精神。风炉歗钵穷家活，妙诀何曾肯授人。""日日思归饱蕨薇，春来荠美忽忘归。传芳真欲嫌荼苦，自笑何时得瓠肥。""采采珍蔬不待畦，中原正味压莼丝。挑根择菜无虚日，直到开花如雪时。"

荠的种类甚多。李时珍考："荠有大小数种。小荠叶花茎扁，味美。其最细小者，名沙荠也。大荠科叶皆大，而味不及，其茎硬有毛者，名菥蓂，味不甚佳。"《野菜谱》中，有江荠、窝螺荠、倒灌荠、蒿柴荠、扫帚荠、碎米荠之分，有图录并配有歌谣。其记：江荠，生腊月，生熟皆可用，花时不可食，但可做羹。窝螺荠，生水边，正月、二月采之，熟食。倒灌荠，生旱田，上无雨露下有泉。熟食，亦可做羹。蒿柴荠，正、二、三月采，叶可食。扫帚荠，春采，熟食。碎米荠，三月采，止可做羹。

清人薛宝辰《素食说略》中记载："荠菜为野蔌上品，煮粥作斋，特为清永。以油炒之，颇清腴，再加水煨尤佳。荠菜以开红花叶深绿者为真，其与芥菜相似。叶微白开白花者为白荠，不中食也。"

荠菜做羹为粥，陕西人称作"水饭"，燕京则称作"翡翠羹"。《植物名实图考》："今燕京岁首亦作之，呼为'翡翠羹'。"荠菜可凉拌，一般配以茶干丁与虾米。江浙人做凉拌荠菜，有将荠菜转成尖塔之俗，临吃前把尖塔推倒，佐料都在塔中。可热炒，炒肉丝、冬笋，炒山鸡片，味俱绝妙。可为馅。淮扬菜点中，有著名的荠菜包子，馅料除荠菜外，还有猪夹心肉、熟冬笋、虾子，调料有脂油、香油和鸡汤。西安人吃饺子，以荠菜与豆腐调和做馅；江浙人又好以荠菜做馄饨、做春卷。据说荠菜做春卷馅也是苏东坡所创。荠菜与豆腐为羹，也是初春时节之佳肴，豆腐要嫩，汤要清，荠菜要绿，配以火腿丁、香菇丁，食时再入脂油与上好的胡椒。

《淮南子》："荠冬生而夏死。"荠菜冬至后生苗，立春日后便可采食。宋张鉴《赏心乐事》卷一中，把挑荠菜列为二月之乐事。其所记二月赏心乐事分别为：现乐堂瑞香，社日社饭，玉照堂西细梅，南湖挑菜，玉照堂东红梅，餐霞轩樱桃花，杏花庄杏花，南湖泛舟，群仙绘幅楼前打球，绮互亭千叶茶花，马塍看花。

荠菜三月起茎，开花，叶已老。吴中乡俗三月三有采荠菜花之说。清人顾禄《清嘉录》卷三："荠菜花，俗呼野菜花。因谚有'三月三，蚂蚁上灶山'之语，三日，人家皆以野菜花置灶径上，以厌虫蚁侵。晨村童叫卖不绝。或妇女簪髻上，以祈清目，俗号'眼亮花'。或以隔年糕油煎食之，云能明目，谓之'眼亮糕'。"荠菜花可清心明目，吴中妇人称"三月三，荠菜花儿赛牡丹"。明田汝成《西湖游览志》："三月三日，男女皆戴荠菜花，谚云：'三春戴荠花，桃李羞繁华。'"

《千金食治》说荠可杀诸毒，故李时珍称之为"护生草"。《本草纲目》："释家取其茎作挑灯杖，可避蚊蛾，谓之护生草，云能护众生也。"苏东坡《物类相感志》："三月三日，收荠菜花置灯檠上，则飞蛾、蚊虫不投。"元鲁明善《农桑衣食撮要》："三月三日收，席铺床下，去蚤；铺灶上，去虫蚁。"

荠菜因有甘荠之美名，古人还用以占卜。《农桑衣食撮要》："荠菜先生，岁欲甘；葶苈先生，岁欲苦。"先长荠菜，收成就好；先长葶苈，这一年都是苦的。葶苈，也叫"狗荠"。唐人张泌《妆楼记》中有"油花卜"条："池阳上巳日，妇女以荠花点油，祝而洒之水中，若成龙凤花卉之状，则吉，谓之'油花卜'。"

荠菜三月末结荚，荚如小萍，面有三角。四月结籽，名蒫。荠菜籽也可食。《农政全书》："采子用水调搅，良久成块，或作烧饼，或煮粥食，味甚粘滑。"

马 兰

　　马兰，又名竹节草、马兰菊、红梗菜、鱼鳅串、马兰青、鸡儿肠、马兰头。

　　马兰在早时，曾被文人认为是恶草。西汉东方朔《七谏·怨世》中，有"蓬艾亲入御于床笫兮，马兰踸踔而日加"。蓬蒿、萧艾、马兰，在这里都喻为恶人。御：御宇。笫：竹篾编的席。床笫以喻亲密。踸踔：暴长之貌。加：盛也。这两句翻译过来是：蓬蒿萧艾入御房之中，马兰暴长而茂盛。蓬蒿萧艾指佞谄日见亲近，马兰指邪伪之徒踊跃而欣喜。因为被指为恶草，马兰在田间泽旁自生自灭，自然无人问津。一直到唐朝，才被列入《本草》，但名声依然不好。唐陈藏器《本草拾遗》记："马兰生泽旁，如泽兰而气臭。楚辞以恶草喻恶人。北人见其花呼为紫菊，以其似单瓣菊花而紫也。"直到《本草纲目》才为它正名："马兰，湖泽卑湿处甚多。二月生苗，赤茎白根，长叶有刻齿，状似泽兰，但不香尔。南人多把其晒干，为蔬及馒馅。入夏高二三尺，开紫花，花罢有细子。《楚辞》无马兰之名，陈氏指为恶草，何据？"

　　马兰，早时之名又有称作"马拦头"的。明王磐《野菜谱》记有一首歌谣："马拦头，拦路生，我为拔之容马行。只恐救荒人出城，骑马直到破柴荆。"意思是，因为马兰拦路，所以要拔去，为了让救荒者一直骑马到草屋前。这里，马兰还是以疯长的野草形象出现的。

袁枚的《随园诗话》补遗卷四另有一个"马拦头"的故事："汪研香司马摄上海县缘。临去，同官饯别江浒。村童以马拦头献。某守备赋诗云：'欲识黎民攀恋意，村童争献马拦头。''马拦头'者，野菜名，京师所谓'十家香'也。用之赠行篇，便尔有情。"这里，马拦头是官吏尝鲜而用的，名为"十家香"，显然已是野菜中的珍品。

明人有一首《马兰歌》，歌曰："马兰不择地，丛生遍原麓。碧叶绿紫茎，三月春雨足。呼儿争采撷，盈筐更盈掬。微汤涌蟹眼，辛去甘自复。吴盐点轻膏，异器共衅熟。物俭人不争，因得骋所欲。不闻胶西守，饱餐赋杞菊。泊美草木滋，可以废粱肉。"这首歌对马兰评价极高，称其可以废掉一切精美的膳食。其中记载的食用方法是，采嫩苗叶在微汤中焯熟，以新汲之水浸去辛味，淘洗净后用油盐调食。《百草镜》中也明确说："马兰气香，可作蔬。"

清初顾景星《野菜赞》中称马兰为马兰丹："马兰丹，多泽生，叶如菊而尖长，左右齿各五。花亦如菊而单瓣，青色。盐汤酌过，干藏蒸食，又可作馒馅。生捣治蛇咬。"然后，顾景星赞曰："马兰不馨，名列香草。蛇菌或中，利用生捣。大哉帝德，鼓腹告饱。虺毒不逢，行吟用老。"这里把食马兰救荒与填饱肚子后不需再食野菜，都归于帝王的德行。

马兰有一种特殊的清香，能解热毒，所以清王士雄《随息居饮食谱》记："嫩者可茹可菹可馅，蔬中佳品，诸病可餐。"食马兰，最好在二三月间。万物皆洁净之时，取马兰头，气味清新。谷雨之后，已无嫩头，气味也缺清香也。马兰头菜，一般都去辛味后凉拌。《随园食单》:"马兰头菜,摘取嫩者,醋合笋拌食,油腻后食之,可以醒脾。"笋切成细丁,拌上五香豆腐干,味道也好。也可做羹:配以豆腐,豆腐之洁净配以马兰头之翠绿。亦可配以豆芽,快起锅时佘入马兰,待其色绿而未绵软时入碗。可以鸡丝炒之:先煸鸡丝,后入马兰,须用急火,马兰入锅即起。亦可与火腿、海米、鸡丝等调和为馅,包饺子做包子都可。马兰可晒干,干马兰烧猪肉,亦别有风味。

北宋王观有《庆清朝慢·踏青》:"调雨为酥,催冰做水,东君分付春还。何人便将轻暖,点破残寒。结伴踏青去好,平头鞋子小双鸾。烟郊外,望中秀色,如有无间。　　晴则个,阴则个,饐饤得天气,有许多般。须教镂花拨柳,争要先看。不道吴绫绣袜,香泥斜沁几行斑。东风巧,尽收翠绿,吹在眉山。"清代江南文人有"探春宴",在春暖园林、百花竞放之时游春玩景。探春宴一般设在曲径通幽之处,周围以杏雨桃红、绿阴芳草为伴。文人雅士在一片清明中倚酒炉茶桌吟香艳诗文,宴中多时令野菜。其中有荠菜,当然也少不了马兰。

马兰是清热解毒之要品,所以是上好的食疗材料。《本草正义》记:"马兰,最解热毒,能专入血分。止血凉血,尤其特长。凡温热之邪,深入营分,及痈疡血热、腐溃等证,允为专药。内服外敷,其用甚广,亦清热解毒之要品也。"

马兰的食疗方甚多。据聂凤乔先生记,马兰与青壳鸭蛋煮,吃蛋喝汤,可治吐血。马兰炒羊肝,可消小儿疳积。马兰根炖猪心,可治肺痨。马兰与红糖、甜酒调和,可治妇女产后血淤腹痛。马兰干与猪肉炖,取汤加鸡蛋一枚,煮熟后空腹每天一次,连服七天,可治妇女骨蒸痨。《日华子本草》说马兰有"破宿血，养新血"之功能。因此，旧时富商用马兰根蒸取其露。常服马兰露，可保证血液之吐故纳新。

另，明邵以正《济急仙方》说，用马兰、甘草擂醋搽子，可治缠蛇丹毒。《本草纲目》中的"孙一松试效方"又说马兰可治喉痹：用根或叶捣汁，入米醋少许，滴鼻孔中，或灌喉中，取痰自开。

这样的好东西，理当称为芳草，昔东方朔急急地给马兰戴个恶名，实在是冤屈了它。

鲃肺汤

喝鲃肺汤一定要到苏州木渎。苏州灵岩山峰波腾，极其秀媚。山中磊磊石壁，妙翠斓然。据说山中有十八奇石。这十八奇石分别是：灵岩石、石马、石龟、石鼓、石射埘、披云台、望月台、醉僧石、槎头石、牛眠石、石幢、佛日岩、石城、献花岩、袈裟石、猫儿石、升罗石、出洞龙。木渎就在灵岩山下。木渎是春秋时代吴国的古镇。当时吴王夫差在灵岩山造馆娃宫，为此搬运土木，大片木排堵塞了河道，古镇便因此而称木渎。

鲃肺汤是木渎镇石家饭店的绝技。这家饭店创于清光绪年间，老板名石汉，后传至其重孙石叙顺，饭店便叫"叙顺楼"。据郑逸梅先生考，叙顺楼用的是名贤冯桂芬的旧宅。冯桂芬字林一，是林则徐的得意门生，道光庚子榜眼，曾与叶昌炽、王颂蔚一起编过《苏州府志》。冯桂芬旧宅，原为大诗人沈德潜书庐。沈德潜曾有诗咏此书庐："白云护山村，红叶隐茅屋。门前跨板桥，户后罗修竹。牛闲系道旁，磨痒向古木。是时秋风高，霜重粳稻熟。老农颜色喜，早晚食新谷。惟苦欠文墨，举动成鄙俗。"

石家饭店之所以闻名于世，还需感谢国民党元老李根源先生。李根源退居姑苏后，住在穹窿山别墅，常到叙顺楼小酌。1929年，李根源邀于右任先生泛舟赏桂，访灵岩香溪之余，夜宿木渎。当晚，李根源在叙顺楼为于右任洗尘。于老在明月当空之际喝到新鲜的鱼汤，只觉口齿溢香，当时在几分醉意之中求问汤名，堂倌以吴语回答"斑肝汤"。于老是陕西人，把"斑"听成了"鲃"，依稀记得字书中有"鲃"字，微醺中又把肝误为肺，于是乘兴作诗一首："老桂花开天下香，看花走遍太湖旁。归舟木渎犹堪记，多谢石家鲃肺汤。"于老作诗后，店主请李根源先生为店题名，李先生欣然提笔，写下"鲃肺汤馆"四字，又嫌叙顺楼之名太俗，于是重题为"石家饭店"。

鱼实有鳃而无肺，但名声一传遍三吴，"鲃肺汤"成为闻名遐迩的名菜，鲃鱼也就笼罩上了一层迷人的色彩。一时间，对鲃鱼出现了各种各样的考据。有说应为"鲅鱼"："似鲤而赤。"有说应为"鲌鱼"："背部黑蓝，腹侧银灰，体扁，嘴上翘。"《辞海》中对"鲃鱼"解释为："常栖息于水流湍急的涧溪中……常具口须，背鳍有时具硬刺，臀鳍具五分枝鳍条，主要分布于中国华南和西南。"有人说，鲃鱼其实就是小河豚。有人说，这种鱼来无影，去无踪。桂花一开它就来了，桂花一谢它就去了，来时成群结队，去后再无一丝踪迹。也有人说，桂花一谢，这种鱼就进了长江。等到第二年清明时再进太湖，就成了河豚。

其实鲃鱼就是斑鱼。斑鱼体扁圆，身黑肚白，当地人称之为"泡泡鱼"。此鱼背上有斑纹，肉嫩味鲜，敢与河豚比美。清人朱彝尊《曝书亭集》卷十七有《斑鱼三十韵》："吾衰薄滋味，意不在粱肉。第苦藜苋羹，精力易消缩。以兹盘中馔，往往供水族。持螯疑螃蟹，握鳝近蜘蝮。可怪鼋脂垂，生憎鲨尾蠹。所欲庶其鱼，又无取干鱐。河豚昔最嗜，恒用井华漉。尘远烹于庭，血去抉其目。刘楚燃豆萁，务候汤水熟。琼乳捋西施，但恨不盈匊。谁能罢馋叉，对此食指搐。自从十年来，不敢恣口腹。鸩毒安可怀，灾生虑薄禄。斑鱼乃具体，秋深出洄洑。小大虽云殊，一气同化育。其形亦彭亨，其性齐忿懥。"朱彝尊是个美食家。这首诗说他喜欢清淡，无意于肉食而喜好河鲜，河鲜中又最好河豚。朱彝尊记有一套食河豚的方法，比如要用井花水清洗，去血去鱼目，烹制时要燃以豆萁。诗中说他近十年身体衰弱，不敢再吃河豚，于是以斑鱼代替，斑鱼能与河豚比美。这首诗里朱彝尊还写道：食斑鱼须食肝。诗曰："排泥剔其羽，起肝淘以曲。法使甘不嗳，莹白类新沐。和之以蟹胥，其汁转浓郁。既异齿镆铘，兼免愁惨黩。"去鳞起肝洗净后要用酒略泡，烹成后莹白鲜香。和之以蟹酱，汤汁转浓，食时口齿留芳，还可消愁解忧。

斑鱼之鲜美在肝。食斑鱼肝需在中秋时节，野菊丹桂盛开之时。仲秋时节，斑鱼肝大而肥嫩，大者如鹌鹑蛋。吴歌中有《十二月鱼谚》记："正月塘鲤肉头细，二月桃花鳜鱼肥，三月甲鱼补身体，四月鲥鱼加葱细，五月白鱼吃肚皮，六月鳊鱼鲜如鸡，七月鳗鲡加油焖，八月斑鱼要吃肝，九月鲫鱼红塞肉，十月草鱼打牙祭，十一月胖头汤吃头，十二月青鱼只吃尾。"

吃斑鱼要去鱼皮。石家饭店的鲃肺汤，以斑鱼肝分批成片，除肝外只用鳍下无骨之肉，配以火腿与菜心，一碗汤大约要十几尾斑鱼的肝。清煮成汤，鲜味不失。肝之黄肉之白与火腿之红菜心之绿相映，上口肝酥肉软，一触即化，鲜不可言。

石家饭店做此汤不用油。朱彝尊做斑肝汤时要用油。《食宪鸿秘》记："拣不束腰者（束腰有毒），剥去皮杂，洗净。先将肝同木花①入清水浸半日，与鱼同煮。后以菜油盛碗内，放锅中，任其沸涌，方不腥气。临起，或入嫩腐、笋边、时菜，再捣鲜姜汁，酒浆和入，尤佳。"

清人《调鼎集》记斑鱼食法有六七种，强调此鱼"七月有，十月止"，"状类河豚而极小，味甘美、柔滑、无骨，几同乳酪"。其记"斑鱼羹"方为："斑鱼治净，留肝洗净，先将肝同水瓜酒和清水浸半日。鱼肉切丁同煮。煮后取起，后用菜油涌沸（方不腥）临起或用豆腐、冬笋、时菜、姜汁、酒、酱油、豆粉作羹。""脍斑鱼肝"方为："鱼肝切丁，石糕豆腐打小块，另将豆腐、火腿、虾肉、松子、生脂油一并劗绒，入作料，肝丁、豆腐块一同下锅，鸡汤脍，少加芫菜。""炒斑鱼肝"方为：切丁，配老毛豆米、脂油、酱油炒。虽有六七种方法，但都不如石家饭店所用清汤原汁之素朴清纯。

石家饭店有十大名菜。除鲃肺汤以外，还有三虾豆腐、白汤鲫鱼、石家酱方、油泼童鸡、松鼠鳜鱼、清炖甲鱼、虾仁番茄锅巴、红烧塘鲤、生爆鳝片。三虾豆腐中的"三虾"是用虾仁、虾子、虾脑。白汤鲫鱼，均选半斤左右的鲫鱼，养在后门沿河木桥竹篓中，随烹随取。虾仁番茄锅巴这道菜，据说当年陈果夫来这里宴客，石叙顺用一大碗在香油中煮得滚烫的虾仁番茄浇在炸得焦黄的锅巴上。陈果夫问菜名，石说尚无名字，陈果夫便命名为"天下第一菜，平地一声雷"。此乃石家饭店的说法。史料记载，此菜实为乾隆下江南时所命名。陈果夫究竟是已知此典故，还是即兴与乾隆一拍而合，至今已不可考也。

_____

①疑是槐花。

佛跳墙

佛跳墙是福建首席名菜。闽菜鱼汤，有一汤十变之说。一汤，意思是选取一种原汤为主，配以各种质料之鲜，各种主料与辅料之味互为融合，使一种原汤可以变成十种不同之味，这十种不同之味还能合为一体。

佛跳墙这道菜，相传源于清道光年间，距今有两百年历史。此菜包括十八种主料、十二种辅料。其原料有鸡鸭、羊肘、猪肚、蹄尖、蹄筋、火腿、鸡鸭胵；有鱼唇、鱼翅、海参、鲍鱼、干贝、鱼肚；也有鸽蛋、香菇、笋尖、竹蛏。三十种原料分别加工调制后，分层装进坛中。佛跳墙之煨器，多年来一直选用绍兴酒坛，坛中有绍兴名酒与料调。煨佛跳墙讲究储香保味，料装坛后先用荷叶密封坛口，然后加盖。煨佛跳墙之火必须是质纯无烟的炭火，旺火烧沸后用微火煨五六个小时而成。煨成开坛，略略掀开荷叶，便有酒香扑鼻。此菜汤浓色褐，厚而不腻。食时酒香与各种香气混合，香飘四座，烂而不腐，令人回味无穷。

关于这道菜的创始，说法颇多。一说，据费孝通先生记，发明此菜者乃一帮要饭的乞丐。这些乞丐拎着破瓦罐，每天四处要饭，把饭铺里各种残羹剩饭全集在一起。有一天，有一位饭铺老板出门，突然闻到街头有一缕奇香飘来，循香而发现破瓦罐中剩酒与各种剩菜倒在一起，散发出异乎寻常的异香。这位老板因此而得启悟，回店以各种原料杂烩于一瓮，配之以酒，创制了佛跳墙。

二说，福建有一种风俗叫"试厨"。即新媳妇第一天上门，第二天回门，第三天须到夫家试厨。这是对新媳妇治家本领的测试，关系到她今后在公婆眼中的地位。相传有一个从小娇惯的女子不会做菜，出嫁前一直为试厨发愁。母亲想尽了办法，把家藏的山珍海味都翻找出来，一一配制后用荷叶装成小包，反复叮嘱女儿各种原料的烹制方法。谁知她到了试厨前一天，慌乱中全然忘记了。她傍晚才到厨房，把母亲准备的各种原料一包包解开，堆了一桌子无从下手。正无计可施之际，听见公婆要进厨房。新媳妇怕公婆挑剔，见桌边有个酒坛，匆忙就将所有原料都装入坛内，顺手用包原料的荷叶包住坛口，又把这酒坛放在了快灭火的灶上。想到明天要试厨，她生怕自己无法应付，就悄悄溜回了娘家。第二天，宾客都到了，却不见了新媳妇。公婆进厨房，发现灶上有个酒坛，还是热的。刚把盖掀开，就浓香四溢，宾客们闻到香味都齐声叫好，这就是佛跳墙。

这两则故事都乃民间传说，姑妄听之。

另一说来自笔记所记，相对可靠一些。按笔记所记，此菜创于光绪二年（1876）。当时福州官银局一位官员，设家宴请当时的布政使周莲。这位官员的内眷是位烹饪高手，她以鸡鸭、猪肉同入绍兴酒坛内煨制，上桌后香气萦绕。周莲当时在榕城以能诗善饮出名，品尝后赞不绝口，命家厨郑春发仿制。郑春发十三岁学艺，曾到京、杭、苏、粤等地从厨深造，也是一把烹饪好手。郑春发向官员内眷请教，回来改造原料，多用海鲜少用肉，为此菜起名"坛烧八宝"。光绪三年（1877），郑春发集股开设三友斋菜馆，后又独资，更名为聚春园。聚春园以承办当时福州四司道（布政司、按察司、粮道、盐道）的官场饮宴为主，"坛烧八宝"是聚春园的第一菜。郑春发不断改进此菜的原料配料，最后，针对有食家提出此菜过于厚重荤腻的缺点，他将此菜配以酱核桃仁、糖醋萝卜丝、麦花鲍鱼脯、酒醉香螺片、贝汁鱿鱼汤、香糟醉肥鸡、火腿拌菜心、冬菇炒豆苗八碟小菜，外加两碟小点，并与甜食冰糖燕窝、应时鲜果搭配，使席间有荤有素，有酸有甜，错落有致。

据聚春园人称，这道菜前后共改换过三个菜名。刚开始叫"坛烧八宝"，后来叫"福寿全"，再后来才叫"佛跳墙"。

从"坛烧八宝"到"福寿全"，是郑春发为满足官场之需要，"福寿全"这样的名称比较受官场青睐。至于从"福寿全"改为"佛跳墙"，也有两种说法。

一说，此菜在聚春园成为佳品后，经常有文人墨客闻名而来。大家品评后赞叹不已，免不了要以诗助兴。一天有一帮秀才宴饮之余，轮流赋诗。其中一位赋诗曰："坛启荤香飘四邻，佛闻弃禅跳墙来。"意思是此菜香味太诱人，连佛都会启动凡心。另一说是，此菜启坛后浓香四溢，刚巧隔墙有寺，香气使隔墙和尚垂涎欲滴，于是不顾一切清规戒律，越墙而入，请求入席。此两种说法，后一种要拙劣很多。

福州口音中"福寿全"与"佛跳墙"，其实发音非常相近。

佛跳墙系冬令佳品，据说有明目养颜、活血舒气、滋阴补阳之效。

　　其实，此菜也就是集山珍海味于一坛的一道杂烩。《清稗类钞》记："闽、粤人之食品多海味，餐时必佐以汤。""肩担熟食而市者，人每购而佐餐，为各地所恒有。至随意啖嚼之品，惟点心、糖食、水果耳。闽中则异是，鸡鸭海鲜，烹而陈列担上，并备酱醋等调料，且有匕箸小凳，供人坐啖，沿街唱卖。"这肩担者，也是杂烩，也用酒调制，不过原料没那么讲究，未能密封于精致的绍兴酒坛中，以至于香气不断地流失罢了。

豆 芽

中国的豆芽有两千多年的历史，创造发明者已不可考。最早的豆芽，是以黑大豆作为原料。《神农本草经》中称豆芽为"大豆黄卷"，把其列为"中品"，记做法是："造黄卷法，壬癸日[①]，以井华水浸黑大豆，候芽长五寸，干之即为黄卷。用时熬过，服食所需也。"解释其名为："大豆作黄卷，比之区萌而达蘗者，长十数倍矣。从艮而震，震而巽矣，自癸而甲，甲而乙矣[②]。始生之曰黄，黄而卷，曲直之木性备矣。木为肝藏，藏真通于肝。肝藏，筋膜之气也。大筋聚于膝，膝属溪谷之府也。故主湿痹筋挛，膝痛不可屈伸。屈伸为曲直，象形从治法也。"

早时豆芽用于食疗。《神农本草经》说豆芽主要治风湿和膝痛。李时珍《本草纲目》卷二十五称豆芽为"豆黄"。造法是：用黑豆一斗，蒸熟，铺席上，以蒿[③]覆之，如腌酱法。待上黄，取出晒干，捣末收用。气味：甘，温，无毒。主治：湿痹膝痛，五脏不足气，胃气结积。壮气力，润肌肤，益颜色，填骨髓，补虚损，能食，肥健

---

① 指冬末春初之时。
② 此句指豆芽发育的过程。
③ 这里泛指草。

人。以炼猪脂和丸，每服百丸，神验秘方也。肥人勿服。

道家养生著作《延年秘录》记："服大豆，令人长肌肤，益颜色，填骨髓，加气力。补虚能食，不过两剂。大豆五升，如作酱法，取黄捣末，以猪肪炼膏，和丸梧子大^①，每服五十丸至百丸。温酒下，神验秘方也。"戴羲《养余月令》记一服法："是月六日，以洗净大黄豆煮熟，取出候冷，以面为衣，摊于席上，以衣盖之。又用青蒿腌一七，取出晒干，搓去面黄入缸。煎紫苏盐汤候冷，浸豆与水平。每豆一斤，用盐六两。浸过一夜，取出和食香拌匀，装净坛内。今日晒四五日，从新搜过一次。再晒再搜，四五次用。"

豆芽作为素菜食用，较早见于林洪的《山家清供》："温陵^②人家，中元前数日，以水浸黑豆，曝之。及芽，以糠秕置盆内，铺沙植豆，用板压。及长，则覆以桶，晓则晒之，欲其齐而不为风日损也。中元，则陈于祖宗之前。越三日，出之。洗，焯渍以油、盐、苦酒、香料可为茹，卷以麻饼尤佳。色浅黄，名'鹅黄豆生'。"同样文字，亦见于明黄瑜《双槐岁钞》。

《东京梦华录》中称豆芽为"种生"："又以绿豆、小豆、小麦于磁器内，以水浸之，生芽数寸，以红蓝彩缕束之，谓之'种生'，皆于街心彩幕帐设出络货卖。"

南宋陈元靓《岁时广记》中，则称豆芽为"生花盆儿"："京师每前七夕十日，以水渍绿豆或豌豆，日一二回易水，芽渐长至五六寸许，其苗能自立，则置小盆中，至乞巧可长尺许，谓之'生花盆儿'，亦可以为菹。"

---

①梧子：梧桐的果实。
②温陵：今福建泉州。

宋朝时，食豆芽已相当普遍。豆芽与笋、菌并列为素食鲜味三霸。南宋方岳有《豆苗》诗："江南之笋天下奇，春风匆匆催上篱。秦邮之姜肥胜肉，远莫致之长负腹。先生一钵同僧居，别有方法供斋蔬。山房扫地布豆粒，不烦勤荷烟中锄。手分瀑泉洒作雨，覆以老瓦如穹庐。平明发视玉髯磔，一夜怒长堪水菹。自亲火候瀹鱼眼，带生芼入晴云碗。碧丝高奈涎滑莼，脆响平欺辛螫薤。晚菘早韭各一时，非时不到诗人脾。何如此隽咄嗟办，庾郎处贫未为惯。"

那时食豆芽，主要是凉拌。明韩奕《易牙遗意》记载："将绿豆冷水浸两宿，候涨换水，淘两次，烘干。预扫地洁净，以水洒湿，铺纸一层，置豆于纸上，以盆盖之。一日洒两次水，候芽长，淘去壳。沸汤略焯，姜醋和之，肉燥尤宜。"

后来有用豆芽为羹者，有以油炸之，亦有以鸡汁和豚汁烫而食之。诸种豆芽中，豌豆苗较为鲜美。《清稗类钞》记："豌豆苗，在他处为蔬中常品，闽中则视作稀有之物。每于筵宴，见有清鸡汤中浮绿叶数茎长六七寸者，即是。惟购时以两计，每两三十余钱。"

食豆芽须掐去根须及豆，因此到清代被称作"掐菜"。清时，文人们讲究豆芽要入汤融味。《随园食单》有"豆芽"条："豆芽柔脆，余颇爱之。炒须熟烂，作料之味，才能融洽。可配燕窝，以柔配柔，以白配白故也。然以其贱而陪极贵，人多嗤之，不知惟巢、由正可陪尧、舜耳。"①

----

① 巢、由，指巢父与许由，此两人都是隐士。相传尧要把君位让给他们，他们都隐居不受。此句意为：然而以极便宜的东西配极昂贵的东西，人们多讥笑这种搭配。殊不知只有巢父、许由这样的隐士可以陪伴尧、舜这样的君主。

豆芽菜谱中，有一道菜叫"熘银条"，颇负盛名。原料是绿豆芽、葱丝、精盐、白醋、花椒、线辣椒、芝麻油。此菜先用旺火，将辣椒炸成深红色，豆芽入锅后即烹醋引火，要求四五十秒之内就熘成，以保证豆芽脆嫩。

炒豆芽一般配以鸡丝。"银苗鸡丝""掐菜炒鸡丝""鸡绒银条""银针拌鸡丝"，各地名称不一样。鲁菜中也有粘蛋糊油炸的。清嘉庆年间，有"缕豆芽菜使空，以鸡丝、火腿满塞之"的做法，实在难以想象其具体操作方法。《清稗类钞》中有一则某贵人以豆芽为奢侈品的故事："京师贵人某，一日访其戚，留午餐，肴有豆芽。某戚固尝乞贷于某者，至是，某责之曰：'君屡言贫，而肴馔何奢侈乃尔？'戚力辩为非贵品。某曰：'此为吾所常食，每盘需银一二钱，何得谓非贵品？'戚以未烹者示之，且曰：'所值实仅钱二三文耳。'某悟厨人之奸，归而欲逐之。厨人乃取豆芽截其须，以辣椒丝覆其上，又调以麻油酱油，别取不截须者渍以盐水，悉盛于盘以献之，指不截须者而言曰：'此贱物，即三文尚嫌贵，主人所见者此也。若主人平日之所食者，则确为贵品。'某不知其诈，遂复留厨人。"某贵人一日访其亲戚，因为这个亲戚问他借过钱，吃饭时他见桌上有豆芽，就问这个亲戚：你平日老叫穷，吃饭怎么还用这等奢侈品。这是我常吃的，每盘一二两银子。亲戚就跟他说，豆芽很便宜，其实只要二三文钱。贵人回家问厨师。厨师把豆芽须截掉，辣椒丝盖在上面，加上麻油酱油，说三文钱还嫌贵的是那种穷人吃的用盐渍的豆芽，主人平日吃的这种豆芽的确很贵。

西方称豆芽是中国食品的四大发明之一。另三个分别是豆腐、酱和面筋。当然，中国之食品发明，远不止这四种。豆芽据说是李鸿章在光绪二十六年（1900）后出使欧洲时传到西方的，因有"李鸿章杂碎"之说。现加拿大魁北克一带，干脆就称豆芽为"杂碎"。

面　筋

面筋又称麸。明黄一正《事物绀珠》说，面筋乃梁武帝制创。梁武帝初创的麸之形态及做法，现无文献印证。关于面筋，最早见文字者，是宋人寇宗奭《本草衍义》："生嚼白而成筋，可粘禽虫。"沈括《梦溪笔谈》曰："凡铁之有钢者，如面中有筋。濯尽柔面，则面筋乃见。炼钢亦然。"贾铭《饮食须知》曰："麸中洗出面筋，味甘，性凉，以油炒煎，则性热矣。多食难化，小儿、病人勿食。"李时珍《本草纲目》称："面筋，以麸与面水中揉洗而成者。古人罕知，今为素食要物。"

江浙一带传说面筋乃张士诚手下的厨师所创。张士诚是江苏泰州人，盐贩出身，元末起兵称王，割据范围曾南到浙江绍兴，北到山东济宁，后被朱元璋击败。传说张士诚运粮船经过江苏兴化得胜湖，风浪大作，粮船全都倾没。风浪过后，张士诚下令军士下湖打捞，捞起的面经浸泡已成浆饼，张士诚手下厨师因此而发现这种浆饼比面团更为柔韧，洗去浮浆后入锅，煮成后柔韧滑润，厨师因此称之为面中筋骨，于是就叫面筋。

其实，宋代时面筋的制作与食用相当普遍，城中已有专门生产面筋的麸面作坊，也已有以销售面筋为业的商贩。宋人多有咏面筋的诗。北宋葛长庚有《咏麸筋》："结庵白云处，山供味味新。嫩腐虽云美，麸筋最清纯。"南宋王炎有《山林清供杂味咏·麸筋》："色泽似乳酪，味胜鸡豚佳。一经细品嚼，清芳甘齿颊。"后元人宋无亦有咏麸筋诗："山笋麸筋味何深，箸下宜素又宜荤。黄润光亮喜入眼，浓汁共炙和鸡豚。"

面筋有生面筋、熟面筋之分。生者，即经水揉洗而成的水面筋；熟者，系水面筋发酵起孔后入笼蒸熟，今称作烤麸。洗面筋时须先和成以面团，和时要入盐，饧半小时左右，再在清水中揉洗。生面筋发酵，切忌过火。过火则变酸、发硬。

明韩奕《易牙遗意》记载面筋食法为："麸鲊，麸切作细条，一斤，红曲未染过。杂料物一斤：笋干、萝卜、葱白皆切丝。熟芝麻、花椒二钱，砂仁、莳萝、茴香各半钱，盐少许，熟香油三两，拌匀供之。""煎麸：上笼麸坯，不用石压，蒸熟。切作大片，料物、酒浆煮透，晾干。油锅内浮煎用之。"

这两种，前一种是生面筋，后一种类似于今之面筋泡。

南宋林洪《山家清供》中，有一道菜叫"假煎肉"，原料是瓠瓜和面筋。瓠瓜也叫"西葫芦""夜开花"。瓠瓜和面筋薄切，各和以佐料。面筋用油煎，瓠瓜用脂煎，然后葱椒油入酒共炒。炒熟之后，据说和煎肉的味道难以分辨。

清薛宝辰《素食说略》中，记有面筋的食法四种：一、"面筋用水瀹过，再以白糖水煮之，则软美。"二、"五味面筋"："面筋切块，以酽茶浸过，再以糖、醋、酱油煨之，略加姜屑，味颇爽口。"三、"糖酱面筋"："煮熟面筋，以糖及酱油煨透，多加熬熟香油起锅，可以久食。"四、"罗汉面筋"："生面筋，擘块，入油锅发开，再以高汤煨之，须微搭芡。京师素饭馆'六味斋'作法甚佳。"

元人《居家必用事类全集》庚集有"炙脯"条："熟面筋随意切，下油锅掠炒，以酱、醋、葱、椒、盐、料物擂烂调味得所。腌片时，用竹签插，慢火炙干，再蘸汁炙。"

袁枚《随园食单》中记有面筋二法："一法面筋入油锅炙枯，再用鸡汤、蘑菇清煨。一法不炙，用水泡，切条入浓鸡汁炒之，加冬笋、天花。"有人在此基础上，"加虾米泡汁，甜酱炒之甚佳"。

清人顾仲《养小录》有"响面筋""熏面筋"。"响面筋"："面筋切条压干，入猪油炸过，再入香油碟。笊起，椒盐、酒拌入。齿有声，坚脆好吃。""熏面筋"："面筋切小方块，煮过。甜酱酱四五日，取出。浸鲜虾汤内一宿，火上烘干。再浸鲜虾汤内，再烘十数遍。入油略沸，熏食。亦可入翻碟。"

清人《调鼎集》中介绍了面筋的几种做法。"生面筋"做法："生面筋刮元，入木耳、荸荠或嫩笋尖、山药等，加豆粉油炸焖。生面筋入苏州香糟腌复时，焖。生面筋每块切如灰干大，四面细花划开，菜油炸松，撕成小块。油盛起，下清水煮烂，加金针菜、香蕈、青笋，俱用热水泡开，入大茴等物。火候既到，仍下熟油收软，腐皮拆开，破三二张，起锅下酒酿或洋糖，面上加小蘑油。""大烧素面筋"做法："面筋（大者十块，小者十五块），秋油一斤，大茴四两，皮酒三斤，麻油半斤，天水二茶杯，以酱和之。先将面筋分作两半边，刀切麻酥块，入砂锅，加皮酒一斤，酱和天水两茶杯。竹笟隔底，面筋摆上，文火煨滚。入麻油四两、皮酒一斤，盖好，文火煨。俟锅内将干，再添皮酒一斤，放大茴四两。烧数滚，则将大火掣去，文火煨之。面巾透熟，将砂锅拿起，又添油四两，冷时用可。"这里的秋油又名母油，黄豆发酵制酱油，在缸里置露天，因经"日晒三伏，晴则夜露，至深秋得第一批最好"，所以叫秋油。天水就是雨水。皮酒，疑是啤酒。1897年，青岛已产啤酒。

清人《筵款丰馐依样调鼎新录》中，记有面筋菜十二种。"满烩面筋""十景面筋""回汉面筋""素烩面筋""凉拌面筋""响铃面筋""罗汉面筋""炸熘面筋""白菜面筋""鸽虎面筋""果子面筋""酿面筋"。

面筋性甘凉，可解热和中，宽中益气。清王士雄《随息居饮食谱》记："面筋性凉解热，止渴消烦，劳热人宜煮食之。但不易化，须细嚼之。误吞钱者，以面筋放瓦上炙，存性，研末，开水调服，在喉者即吐出，入腹中从大便下。"

今人之面筋吃食，著名者有"珍珠面筋"：水面筋揪成珍珠粒，入锅煮熟，和青豆、冬笋、胡萝卜烧制。有鲁菜"熘素排骨"：以山药为骨，以面筋缠在上面为肉，下油锅炸至金黄，下糖醋、鸡汤熘汁。有金陵菜"脆鹅皮"：将油面筋切开油炸，炸后撒糖，再浇上酱醋卤汁。另有"素十八罗汉"：大面筋泡十八个，入各种不同的素馅，封口后扒制，是斋食中的佳品。

皮　蛋

皮蛋大约发明于14世纪，也就是明初，发明人已不可考。至今能查找到的最早见诸文字的记录，是1504年成书的《竹屿山房杂部》（明宋诩、宋公望著）：

> 混沌子：取燃炭灰一斗，石灰一升，盐水调入，锅烹一沸，俟温，苴于卵上，五七日，黄白混为一处。

这种"混沌子"，就是最早的皮蛋。用炭灰与石灰混合，涂在蛋上，利用强碱性材料，促使蛋内成分发生化学变化，封藏五七三十五天，使蛋黄蛋白各自凝固。

明末戴羲所作《养余月令》中，记载有"牛皮鸭子"的制法：

> 牛皮鸭子：每百个用盐十两，栗炭灰五升，石灰一升，如常法腌之入坛。三日一翻，共三翻，封藏一月即成。

"牛皮鸭子"也就是皮蛋。

明代思想家方以智所著《物理小识》中，把皮蛋称作"变蛋"：

"池州①出变蛋，以五种树灰盐之，大约以荞麦谷灰则黄白杂糅；加炉炭石灰，则绿而坚韧。"方以智认为，使用不同的炭灰，蛋内会产生不同的化学变化，形成两种不同的东西。方以智认为这种变蛋是在古时咸杬子基础上发展而成的。他在叙述变蛋之前有这样一段话："《老学庵笔记》《齐民要术》有咸杬子法，以杬皮渍鸭卵，今吴人用虎杖根渍之，犹古遗法。"

陆游《老学庵笔记》卷五称："《齐民要术》有咸杬子法，用杬木皮渍鸭卵。今吴人用虎杖根渍之，亦古遗法。"元陶宗仪《南村辍耕录》也记："咸杬子，今人以米汤和入盐、草灰以团鸭卵，谓曰咸杬子。又《齐民要术》用杬木皮淹渍，故名之。"

《齐民要术》卷六记："杬木皮，净洗细茎，剉煮取汁，率二斗。及熟，下盐一升和之，汁极冷内瓮中（贾思勰注曰：汁要是热，入瓮中，卵则会渍败，不堪久停）。浸鸭子一月任食，煮而食之，酒食俱用。盐彻则卵浮②。"

那么杬木皮是什么呢？贾思勰注曰："《尔雅》曰：'杬，鱼毒。'"郭璞注曰："杬，大木，子似栗，生南方，皮厚汁赤，中藏卵果。"《尔雅》云："荼：虎杖。"郭璞注："似红草，粗大有细刺，可以染赤。"《玉篇》释"杬"："木名，出豫章，煎汁、藏果及卵不坏。"宋洪迈在《容斋随笔》中说："《异物志》云：'杬子音元，盐鸭子也。'以其用杬木皮汁和盐渍之。今吾乡处处有此，乃如苍耳、益母，茎干不纯是木。小人争斗者，取其叶挼擦皮肤，辄作赤肿，如被伤，以诬赖其敌。至藏鸭卵，则又以染其外，使若赭色云。"杨万里有诗曰：

①位于安徽省南部，别名"秋浦"。
②盐渗入蛋，蛋会浮起来。

"深红杬子轻红鲊，难得江西乡味来。"杬皮汁是红的，一可以防腐，二可以染色。用杬皮汁浸腌的鸭蛋，皮是红的，因此也叫"杬子"。南宋朱翌《猗觉寮杂记》："南人以盐收鸭子曰咸丸子。"可见"咸杬子"就是咸鸭蛋。

杬皮也是偏碱性的，说咸鸭蛋是皮蛋发明的前提，自然也有道理。

至清代，有更详细的关于皮蛋制作的记载。宋赵希鹄《调燮类编》："鸭蛋以硇砂画花及写字，候干，以头发灰洗之，则黄直透内。做灰盐鸭子，月半日做则黄居中，不然则偏。"以头发灰掺水，使硇砂①的黄色素渗入蛋壳，对蛋进行洇染。而草木灰调盐产生强碱，再使蛋白凝成琥珀色半透明胶体，使蛋黄变成蓝黑色。"月半日做则黄居中"的说法，根据的是潮汐原理。每逢农历初一、十五，月亮与太阳对地球的引力最大，这时候鸭蛋的黄可以居中，其他时间都会偏离。

文献记载中对配料的比例已规定得很明确。元鲁明善《农桑衣食撮要》：鸭蛋"每一百个用盐十两，灰三升，米饮调成团"。《居家必用事类全集》己集："灶灰筛细二分，盐一分，拌匀。却将鸭卵于浓米饮汤中蘸湿，入灰盐滚过，收贮。"清李化楠所著《醒园录》："用石灰、木炭灰、松柏枝灰、垄糠灰四件（石灰须少，不可与各灰平等），加盐拌匀，用老粗茶叶煎浓汁调拌不硬不软，裹蛋。装入坛内，泥封固，百天可用。其盐每蛋只可用二分，多则太咸。又法：用芦草、稻草灰各二分，石灰各一分，先用柏叶带子捣极细，泥和入三灰内，加垄糠拌匀，和浓茶汁，塑蛋，装坛内半月、二十天可

———————
①硇砂：矿物名，亦可入药。

吃。"

那时的制作与今日已无多少差异，柏叶带子化学反应于蛋内，其花纹，就是今名"松花"。

清曾懿《中馈录》中记载"制皮蛋法"："制皮蛋之炭灰，必须锡匠铺所用者。缘制锡器之炭，非真栗炭①不可，故栗炭灰制蛋最妙。盖制成后黑而不辣，其味最宜。而石灰必须广灰②，先用水发开，和以筛过之炭灰、压碎之细盐，方得入味。如炭灰十碗，则石灰减半，盐又减半。以浓茶一壶浇之，拌至极匀，干湿得宜。将蛋洗净包裹后，再以稻糠滚上，俟冷透装坛，约二十日即成。"

皮蛋与咸鸭蛋一样，都是高邮出产的好。高邮这个地方出大麻鸭，大麻鸭产的蛋大，也光洁。《随园食单》称："腌蛋以高邮为佳，颜色细而油多，高文端公最喜食之。席间，先夹取以敬客，放盘中。总宜切开带壳，黄白兼用。不可存黄去白，使味不全，油亦走散。"这是咸鸭蛋。高邮做皮蛋，除用石灰、松柏灰、豆秸灰、盐外，还用红茶灰与桦菜，制成以后蛋白透明，蛋黄色绿。康熙《高邮州志》：皮蛋"入药料腌者，色如蜜蜡，纹如松叶，尤佳"。

湖南益阳也出好皮蛋。关于皮蛋的制作发明，益阳有两种民间传说。一说乃有一户农家造屋，屋后有石灰池，晚间鸭子把蛋下进石灰池中，后来主人剥开后发现，蛋白蛋黄都已凝固，就此发现了皮蛋的制作奥秘。一说有一位开茶馆老翁，每日将喝剩茶叶倒在门口稻草灰堆上，他家养的鸭子喜欢晚间在此安卧下蛋。老翁后来发现灰中有蛋，剥开一尝无盐味，就泡在盐水里。过了几天之后，就

①栗树烧制之炭。
②广灰：结块的优质生石灰，碱性较强。

是皮蛋。

　　皮蛋的吃法是，剥皮切瓣，入盘浇以香油和醋，还应撒上切得极细的姜末。也可入锅烹制，如"熘松花"：松花切瓣，挂上面粉，再挂上水团粉糊，入油锅炸至金黄，再入锅加用葱蒜姜醋等调料配好的芡汁轻熘而成。昔清末名臣大儒郭嵩焘素好皮蛋，自创熟食之法，曰"炒皮蛋松"。其做法是，皮蛋蒸熟后切成拇指尖大小方丁，猪肉也切成如此大小的方丁。皮蛋与猪肉丁分别过油，配以笋丁、茭白丁、莴笋丁、黄瓜丁、虾仁与香菇，以及葱花、姜米、干辣椒，同炒一锅，入以盐、酒、糖、醋，香嫩软滑，别具风味。

痀偻承蜩

"痀偻①承蜩"一语见于《庄子·达生》：

> 仲尼适楚，出于林中，见痀偻者承蜩，犹掇之也。仲尼曰："子巧乎，有道邪?"曰："我有道也，五六月累丸，二而不坠，则失者锱铢。累三而不坠，则失者十一。累五而不坠，犹掇之也。吾处身也，若厥株拘，吾执臂也，若槁木之枝。虽天地之大，万物之多，而唯蜩翼之知。吾不反不侧，不以万物易蜩之翼，何为而不得!"孔子顾谓弟子曰："用志不分，乃凝于神，其痀偻丈人之谓乎!"

这是一个锲而不舍、专心致志地粘蝉的痀偻人的故事。痀偻人对孔子说，五六月粘蝉，关键要靠竹竿上的功夫。这个功夫是练出来的。要是竹竿上放两丸不掉下来，粘十只蝉可能会飞走两三只。要是放三丸不掉下来，飞走的可能是十分之一。要是放五丸都不掉下来，粘蝉就像拾蝉一样轻而易举。这里，承是粘的意思，蜩便是蝉。扬雄《方言》考："蝉，楚谓之蜩，宋卫之间谓之螗蜩，陈郑之

---

①痀偻：驼背。

间谓之蝭蟧，秦晋之间谓之蝉，海岱之间谓之蝽。"

《诗经·豳风·七月》："五月鸣蜩。"

按东汉王充《论衡》的说法，蝉是金龟子幼虫所变。"蛴螬化为复育，复育转而为蝉，蝉生两翼，不类蛴螬。"蛴螬就是金龟子幼虫，复育就是刚钻出土的蝉。复育折背而出为蝉。

蝉，方首广额，两翼六足，无口，从胁而鸣，乘昏夜出土中，升高处折背壳而出，日出则畏人也畏日。《庄子》："睹一蝉，方得美荫而忘其身。"明王逵《蠡海录》："蝉近阳依于木，以阴而为声，故腹板鸣然。其性阳和，故此息而彼作。"说蝉以阴而鸣叫，但本性却是阳和，所以这边不叫那边就叫。

蝉出土登高而蜕壳，待壳炙干之后壳便不能蜕。所以，其蜕壳必须在日出之前，待日出把露水晒干，壳就蜕不了。北宋陆佃《埤雅》说，蝉蜕壳是"舍卑秽趋高洁"。蝉蜕壳登高之后吸风饮露，只溺而不粪，所以郭璞赞："虫之清洁可贵惟蝉。"古人归纳，蝉有五德八名。西晋陆云《寒蝉赋》记五德为："头上有绥①则其文也，含气饮露则其清也，黍稷不享则其廉也，处不巢居则其俭也，应候守节则其信也。"《尔雅》记蝉的名称分别是：蜩、螂蜩、螗蜩、蚻、蜻蜻、蠽、茅蜩、蝒马蜩、蜺、寒蜩。李时珍考曰："夏月始鸣，大而色黑者，蚱蝉也，又曰蝒，曰马蜩。《豳诗》五月鸣蜩者是也。头上有花冠，曰螗蜩，曰蝘，曰胡蝉，荡诗如蜩如螗者是也。具五色者曰螂蜩，见《夏小正》，并可入药用。小而有文者，曰蠽，曰麦蚻。小而色青绿者，曰茅蜩，曰茅蠽。秋月鸣而色青紫者，曰蟪蛄，曰蛁蟟，

---

①绥：帽子上或旗杆顶上的缨子。

曰蜻蚚，曰蝬蟟，曰蛥蚗。小而色青赤者，曰寒蝉，曰寒蜩，曰寒螿，曰蜺。"

因蝉餐霞禀露，古人好食之。佝偻者练就一身绝活，五六月间以粘蝉为业，就是为了采蝉而去集市卖掉。

古人食蝉之记载，最早见于《礼记·内则》，其中有三十一种君王当时所用食品。这些食品，除牛、鹿、豕、麋、獐、雉、兔外，还有爵、鷃、蜩、范。爵是麻雀，鷃是鹌鹑，范是蜜蜂，蜩就是蝉。古人采蝉，不光粘取，还利用蝉会向明火而飞，以火曜取。《荀子》记："夫耀蝉者，务在明其火，振其树而已。火不明，虽振其树，无益也。今人主有能明其德者，则天下归之，若蝉之归明火也。"这段话说，点火耀蝉后，摇动树干，要是火不亮，虽振无益。蝉看到火光后，再摇动树干，就会自投火网。待它两翼着火，肉也就熟了，古人会趁热食之。

除炙食外，还可蒸食、汆食，做汤做羹。因为蝉多时是五六月，八月之后就日益稀少，所以古人在五六月时做成菹。菹就是利用乳酸发酵再晒干保藏。加工时，一般只用蝉脯。《齐民要术》中引崔浩的《食经》，有"蝉脯菹法：捶之，火炙令熟，细擘，下酢"。酢就是醋。加工后的蝉脯，可以"蒸之，细切香菜，置上"；也可以"下沸汤中，即出，擘如上，香菜蓼法"，也可以制成蝉酱。

唐以前，蝉脯是一道名菜。唐以后，食用不再普遍。唐段公路《北户录》中，记蝉䐹是祭祀供品。《清稗类钞》记载说："粤东食品，颇有异于各省者，如犬、田鼠、蛇、蜈蚣、蛤、蚧、蝉、龙虫、禾虫是也。粤人嗜食蛇，谓不论何蛇，皆可作餐。以之镂丝而作羹，不知者以为江瑶柱也，盖其味颇似之。售蛇者以三蛇为一副，易银币十五圆。调羹一簋,须六蛇,需三十圆之代价矣。其干之为脯者,以为下酒物,则切为圆片。其以蛇与猫同食也,谓之曰龙虎菜。以蛇与鸡同食也,谓之曰龙凤菜。粤人又食蜈蚣,食时,自其尾一吸而遗其蜕。粤人又食桂花蝉。桂花蝉者,似蝉而身长,色如蝉而大倍之。粤人取之,熬以盐,咀嚼之,作茶前酒后之食品。雌雄均可食,雄味尤美,作薄荷香,味微辣。"

宋代以后,蝉主要用于食治。俗语曰:"蝉五月便鸣,五月不鸣,婴儿多灾。"故其治疗专主小儿。蝉去翅、足,加赤芍药、黄芩,水煎一盏,可治小儿百日发惊。蝉生研入乳香、朱砂成小豆大丸纳鼻中,可治小儿头风疼痛。另,据称取其能退蜕之义,以蝉脑煮汁服之,可治妇女产后胞衣不下。

现今云南之傣族人还好食蝉。他们称蝉为"蚱"。他们利用蝉之趋光的特性,守以灯火,坐待蝉来。他们吃蝉之方法,一是去翅、足,取一半炒熟,另一半直接剁成酱,放入佐料,再拌进两个煨熟的西红柿,叫作"萨蚱菜"。另一种方法是,将翅、足去掉后,洗干净,用刀划开蝉的背部,把剁碎的猪肉和葱、蒜、辣椒面及适量的酱油、盐拌和好,塞进蝉的背部,再把其背合拢,用细绳捆住,放入油锅炸成金黄。炸完后,皮脆肉松,滋味独特。

昔曹植有《蝉赋》,咏蝉之淡泊而寡欲,独怡乐而长吟。赋中描述蝉之清素,为了漱朝露之清流,每天都在躲避黄雀、毒蜘蛛等天敌。赋中说,蝉的最后一位敌人,就是膳夫,也就是厨师。

餐　菊

　　菊花，又名"治蘠""日精""傅公""周盈""延年""更生""阴成""朱嬴""帝女花"。北宋陆佃《埤雅》："菊本作鞠，以鞠穷也，花事至此而穷尽也。"

　　古时食菊的最早记录，是屈原《离骚》中的名句："朝饮木兰之坠露兮，夕餐秋菊之落英。"屈原《九章》中，又有"播江离[①]与滋菊兮，愿春日以为糗[②]芳"之句。此句之意是：播江离、莳香菊，采之为粮，以供春日之食。屈原之后，魏人锺会有赋："何秋菊之可奇兮，独华茂乎凝霜。挺葳蕤于苍春兮，表壮观乎金商。延蔓蓊郁，缘坂被冈……"再之后，晋人傅玄有赋："布濩河洛，纵横齐秦，掇以纤手，承以轻巾。服之者长寿，食之者通神。"唐陆龟蒙有《杞菊赋》："春苗恣肥，日得而采撷之，以供左右杯案。及夏五月，枝叶老硬，气味苦涩，旦暮犹责儿童拾掇不已。"苏东坡有《后杞菊赋》："人生一世，如屈伸肘。何者为贫，何者为富？何者为美，何者为陋？或糠核而瓠肥，或粱肉而墨瘦。何侯方丈，庚郎三九。较丰约于梦寐，卒同归于一朽。吾方以杞为粮，以菊为糗。春食苗，夏食

---

　　①亦作江蓠，古书上说的一种香草。
　　②糗：干粮，炒熟的米或面等。

叶，秋食花实而冬食根，庶几乎西河、南阳之寿。"苏东坡认为人生如屈肘伸肘，什么是贫富，什么是美陋，都很难说。吃糠的人可能很胖，吃肉的人可能很瘦。何侯，指西晋何曾，日食万钱，还说无下箸处；庾郎指南齐庾杲之，食惟有韭菹、瀹韭、生韭（三九）和杂菜，其实他们只能在梦中比较贫富，最终都同归于一朽。苏东坡春夏食杞，即枸杞；秋冬则食菊，花与根。

菊花其实有观赏菊与食用菊之分。《抱朴子内篇》卷十一《仙药》篇称食用菊为"真菊"："又菊花与薏花相似，直以甘苦别之耳，菊甘而薏苦，谚言所谓苦如薏者也。今所在有真菊，但为少耳，率多生于水侧，缑氏山与郦县最多。仙方所谓日精、更生、周盈皆一菊，而根、茎、花实异名，其说甚美，而近来服之者略无效，正由不得真菊也。"远在晋时，葛洪就喟叹真菊其实非常之少。陶弘景因此考曰："一种茎气香而味甘，叶可作羹食者为真菊。一种青茎而大，作蒿艾气，味苦不堪食者名苦薏，非真菊也。"可见，观赏菊其实是苦薏。

北宋刘蒙《菊谱》中，称陶弘景所说的真菊为"甘菊"。他说："甘菊，一名家菊，人家种以供蔬茹。凡菊叶，皆深绿而厚，味极苦，或有毛。惟此叶淡绿柔莹，味微甘，咀嚼香味俱胜，撷以作羹及泛茶，极有风致。天随子①所赋即此种花，差胜野菊。"王象晋的《群芳谱》考曰："甘菊，一名真菊，一名家菊，一名茶菊。花正黄，小如指顶，外尖瓣内细蕚。柄细而长，味甘而辛，气香而烈。叶似小金铃而尖，更多亚浅，气味似薄荷。枝干嫩则青，老则紫，实如葶苈而细。种之亦生苗，人家种以供蔬茹。"

---

①陆龟蒙的别号。

早时食菊花，揉以玉英，纳以朱唇，也就是生嚼。所谓"无物咽清甘，和露嚼野菊"。甚至明谢肇淛在《五杂组》中还这样记道："古今餐菊者多生咀之，或以点茶耳，未闻有为羹者。"

谢肇淛是明万历年间进士。其实南宋张栻早写过《后杞菊赋》，赋中说杞与菊"滑甘靡滞，非若他蔬，善呕走水"。明王圻及儿子王思义合著《三才图会》称："甘菊茎紫，气香味甘，花深黄，单叶，蒂有粞膜衣者为真。取花作糕或咸烹饮佳。"林洪的《山家清供》则记有三种食菊方法，分别是"紫英菊"，"春采苗叶略炒熟，下姜盐羹之，可清心明目，加枸杞叶尤妙"；"金饭"，"紫茎黄色正菊英，以甘草汤和盐少许焯过，候饭少熟投之同煮，久食可以明目延年。苟得南阳甘谷水煎之，尤佳也"，"菊苗煎"，"采菊苗汤瀹，用甘草水调山药粉煎之以油，爽然有楚畹之风。"

明代高濂的《遵生八笺》中记油煎法和凉拌法："甘菊花春夏旺苗，嫩头采来汤焯，如前法食之，以甘草水和山药粉拖苗油炸，其香美佳甚。"所说"前法"是："凡花菜采来洗净，滚汤焯起，速入水漂一时，然后取起榨干，拌料供食，其色青翠不变如生，且又脆嫩不烂，更多风味。"《遵生八笺》中还记有"菊苗粥"的做法："用甘菊新长嫩头丛生叶，摘来洗净细切，入盐，同米煮粥，食之清目宁心。"

清人朱彝尊《食宪鸿秘》记有菊饼法："黄甘菊去蒂，捣，去汁，白糖和匀，印饼。加梅卤成膏，不枯，可久。"清汪灏《广群芳谱》卷五十一也记曰："或用净花，拌糖霜捣成膏饼食。"

吃菊花最有名气的地方，是广东小榄。清吴震方《岭南杂记》记："小榄之菊花饼，中含菊花，较之杏仁饼尤为美味。菊花肉丸风味亦殊不俗，非他处所可比拟者也。"

　　小榄在今广东中山市，有六十年一度菊花会之俗。此俗据说源于南宋。菊花会的内容，是赏菊与餐菊。据说南宋时，有一位苏妃从皇宫里逃出来，一直逃到珠江边上，见当地正金菊茂盛，留恋当地风光，就定居下来。

　　据聂凤乔先生记小榄之菊花会，家家都要采清晨带露的清新菊花瓣，随采随用，以求其鲜。其餐菊名食，是菊花肉与菊花鱼。菊花肉，先是菊瓣加糖煮成糊状，晒干成末，再用猪肉条入菊花末腌制三四天，腌后的肉入菊花糖浆内煮熟，最后每块肉外面再滚上新鲜带露的菊花瓣。菊花鱼，是鱼肉制成丸，将菊瓣滚拌在鱼丸上，入滚汤汆。或以面包渣进鱼肉成丸，滚上菊花瓣，下油锅炸。小榄的菊饼，以菊花瓣、菊花糖和米粉做成，馅火腿、虾仁、冬菇，以慢火成薄饼，再切成一片一片食用。

　　《神农本草经》中，把甘菊花列入上品，说它"主风，头眩肿痛，目欲脱泪出，皮肤死肌，恶风湿痹。久服利血气，轻身，耐老，延年"。菊花因此有长生药之说。

　　昔日东方朔《海内十洲记》记："炎州……有风生兽，似豹，青色，大如狸。……取其脑和菊花服之，尽十斤，得寿五百年。"东晋葛洪《神仙传》记："康风子服甘菊花、桐实后得仙。"东晋王嘉《拾遗记》记："有背明之国……有紫菊，谓之日精，一茎一蔓，延及数亩，味甘，食者至死不饥渴。"还有王嘉编著的志怪小说集《名山记》记："道士朱孺子服菊草，乘云升天。"清汪灏《广群芳谱》卷五十一："重五日采白菊茎常服，令头不白。"还有一个甘菊苗叶花根合成的"王子乔变白增年方"：服"三百日，身体轻润。一年，发白变黑。二年，齿落再生。五年，八十岁老人变为儿童"。南朝宋盛弘之《荆州记》曰："县北八里有菊水，其源旁悉芳菊，水极甘馨。又中有三十家，不复穿井，即饮此水，上寿百二十三十，中寿百余，七十者犹以为夭。汉司空王畅、太傅袁隗为南阳县令，月送三十余石，饮食澡浴悉用之。太尉胡广父患风羸，南阳恒汲饮此水，疾遂瘳。此菊茎短葩大，食之甘美，异于余菊。广又收其实种之，京师遂处处传置之。"葛洪《抱朴子内篇》卷十一"仙药"中，也有关于此菊水的说法："南阳郦县山中有甘谷水。谷水所以甘者，谷上左右皆生甘菊。菊花堕其中，历世弥久，故水味为变。其临此谷中居民，皆不穿井，悉食甘谷水，食者无不老寿。高者百四五十岁，下者不失八九十，无夭年人，得此菊力也。"

郦县为古县名，在今河南南阳西北，隋时曾称为"菊潭县"，至清时，潭已干枯，亦再无甘菊也。

古人还说，真菊可轻身延年，野菊却非但不能长寿，还会"泄人"。北宋景涣《牧竖闲谈》中就说："真菊延龄，野菊泄人。正如黄精益寿，钩吻杀人之意。"但什么是真菊呢？葛洪当年已说，真菊其实非常之少。聂凤乔先生研究认为，今之菊花脑，有可能就是当年之甘菊。

菊花脑别名"菊花郎""菊花头""菊花菜"。宋时僧人道潜《次韵子瞻饭别》诗中说"葵心菊脑厌甘凉"，菊脑就是菊花脑之嫩梢。据传当年太平天国军被困天京时，弹尽粮绝，军民曾以此菊花脑度荒，因而南京人很爱吃它。宋代时菊花脑在南方食用较广，梅尧臣有诗："世言此解制颓龄，便当园蔬春竞种。"至今，在南京菜市上还能见到菊花脑，其他地区多不知道。

竹　笋

　　竹笋，是素菜中之美食、雅食，古今文人雅士都爱笋，所谓"不可一日无此君"。所谓"宁可食无肉，不可居无竹。无肉使人瘦，无竹使人俗。不俗加不瘦，竹笋加猪肉"。

　　先人食笋的历史，文字记载最起码可以追溯到西周。《诗经·大雅·韩奕》记韩侯出行，显父用清酒百壶为他饯行："其肴维何，炰鳖鲜鱼。其蔌维何，维笋及蒲。"席上的佳肴，是烹鳖和鱼脍，蔬食，就是蒲菜和竹笋。

　　古人早就赞笋之美味。《吕氏春秋·本味篇》："和之美者，阳朴之姜，招摇之桂，越骆之菌，鳣鲔之醢，大夏之盐。"菌，通"箘"，指的是笋。因笋之美味，古书中又多有盗笋的故事。比如《南史·孝仪传》记有郭原平者，宅上种竹，夜里有人来盗笋，被原平遇见，盗者奔走，坠沟。原平就在所植竹处沟上立小桥，让盗者夜间通过，又把笋放在篱笆外面，使邻里感觉惭愧，再也没有来盗者。东晋常璩《华阳国志》中，则记何随人见有贼盗其园笋，遂把鞋脱下来，挈屦而归，惟恐惊扰了盗者。三国魏人邯郸淳所作《笑林》中，则记有一则食笋的趣闻，说是有汉人到吴国，吴人以笋招待，问是何物，答曰竹也。此人回家后"煮其床簀[①]而不熟，乃谓其妻曰，吴人辘辘，欺我如此"。

早时食笋，或清煮。西晋潘岳《闲居赋》曰："菜则葱韭蒜芋，青笋紫姜。"西晋王彪之《闽中赋》曰："纟由箬素笋，彤竿绿筒。"或为菹。东汉李尤《七疑》曰："橙醋笋菹。"梁简文帝《七厉》："澄琼浆之素色，杂金笋之甘菹。"北宋赞宁《笋谱》记："齐孝宣陈皇后性嗜笋鸭卵。永明九年，诏太庙祭后，荐笋鸭卵。"北魏崔浩《食经》记："淡竹安盐中一宿，煮糠令冷藏之，再出别煮糠加盐藏之，五日可食。""鲊法煮，用盐米粥藏之，加以椒、辛物或炒熟油藏为醢食，极美矣。"前者是收藏方法，后者是用醋煮的食法，煮完入米粥，加各种佐料及肉酱。后林洪《山家清供》中，有"煿金煮玉"之名称，发展了此种食法："笋取鲜嫩者，以料物和薄面拖油煎，煿如黄金色甘脆可爱。旧好莫友，访霍如庵，延早供，以笋切作方片，和白米煮粥，佳甚。因戏之曰，此法制惜精气也。宋济颠《笋疏》云，拖油盘内煿黄金，和米铛中煮白玉，二者兼得之矣。"

笋，《尔雅》称"竹萌"，《说文》称"竹胎"，《神异经》中称"竹子"，亦称"茁"，称"竹牙"，称"箈竹"。因《物类相感志》有"竹化为龙"之说，笋又称作"龙雏""龙孙"。李时珍考曰："竹有雌雄。但看根上第一枝双生者，必雌也，乃有笋。土人于竹根行鞭时掘取嫩者，谓之鞭笋。江南湖南人冬月掘大竹根下未出土者为冬笋。《东观汉记》谓之苞笋，并可鲜食，为珍品。其他则南人淡干者，为玉版笋、明笋、火笋，盐曝者为盐笋，并可为蔬食也。"

---

①簀：竹编床席。

笋另有"考笋"与"谏笋"之名,"考笋"之名出自楚先贤孟宗。晋张方(一说张辅)《楚国先贤传》:"孟宗,字恭武,至孝。母好食笋,宗入林中哀号,方冬,为之出,因以供养。时人皆以为孝感所致。"因母亲要吃笋,孟宗入竹林哀号,使竹为之感动,隆冬时节便开始萌芽,因此后人称笋为"孝笋"。"谏笋"之名,出自黄庭坚。世传黄山谷喜苦笋,曾作《苦笋赋》云:"苦而有味,如忠谏之可活国。"于是笋就又有"谏笋"之名。南宋周密《齐东野语》卷十四说:"世传涪翁①喜苦笋,尝从斌老乞苦笋诗云:'南园苦笋味胜肉,笼箨称冤莫采录。烦君更致苍玉束,明日风雨吹成竹。'又《和坡翁②春菜》诗云:'公如端为苦笋归,明日青衫诚可脱。'坡得诗,戏语坐客云:'吾固不爱做官,鲁直③遂欲以苦笋硬差致仕。'闻者绝倒。尝赋苦笋云:'苦而有味,如忠谏之可活国。'放翁④又从而奖之云:'我见魏徵殊妩媚,约束童儿勿多取。'于是世以'谏笋'目之。殊不知翁⑤尝自跋云:'余生长江南,里人喜食苦笋,试取而尝之,气苦不堪于鼻,味苦不可于口,故尝屏之,未始为客一设。及来黔,黔人冬掘苦笋萌于土中,才一寸许,味如蜜蔗,初春则不食。惟僰道⑥人食苦笋,四十余日出土尺余,味犹甘苦相半。'以此观之,涪翁所食,乃取其甘,非贵乎苦也。"

称笋为"玉版",其实始于苏东坡。北宋惠洪《冷斋夜话》记:

①即黄山谷。
②即苏东坡。
③即黄山谷。
④即陆游。
⑤指涪翁。
⑥地名,今之宜宾。

东坡"（尝邀）刘器之同参玉版和尚。器之每倦山行，闻见玉版，欣然从之。至廉泉寺，烧笋而食。器之觉笋味胜，问此笋何名。东坡曰，即玉版也。此老师善说法，要能令人得禅悦之味。于是器之乃悟其戏，为大笑。东坡亦悦，作偈曰：'丛林真百丈，嗣法有横枝。不怕石头路，来参玉版师。聊凭柏树子，与问箨龙儿。瓦砾犹能说，此君那不知。'"后"玉版"之称广为流传。《元氏掖庭记》："宫中以玉版笋及白兔胎作羹，极佳，名'换舌羹'。"宋陈达叟《本心斋疏食谱》将其列为蔬食二十品之十一："玉版：春风抽箨，冬雪挑鞭。淇奥公族①，孤竹君孙②。"

林洪的《山家清供》中，还称鲜笋为"傍林鲜"："夏初竹笋盛时，扫叶就竹边煨熟，其味甚鲜，名曰傍林鲜。"这里用的是煨法，煨后蘸佐料吃。明高濂《四时幽赏录》中亦记有此法："西溪竹林最多，笋产极盛，但笋味之美，少得其真。每于春中笋抽正肥，就彼竹下，扫叶煨笋至熟，刀截剥食。竹林清味，鲜美莫比。人世俗肠，岂容此真味。"

古时，笋常与樱桃联系在一起，是食客雅性的象征。于是，常用樱桃与笋做菜的庖厨，就称为"樱笋厨"。被称"樱笋厨"者，在唐宋时常是荣耀的象征。因笋是雅的，"蔬笋气"一般指和尚而言，和尚吃素，有气质的和尚，就称具"蔬笋气"。苏东坡《赠诗僧道通》："语带烟霞从古少，气含蔬笋到公无。"

笋有雅意，历代咏笋诗文颇多。唐李峤有《为百寮贺瑞笋表》，妙称新笋"绿箨含霜，紫苞承雪，凌九冬而擢颖，冒重阴而发翠"。

① 《诗经·卫风·淇奥》："瞻彼淇奥，绿竹猗猗。"淇：水边。奥：弯曲处。
② 赞宁《笋谱》："襄阳薤山下有孤竹，三年方生一笋，及笋成竹，竹母已死矣。"

白居易《食笋》诗记蒸笋法："此州乃竹乡，春笋满山谷。山大折盈抱，抱来早市鬻。物以多为贱，双钱易一束。置之炊甑中，与饭同时熟。紫箨坼故锦，素肌擘新玉。每日遂加餐，经时不思肉。"杨万里则有《记张定叟煮笋经》："江西毛笋未出尖，雪中土膏养新甜。先生别得煮簹法，叮咛勿用醯与盐。岩下清泉须旋汲，熬出霜根生蜜汁。寒牙嚼出冰片声，余沥仍和月光吸。菭羔楮鸡浪得名，不如来参玉版僧。醉里何须酒解酲，此羹一碗爽然醒。大都煮菜皆如此，淡处当知有真味。先生此法未要传，为公作经藏名山。"

历代文人中做笋菜技艺最高者，要数苏东坡之表兄文同。文同，四川梓潼人。文同当年在洋州（今陕西汉中洋县）做官时，曾在筼筜谷建披锦亭，植花木，挖方塘。筼筜谷中盛产筼筜竹，谷底竹叶遮天，林泉清洌。文同时常到谷中，吟诗作画之余烧笋佐餐。苏轼、苏辙曾到筼筜谷山庄，文同以笋宴款待。苏氏兄弟回汴京后，苏轼诗称："汉川修竹贱如蓬，斤斧何曾赦箨龙。料得清贫馋太守，渭滨千亩在胸中。"据说，诗送到筼筜谷，文同一家正吃饭，菜肴正好是烧竹笋。文同读诗，忍俊不禁，嘴里的饭都喷了出来。文同不光是烹饪大家，竹也画得好。苏东坡当年题《文与可画筼筜谷偃竹记》，有"画竹必先得成竹于胸中"之说。后来，"胸有成竹"便成了家喻户晓的成语。

李渔李笠翁堪称品笋专家。他在《闲情偶寄》中论笋曰："论蔬食之美者，曰清，曰洁，曰芳馥，曰松脆而已矣。不知其至美所在，能居肉食之上者，只在一字之鲜。《礼记》曰：'甘受和，白受采。'①

---

①意思是：甘美的东西容易调味，洁白的东西容易着色。

鲜即甘之所从出也①。此种供奉，惟山僧野老躬治园圃者得以有之，城市之人向卖菜佣求活者不得与焉②。然他种蔬食，不论城市山林，凡宅旁有圃者，旋摘旋烹，亦能时有其乐。至于笋之一物，则断断宜在山林。城市所产者，任尔芳鲜，终是笋之剩义③。此蔬食中第一品也，肥羊嫩豕何足比肩④。但将笋肉齐烹，合盛一簋，人止食笋而遗肉，则肉为鱼而笋为熊掌可知矣。购于市者且然⑤，况山中之旋掘⑥者乎。食笋之法多端，不能悉记，请以两言概之，曰：'素宜白水，荤用肥猪。'茹斋者食笋，若以他物伴之，香油和之，则陈味夺鲜而笋之真趣没矣。白煮俟熟，略加酱油。从来至美之物皆利于孤行⑦，此类是也。以之伴荤，则牛羊鸡鸭等物皆非所宜，独宜于豕，又独宜于肥。肥非欲其腻也，肉之肥者能甘，甘味入笋，则不见其甘，但觉其鲜之至也。烹之既熟，肥肉尽当去之，即汁亦不宜多存，存其半而益以清汤。调和之物，惟醋与酒，此制荤笋之大凡也。笋之为物，不止孤行，并用各见其美。凡食物中无论荤素，皆当用作调和。菜中之笋，与药中之甘草，同是必需之物，有此则诸味皆鲜。但不当用其渣滓，而用其精液。庖人之善治具者，凡有焯笋之汤，悉留不去，每作一馔，必以和之。食者但知他物之鲜，而不知有所以鲜之者在也。"

李渔强调笋汤之美。笋汤也称"笋油"。袁枚《随园食单》中也记载了取笋油法："笋十斤，蒸一日一夜，穿通其节，铺板上，如作

---

① 鲜是从甘美中出来的。

② 不得与：指得不到鲜笋。

③ 指城里之笋，无论如何总是下品。

④ 比肩：并列。

⑤ 且如此。

⑥ 旋掘：马上掀土。

⑦ 都宜单独烹制。

豆腐法。上加一板压而榨之，使汁水流出，加炒盐一两，便是笋油。其笋晒干，仍可作脯。"袁枚说，笋脯出处虽多，只有他家里烘的才是天下第一。笋有燕笋（正月有，三月止）、芽笋（又称淡笋，三月有，五月止）、龙须笋（又称摇标笋，四月有，五月止）、边笋（六月有，九月止）、冬笋（十月有，来年二月止）、毛笋（二月有，五月止）。诸笋中，燕笋又名"燕来笋"，笋中佳品。诸燕笋中，又天目山出的最好。袁枚买天目山燕笋，只买篓中盖面者。他说，卖笋者多把最好的放在表面，"下二寸便搀入老根硬节矣。须出重价专买其盖面者数十条，如集狐成腋之义"。买回好笋，先加盐煮熟，然后上篮烘之，须昼夜察看，以保持火候，待锅内之汤熏蒸一夜。煮时可入清酱，用清酱者色微黑。

笋以鲜为贵。清汪灏《广群芳谱》卷八十六"竹谱"记：笋"过一日曰蔫，过二日曰然，取宜避露。每日出，掘深土取之。半折取鞭根，旋得旋投密竹器中，覆以油革，见风则触本坚，入水则浸肉硬。脱壳煮则失味，生著刃则失气。采而久停，非鲜也。净之入水，非洗也。蒸熟停久，非食也"。北宋赞宁《笋谱》记载："麻油姜皆杀笋毒。凡食笋之法，譬若治药，修炼得法，则益人，反是则损。取得，以巾拭去土，连壳沸汤瀹之。煮宜久，生必损人。苦笋最宜久。甘笋出汤后，去壳，煮笋汁为羹茹，味全加美。不然，蒸最美味全。塘灰中煨，后入五味，尤佳。""新笋以沸汤煮则易熟而脆，味尤美。若蔫者，少入薄荷，煮则不蔫。与猪羊肉同煮，则不用薄荷。"

古人一再告诫，食笋不可去壳，不可用刀，甚至掘后就要入竹器，不能见风，为的都是保护笋之真气。清顾仲《养小录》卷中记有一绝妙吃法："嫩笋短大者，布拭净。每从大头挖至近尖。以饼子料肉灌满，仍切一笋肉塞好，以箬包之，砻糠煨热。去外箬，不剥原枝，装碗内供之。每人执一案，随剥随吃，味美而趣。"挖空笋心，塞以肉馅，紫箨外再包上竹箬煨熟，然后随剥随吃。《清稗类钞》记，昔乾隆时扬州盐商黄应泰，喜欢食笋，有"春笋小蹄髈"菜，入春第一道笋，配不到一斤重的前腿小蹄髈。蹄髈入极精致的陶罐，周围一圈嫩笋，开罐即令人垂涎欲滴。还有人为吃黄山新笋，差人当地清晨带露掘之，立即下锅，备以挑子，两头各置一小炭炉，上放煮笋瓦钵。从黄山到扬州，十里一站。在黄山之上取笋入钵，调好味燃上炭下山，运到扬州立即上席，只为吃到真正之笋味。

涮　肉

　　涮字本意应是洗涤。《广韵》："涮，涮洗也。"薄肉片下锅涮，"洗"就引申为"烫"。涮羊肉之名，最起码清代已有之。《清稗类钞》："京师冬日，酒家沽饮，案辄有一小釜，沃汤其中，炽火于下，盘置鸡鱼羊豕之肉片。俾客自投之，俟熟而食……以各物皆生切而为丝为片，故曰'生火锅'。"

　　涮肉，其实古已有之。涮肉要用火锅。火锅之起源，今有两种说法。一种，认为起源于东汉，乃出土的东汉文物镰斗。镰，原是一种温酒器，青铜制，形状似盉，圆腹小口有喙，三足。镰斗体积比温酒用的镰盉要大，有考古学者认为镰斗古时用于涮肉。另一说，起源于南北朝时期。《北史》说，当时有一个名为"獠"的民族，"铸铜为器，大口宽腹，名曰铜爨。既薄且轻，易于熟食"。爨，就是灶。《诗经》中有"执爨踖踖，为俎孔硕，或燔或炙"之句。铜爨，底下有炉口，比较接近今日之火锅。

　　唐朝时，火锅由陶烧成，也叫"暖锅"。白居易有名句："绿蚁新醅酒，红泥小火炉。晚来天欲雪，能饮一杯无？"

　　也有更为简单的。传说康熙皇帝当年到今吉林一带微服私访，一位庄户人家请他吃饭，只放一个炭火盆，炭火上放一个铜勺，勺内有肉、蘑菇与白菜。康熙吃得极香，问主人菜名，主人随口答：炭火锅。康熙因此而念念不忘。

文字记载中最早记录吃涮肉者，是林洪的《山家清供》。其中记林洪在福建武夷山和临安府都吃过涮兔肉。林洪将此菜命名为"拨霞供"：

> 向游武夷六曲，访止止师，遇雪天，得一兔，无庖人可制。师云："山间只用薄批，酒酱椒料沃之，以风炉安座上，用水少半铫。候汤响一杯后，各分一箸，令自夹入汤，摆熟啖之，乃随宜各以汁供。"因用其法，不独易行，且有团䜣热暖之乐。越五六年，来京师，乃复于杨泳斋伯嵒席上见此，恍然去武夷如隔一世。杨勋，家嗜古学而清苦者，宜此山家之趣。因诗之："浪涌晴江雪，风翻晚照霞。"末云："醉忆山中味，都忘贵客来。"猪、羊皆可。

把兔肉薄切成片，用佐料浸泡后，餐桌上安风炉，烧汤。待汤沸，每人用筷子夹肉片进汤，左右摆熟就可以吃。因在沸汤中烫熟的肉片色泽如同霞彩，遂命名为"拨霞供"。

现今北方之涮羊肉，原名其实是"野意火锅"，是随清入关而传入中原的。满族人为御寒，冬天好吃火锅。据考，辽初期，涮肉火锅就已风行。内蒙古昭乌达盟敖汉旗出土的辽代墓葬壁画中，有三个契丹人围着火锅，席地而坐，有的正用筷子在锅中涮羊肉。火锅前有一张方桌，桌上有盛配料的两个盘子，两个酒杯，还有大酒瓶和盛着满满羊肉的铁桶。东北野意火锅的吃法，据《奉天通志》记，火锅"以锡为之，分上下层，高不及尺，中以红铜为火筒，著炭，汤沸时，煮一切肉脯、鸡、鱼，其味无不鲜美。冬令居家宴客常餐，多喜用之"。"富者兼备参、筋，佐以猪、羊、牛、鱼、鸡、鸭、山雉、虾、蟹子肉，或食饺或食火锅，供客亦成席，其丰啬又视贫富侈俭而不同。"并非单涮羊肉。

当年，乾隆皇帝最喜欢吃火锅，几乎每天都要吃野意火锅。乾隆皇帝曾六次南巡，因他最喜欢吃火锅，所到之处，都为他准备火锅。乾隆四十九年《四库全书》编纂告竣，于五十年正月在乾清宫举办了千叟宴，三千人赴宴。乾隆六十年，各省收成均达到九成，十月又降大雪，六十一年八十多岁的乾隆又在宁寿宫、皇极殿再举千叟宴，五千人入席。千叟宴摆宴席八百张，光生铁锅就用一百一十六口，雇人一百五十六名。千叟宴上每桌都有火锅两个，有猪肉片、羊肉片，也有鹿肉片。除御桌宝座外，分一等桌和次等桌。一等桌是王公、一二品大臣和外国使臣，次等桌是三品至九品官员。一等桌上的火锅是银制与锡制的，次等桌上是铜制的。八百桌宴席，火锅就需要一千六百个之多。

北京最有名的涮肉馆子，要数东来顺，有"涮肉何处嫩，要数东来顺"之说。东来顺创业于1914年，创办者叫丁德山（号子青）。丁子青从1903年起在东安市场内摆摊，刚开始只卖些熟杂面和荞麦面扒糕。1906年，他搭了个棚子，叫"东来顺粥摊"，增加了玉米面贴饼和米粥。1912年，北京兵变，丁子青的粥棚被烧，他求亲靠友，借钱在原棚址上盖了几间灰瓦房，开始叫"东来顺羊肉馆"。当时，经营涮羊肉者，正阳楼饭庄最为著名，丁子青想方设法用高薪挖来正阳楼的切肉师傅，又在原料上狠下功夫。涮肉所用的羊，首推内蒙古集宁的绵羊，其中又以阉割过、重五六十斤的公羊为佳。这种羊肉红白鲜嫩，肥而不膻，瘦而不柴，俗称"西口大白羊"。这种羊宰杀后，大约一只羊只有十五斤左右的肉可以用来涮。丁子青专门在北京东直门外买了几百亩地，羊买来后，就交给佃农饲养。他只负责饲料，以羊粪代工钱。入冬，涮肉的季节到了，羊也喂肥了。

羊屠宰后，要冰镇之后才由师傅切成薄片。所谓切肉，既不是切也不是锯，而是用月牙形的刀一前一后来回地拉。东来顺的切肉师傅，能做到一斤肉切出六寸长、一寸半宽的肉片四十至五十片，片片薄如纸、匀如晶、齐如线、美如花。羊肉片切成后放在青花盘中，透过肉片，能隐隐看到盘上的花纹。

吃涮羊肉要有好的调料。东来顺的调料有芝麻酱、绍酒、酱豆腐、腌韭菜花、辣椒油、虾油、米醋、葱花、香菜末等。这些调料分别在小碗里，吃时可随个人喜好自己调配。东来顺的虾油选用河北南北堡的名品，这种虾油香味浓，加上火锅内有口蘑汤，两者与羊肉结合，有一种特殊的香鲜味。东来顺的糖蒜也是特制的。每临新蒜上市之际，他们就去农村专选那种白皮六瓣蒜，买回来加白糖、桂花精制而成。东来顺到1930年，建起了楼房，雇工增至一百四十多人，每年都要用羊肉片十万斤以上。

涮羊肉的肉片有各种名称。肋肉片叫"黄瓜条"，下腹肉叫"上脑"，上腹肉叫"下脑"，后腿则叫"磨档"，尾部叫"大三岔"，羊脊骨侧肉叫"小三岔"。

北京人冬天爱吃火锅，除涮羊肉外，还有"一品火锅""什锦火锅""白肉火锅""菊花火锅"等。一品火锅是北京的酱肘子铺，比如天福楼、普云楼等老字号冬天专门供应的大锅子。它用熟白肉片垫底，内装字号的拿手熟食，比如清酱肉、驴肉、酱肘花、香肠、小肚、大肉丸子、熏鸡、酱鸭、兔脯，都分别切开，码放在火锅里。此即"一品火锅"。过去，买者要预购，铺子派人连锅带料送到家里，吃时先用炭火把锅内汤烧沸，锅内各种炸、熏、酱、卤味混合在一起，再下些白菜、粉丝、豆腐，亦用调料蘸食。

什锦火锅以各类海鲜为主，比如虾仁、鱼片、海参、干贝、鸡片（尤为讲究用山鸡片）。先以火腿、干贝、海米、冬菇吊汤，涮时再加上冬笋片、黄瓜片。

白肉火锅即氽白肉，这种火锅以猪里脊肉和后臀尖为主，先煮肉，然后切片，再用猪下水为配，如肚、心、大肠、肝、肺，也事先煮好切片。涮时可配粉丝、白菜、冻豆腐、海带丝。调料有用酱油、蒜末蘸食的。旧时北京吃白肉火锅最有名处是西单皮库胡同的"那家馆"。

菊花火锅所用的火锅，与一般火锅不同。勺形，两边有耳子，便于传热而无烟气。这种火锅不用炭而用酒精。铜锅内先以鸡鸭为汤，原料是鱼片、鸡片、玉兰片、里脊片、粉丝等。入料后，撒以鲜白菊花瓣儿，清香四溢，汤之鲜美非涮羊肉所能比拟。据德龄《御香缥缈录》记载，慈禧最喜欢的菊花火锅所用的是叫"雪球"的白菊花。

各地火锅，著名者除这几种，还有四川的毛肚火锅。毛肚火锅据说原来用的是一种泥敷火炉和一个分格的洋铁盆。洋铁盆内煮一种又辣又麻的卤水，牛下水切好分类，食客一人认定一格，把各种下水放入卤水中，边煮边吃。现洋铁盆已改成火锅。毛肚火锅主要是吃牛肚及内脏，配料是猪、羊、鸡、鸭、鱼、鳝鱼、水粉条、大木耳、血旺、香菌、大白菌菇、豌豆尖。吃牛肚，一定要拿稳火候，下锅一烫就成，时间长了嚼不动，时间短了还是生的。毛肚火锅以炼钢用的焦炭做燃料，火力旺。重庆的正宗毛肚，料都带血。调料有牛骨汤、炼牛油、豆瓣酱、辣椒面、花椒面、姜末、豆豉、盐、酱油、香油、胡椒、冰糖。川菜讲究辣与麻。不辣不麻，如人无骨，便立不起来。辣椒一定要辣到"还没进口，就已使人打几个冷战"。好的辣椒面，还必须配以郫县豆瓣酱。吃毛肚火锅不分季节，四川人夏天汗流浃背之时，电风扇吹着照样吃，又热又辣，辣出一身臭汗，说是辣得痛快。

吃火锅，热气蒸腾，确有团栾热暖之意，所以除夕之夜，朔风呼啸之中，居家多用火锅。但当年，袁枚袁子才是反对火锅的。他说："冬日宴客，惯用火锅。对客喧腾，已属可厌。且各菜之味，有一定火候，宜文宜武，宜撤宜添，瞬息难差，今一例以火逼之，其味尚可问哉！近人用烧酒代炭以为得计，而不知物经多滚，总能变味。或问：菜冷奈何？曰：以起锅滚热之菜，不使客登时食尽，而尚能留之以至于冷，则其味之恶劣可知矣。"

袁子才反对把各种菜放到一起。他认为各菜须有各菜的火候，且食物滚多了，总要变味。有人问，那菜冷了怎么办？他说，刚起锅的菜，客人要是不吃完，摆在那儿直至冷了，这说明菜的味道太差了。他的话也有一定的道理。但袁枚忽略了，火锅把种种鲜味集合在一起，虽破坏了清醇，却自有搭配、调剂、变换之妙。火锅之美，是综合各种美食之美。

燕　窝

燕窝属"东方珍品"，是金丝燕筑的巢。金丝燕是雨燕的一种。雨燕区别于一般燕子的是飞行速度快。它的翅膀长，能在飞行中捕食、喝水，甚至配对，也能随时抓住空中的材料以筑巢用。金丝燕上体羽毛是黑或褐色，有时带蓝色光泽，下体灰白色，是一种很名贵的燕子。雨燕一般不能落在地面上，落在地面后它就不能再飞起来，它通常只靠尖爪攀附在陡峭的崖面上，所以金丝燕一般都把窝筑在悬崖峭壁上。因此，燕窝也就显得珍贵。

金丝燕筑窝，不用泥土。基本成分是它的唾液，还有一部分小鱼、苔藓和海藻。金丝燕筑窝，其实非常艰难，一个直径八九厘米、深约四五厘米的窝，两只燕大约要筑二三十天。

金丝燕筑的燕窝，根据颜色不同，可分为"官燕""毛燕""血燕"三种。"官燕"的颜色是白的，是金丝燕第一次造的窝，几乎全是唾液织成，所以质地雪白透明，含高量蛋白质，属燕窝中的上品。"官燕"一般直径六七厘米，深三四厘米，颜色光洁，个大壁厚，三四个就有一两，入水就柔软膨大，涨发率也高，古时列为贡品。"毛燕"是黑色的，是金丝燕第二次筑的窝。此时，金丝燕的唾液已消耗很多，只能用身上的绒毛和以唾液筑窝。"毛燕"中的绒毛大约占三分之一，所以质量次之。"血燕"是红色的，是金丝燕第三次筑的窝。此时据说金丝燕的唾液已近耗尽，只好将刚吃进去的小鱼、苔藓、海藻筑窝，其中还夹杂着血丝、绒毛。"血燕"个小壁薄，色泽血红，涨发率也低，所用金丝燕的唾液最少，因此质量也最差。可也有一种说法，说"血燕"是金丝燕在临产期将近而迫不得已做的第三个窝，此时它分泌的唾液隐含血丝，所以颜色发红。持此种观点的学者则认为，"血燕"虽个小壁薄，涨发率低，但营养成分最高。

"官燕"又分"龙牙官燕""南洋官燕"和"暹罗官燕"。古人认为"暹罗官燕"最好。"暹罗"是泰国的旧称。"暹罗官燕"大约是暹罗湾所产的燕窝。

燕窝的涨发，先注入清水，冬天用温水，夏天用凉水，浸泡三小时，俟其涨透后，用清水反复冲洗。然后，再用镊子细心择去燕毛与杂质，将燕窝丝一根一根撕下，用清水泡上。待烹制时，再滗去清水。

燕窝主要产于东南亚，广东、海南等地亦有。明屈大均《广东新语》卷十四记："崖州海中石岛，有玳瑁山，其洞穴皆燕所巢。燕大者如鸟，唊鱼辄吐涎沫，以备冬月退毛之食。土人皮衣皮帽，秉烛探之。燕惊扑人，年老力弱，或致坠崖而死。故有多获者，有空手而还者。是为燕窝之菜。或谓海滨石上有海粉，积结如苔，燕啄食之，吐出为窝。累累崖壁之间，岛人俟其秋去，以修竿接铲取之。海粉性寒，而为燕所吞吐则暖；海粉味咸，而为燕所吞吐则甘；其形质尽化，故可以清痰开胃云。凡有乌、白二色，红者难得，盖燕属火，红者尤其津液。一名燕蔬，香有龙涎，菜有燕窝，是皆补草木之不足者，故曰蔬。"

清王士禛《香祖笔记》卷五记："燕窝名金丝，海商云，海际沙洲生蚕螺，臂有两肋，坚洁而白。海燕啄食之，肉化而肋不化，并津液吐出，结为小窝，衔飞渡海，倦则栖其上，海人依时拾之以货。又云，紫色者尤佳。"他认为燕窝乃金丝燕食蚕螺之肋而成，这显然只是传言。

明末清初周亮工《闽小记》记："燕窝菜，竟不别是何物。漳海边已有之，盖海燕所筑，衔之飞渡海中，翮力倦则掷置海面，浮之若杯，身坐其中，久之，复衔以飞。多为海风吹泊山澳，海人得之以货，大奇大奇。又见《瓦釜漫记》。余在漳南，询之海上人，皆云燕衔小鱼，粘之于石，久而成窝。据前言，则当名为'燕舟'。据海上人言，亦可名为'燕室'矣。有乌、白、红三色。乌色品最下，红色最难得，白色能愈痰疾，红色有益小儿痘疹。南人但呼曰'燕窝'，北人加以菜字。"

以燕窝为佳肴，据说始于唐代。河南洛阳有"牡丹燕菜汤"，其中燕菜，乃用洛阳城东的白萝卜切丝，拌以豆面蒸熟成燕菜，再以蛋清鸡茸蒸熟，配以香菇、海米、菠菜与高汤。这道菜据说乃当年武则天因为吃燕窝多而乏味，故令御厨用洛阳白萝卜替代。按这种说法，武周时，燕窝已为宫廷御膳之珍品。

明代始，燕窝列为八珍之一。因早时燕窝数量不多，均为蛮地沿海之供品，所以一直限于宫廷与高层官吏食用，民间百姓无法问津。《本草拾遗》中记燕窝"味甘淡平，大养肺阴，化痰止咳，补而能清，为调理虚损劳瘵之圣药"。所以，查明清宫廷御膳记录，燕窝煨汤是每天都少不了的一道菜，特别是早点和晚餐，一般都离不了燕窝。皇帝如此，那么一般官吏呢？清叶梦珠《阅世编》卷七记："燕窝菜，予幼时每斤价银八钱，然犹不轻用。顺治初，价亦不甚悬绝也。其后渐长，竟至每斤纹银四两，是非大宾宴席，不轻用矣。"

燕窝本身没什么味道，须用高汤入味。比如谭家菜中的"清汤燕菜"，"清汤"是整鸡、整鸭、猪肘、干贝、金华火腿等原料放在一起吊出来的。燕窝处理以后入鸡汤蒸，使鸡汤渗入，然后再捞出来，在小汤碗里配以"清汤"。

袁枚《随园食单》之"海鲜单"曰："燕窝贵物，原不轻用。如用之，每碗必须二两。先用天泉①滚水泡之，将银针挑去黑丝。用嫩鸡汤、好火腿汤、新蘑菇三样汤滚之，看燕窝变成玉色为度。此物至清，不可以油腻杂之。此物至文，不可以武物串之②。今人用肉丝、鸡丝杂之，是吃鸡丝、肉丝，非吃燕窝也。且徒务其名，往往以三钱生燕窝盖碗面，如白发数茎，使客一撩不见，空剩粗物满碗，'真乞儿卖富，反露贫相'。不得已，则蘑菇丝、笋尖丝、鲫鱼肚、野鸡嫩片尚可用也。余到粤东，杨明府冬瓜燕窝甚佳，以柔配柔，以清入清，重用鸡汁、蘑菇汁而已。燕窝皆作玉色，不纯白也。或打作团，或敲成面，俱属穿凿。"

清李化楠《醒园录》卷上记煮燕窝法："用滚水一碗，投炭灰少许，候清，将清水倾起，入燕窝泡之③，即霉黄亦白。撕碎洗净，次将煮熟之肉，取半精白切丝，加鸡肉丝更妙。入碗内装满，用滚肉

---

① 指天然泉水。
② 文：此处意为柔；武物是指质地刚硬的食料。
③ 先投炭灰，然后将清水倒出，再泡燕窝。

汤淋之，倾出再淋两三次。其燕窝另放一碗，亦先淋两三遍。俟肉丝淋完，乃将燕窝逐条铺排上面，用净肉汤，去油留清，加甜酒、豆油各少许，滚滚淋下，撒以椒面吃之。又有一法，用熟肉剉作极细丸料，加绿豆粉及豆油、花椒、酒、鸡蛋清作丸子，长如燕窝。将燕窝泡洗撕碎，粘贴肉丸外包密，付滚汤烫之，随手捞起，候一齐做完烫好。用清肉汤作汁，加豆油、甜酒各少许，下锅先滚一二滚，将丸下去再一滚，即取下碗，撒以椒面、葱花、香菇，吃之甚美。或将燕窝包在肉丸内作丸子，亦先烫熟，余同。"

朱彝尊《食宪鸿秘》记载："壮蟹，肉剥净，拌燕窝，和芥辣用佳，糟油亦可。蟹腐放燕窝尤妙。蟹肉豆豉炒亦妙。"

《调鼎集》中专记各种燕窝衬菜："油炸鸡豆、鱼豆、窝炸、鱼膘衬天花、荷包鱼。去骨鸭整炖（去足），撕碎，包鸭皮。肥鸭切骨排片。鸡腰子。鸭撕碎，名为'糊涂鸭'。肥鸡皮切丝。鸭舌。鸭掌。鸡、鸭翅第二节。大片鸡脯。火腿片。贴肥肉片。鸡丝、火腿、笋丝、蟹腿。烂蟹羹。鲢鱼拌头拖肚。面条鱼。季花鱼丝。白鱼腹。河南光州猪皮也。醉黄雀脯。鸽蛋油炸衬底。鸽蛋打稠，入冰糖蒸作底。蜂螯取硬边。鲫鱼脑……"在列举一大堆衬菜后，最后告诫："凡宴荤客，先取鲜汁和，如鸡、鸭、火腿、虾米等项，以作各之用。凡宴素客，亦先取鲜汁，如笋、菌、香蕈、蘑菇等项，并可制荤馔。"

总之，燕窝是离不了高汤的。

北京烤鸭

烤鸭的最早记录，其实见于唐人张鷟的《朝野佥载》卷二："周张易之为控鹤监，弟昌宗为秘书监，昌仪为洛阳令，竟为豪侈。易之为大铁笼，置鹅鸭于其内，当中取起炭火，铜盆贮五味汁，鹅鸭绕火走，渴即饮汁，火炙痛即回，表里皆熟，毛落尽，肉赤烘烘乃死。"至明代，谢肇淛在《五杂组》卷十一中，记载了类似的方法："今大内进御，每以非时之物为珍……至于宰杀牲畜，多以惨酷取味。鹅鸭之属，皆以铁笼罩之，炙之以火，饮以椒浆，毛尽脱落，未死而肉已熟矣。"活鸭进铁笼，边炙边喂佐料。这种残酷的笼炙鸭是最早的烤鸭。

宋时，炙鸭已成为沿街叫卖的重要市食之一。《宋氏养生部》记有炙鸭方："炙鸭，用肥者全体，熬汁中烹熟，将熟油沃，架而炙之。"挑选肥鸭，先入卤汁煮熟，再淋以熟油，上架子炙。这种炙鸭，表皮焦脆，但肉并不嫩。

至元代，忽思慧《饮膳正要》中，有"烧鸭子"方：鸭子去毛、肠、肚净。葱末二两、芫荽末一两，用适量的盐调匀，入鸭肚。羊肚一个，褪洗干净，用羊肚把填好佐料的鸭包好，上火烧熟，扒去羊肚，吃鸭肉。如何烧熟，在下一条"烧水札"中，忽思慧说明，可以笼屉蒸熟，也可入烤炉烤熟。元代，已有烤炉烤鸭。《金瓶梅》中，曾几次提到"炉烧鸭子"，当时叫"烧鸭子"。元戏曲家郑廷玉有一出杂剧叫〔看钱奴买冤家债主〕。剧中贾员外想吃烧鸭子，又舍不得花钱，于是占一回便宜，伸手在油汪汪的烧鸭子上将了一把，使五个指头都沾满了鸭油。回家，他舔一个指头吃一碗饭，舔了四个指头吃了四碗饭。剩下一个指头，他想留到晚上再吃。没想到午睡时，馋狗将他手指上剩下的鸭油舔了个精光，气得这位一毛不拔的员外因此卧床不起。

烧鸭子，是北京烤鸭的前身。烧鸭子，原流行于南方，因此明末清初时，还叫"南炉鸭"。曹雪芹昔日曾说："若有人欲快睹我书不难，惟日以南酒烧鸭享我，我即为之作书。"可见他非常喜欢烧鸭。据北京烤鸭店老师傅说，烤鸭方法是从南京传至北京的，原先叫金陵烧鸭。朱元璋的御厨使用炭火，初创了一整套烘烤方法，使烤成的鸭子外焦里嫩。后来，燕王朱棣迁都时把其方带进北京。最早使用的鸭子，是浑身黑羽的南京湖鸭。

烤鸭刚进京时，名称是"金陵片皮烤鸭"，到清宫成为御膳食品后，名为"北京烤填鸭"。北京烤鸭的推广与普及，归功于"便宜坊"。北京第一家"便宜坊"创办于明永乐十四年（1416），地点在北京宣武门外菜市口米市胡同，创办者是山东荣成县几位老客。开业之初，该店门面很小，也无字号。老客们从市场买来新鲜鸭子，店铺代客宰杀加工，也做焖炉烤鸭生意。因为焖炉鸭子烤得好，价钱又便宜，广受赞赏，饭庄与大户都称之为"便宜坊"。到光绪末年，当时北京商界的名人孙之玖承包了便宜坊，他接过铺面后，立即扩大营业，既注意提高质量，又继续在价格上下功夫。改建后，孙之玖定铺名为"老便宜坊"，前后共七个院子。前面五个院子做客厅，后面孙之玖自己住一个院子，另一个院子则专门用来养鸭。老便宜坊前门挂三块匾，一横两竖，黑底金字竖匾是"闻香下马""知味停车"，横匾是"金陵老便宜坊"。二道门挂三块竖匾，中间是"姑苏老便宜坊"，右边是"味压江南"，左边写的什么，当年的师傅已想不起来了。当初老便宜坊有两个烤炉，一炉烤十至十二只鸭子。所用鸭子，都是从鸭子房买来的雏鸭，由店铺用专门的精料喂到五斤以上使用。

老便宜坊当时已经注意在报上登载广告。王仁兴先生《中国饮食谈古》中，记有当时报上登载的一则广告：

> 本坊自金陵移平三百余年，首创焖炉烧鸭烧鸡，精制各种菜谱，屡承中外士媛交相赞许，认本坊所烧鸡鸭为中国第一美味，深合卫生美旨，是以欧美杂志，均有记载。兹为便利主顾起见，油饰门面，刷新房屋，零售烧鸭，添设份菜，一元者为烧鸭带饼、鸭骨白菜、一冷荤、三炒菜为一份；复备四元、六元、八元、十元、十二元数种。菜单随时均可索阅，价格从廉，招待殷勤。整顿之后，深蒙各界光顾，包定宴会，办理喜素等事甚多。时值夏日，鸭味肥美，以宴嘉宾，足佐豪兴，如何赐顾，早行电示，不胜欢迎之至。
>
> 　　　　　　　　老便宜坊宣武门外米市胡同
> 　　　　　　　　电话南局六百九十四号

另专门请人撰文登报，文摘要如下："老便宜坊在宣外米市胡同，创自明成祖十四年，迄今已有三百余年历史。初规模极小，光绪初季始由商界闻人孙之玖承包，添加铺房，依以烤猪鸭鱼为业，营业日渐发达。庚子前改楼房，始终以烧鸭著名。烤鸭取其纯种肥美者，置于鸭圈，饲以美食，可养至八斤之重，逊清老京官，每宴封疆大吏、会试主考，非此地方不为恭敬。同业垂涎日久，相继冒同坊名，甚有加便宜坊字者。光绪末季，戴思溥王序书匾，力主增加'老'字，'老便宜坊'之称，实基于此。历代文人如吴可读、杨椒山、戚继光、刘石庵，皆有墨迹屏联条幅，至今仍保存。其中吴可读诗句云：'炉火笺灯夜向晨，频年羁旅未归人。胸中块垒千秋事，世外萧闲一叶身。橐笔练输金殿策，买花懒醉玉壶春。本来游学多伤感，况复烽烟起远尘。茫茫辽海楼三韩，万里帡幪拓地宽。岂料藩篱容豕突，翻教衣带失鸿磐。苍生有命从戎易，绿水无情欲渡难。坐令玉尊宵旰切，几回飞诏下朝端。'"

焖炉烤鸭使用的焖炉是用砖直接砌起，砌砖讲究上三下四中七层。焖炉烤的特点，是鸭子不见明火，燃料在炉内把炉壁烤热，待其变灰白色时将火熄灭，将鸭子入炉，关闭炉门，凭炉壁的热度将鸭子焖熟。中间不能开门，也不能将鸭子翻身。焖炉烤，受热均匀，耗油量小。

开始挂炉烤鸭者，据说是咸丰五年（1855）在前门鲜鱼口挂牌的"便宜坊"。这是一位姓王的有钱人从老便宜坊中拉出一个伙计投资开办的。便宜坊改焖炉为挂炉后，博得骚人墨客的一致赞颂。这之后，才有"全聚德"。"全聚德"创于同治三年（1864），创办者杨寿山，河北人，原在前门贩鸡鸭为业。"全聚德"创办时有三间店面，地址在前门外肉市街二十四号。

烤鸭在进炉前，一般要经过打气、掏膛、洗膛、挂钩、烫皮、打糖、灌水、晾皮等八道工序。打气，就是把鸭身吹膨胀，为使鸭皮绷起使之无皱纹。打糖，就是往鸭身上刷饴糖（麦芽糖）水，为保证鸭皮烤出色泽枣红，味道甜香。挂炉烤鸭，烤之前还要在鸭膛内灌入八成满的开水。烤时，热气进入，让水一直在膛中沸腾，以保证鸭肉鲜嫩。为防开水外流，要从鸭子尾部塞入高粱秆一节，节处还要正好卡住括约肌。挂炉烤用明火，所以燃料要用有果木香气的干枝，以枣木、梨木为主。烤时要不断转动吊竿，使鸭脯不直接对着火。烤得好的鸭子，肥油流出又复渗入鸭体，鸭皮要呈枣红色，通体油润光亮。

北京烤鸭之肥嫩，应该说得益于北京的鸭种。据考，北京鸭种源于热河，乃帝王游猎时偶得纯白之野鸭，以为吉祥之兆，因此选而饲之，令其繁殖。至于哪位帝王，已不可考。现在能追溯到的发源地，只在北京玉泉山。玉泉山养白鸭两百多年，一直以填法催食。《顺天府志》记："填鸭子之法，取毛羽初成者，用麦面和硫黄拌之，张其口而填之，填满其嗉，即驱之走，不使之息，一日三次，不数日而肥大矣。"填鸭法，应该说极其残酷，把饲料搓成棒形，掰开嘴蘸水强行塞入，还要很用力地捋鸭子的脖子。填鸭所用材料，也有极特别的。《清稗类钞》记："袁慰亭内阁世凯喜食填鸭，而綦此填鸭之法，则日以鹿茸捣屑，与高粱调和而饲之。"

烤鸭之技巧，一半在烤，一半在片。鸭子烤好之后，要不待鸭脯凹塌，及时片好装盆。好厨师从鸭脯向颈根斜片开刀，到鸭尾为止，片一百刀。要做到片片有肉，片片带皮，大小均匀，薄而不碎，片剩的鸭架又绝不沾肉，令人拍案叫绝。

吃烤鸭的季节，是春秋冬三季。冬春二季，鸭子最肥。夏季天热，讲究的人不食油腻，夏季也是鸭子最瘦的时候。因空气湿度大，烤出的鸭皮也容易发艮，所以夏季是烤鸭店的淡季。

北京人好食烤鸭。旧时有说法："京师美馔，莫妙于鸭，而炙者尤佳。"清梁章钜《归田琐记》卷八记："都城风俗，亲戚寿日，必以烧鸭烧豚相馈遗。宗伯每生日，馈者颇多。是日但取烧鸭切为方块，置大盘中，宴坐，以手攫啖，为之一快。"因此，北京城内一直烤鸭店林立，而且几乎家家生意兴隆。

吃烤鸭，还讲究配搭。因为便宜坊最初为山东人所创，所以配搭其实都是山东人的吃法。吃烤鸭的配搭，一般是荷叶饼、甜面酱加葱条。《顺天府志》曰："烧鸭子，以片儿饽饽夹食之。"片儿饽饽就是荷叶饼。用甜面酱和葱条夹饼，这是典型的山东吃法。饼越薄越好，薄而不粉。甜面酱讲究一点的，非要桂馨斋和六必居的。也有配蒜泥酱油的，这是老北京人对山东味道的改革，在油香中添些许爽口的辣意，可令人食欲大增。还有更绝的，干脆蘸白糖。据说这是早时大宅门里的太太小姐们兴起的吃法。她们既不肯吃葱，又不肯吃蒜，所以，解放前，烤鸭店跑堂一见来了时髦的女客，必定要吆喝一声："上一碟白糖！"

在正宗的便宜坊和全聚德吃烤鸭，吃得满嘴流油之时，必然会以热气腾腾熬得极稠的小豆粥终席。一碗小豆粥下肚，畅胃生津，油腻全消。此时再回味所食之烤鸭，又别有一番滋味。

吃　素

　　"素"字的本意是指白色细密而有光泽的丝织品，后才引申为无酒肉之食。唐人颜师古释："素食，谓但食菜果糗饵之属，无酒肉也。"

　　《诗经》中早就有素餐说。《魏风·伐檀》："不狩不猎，胡瞻尔庭有县貆兮？彼君子兮，不素餐兮。"这是对那些不劳而获者的责问。这里的素餐，按传统的解释为"白"，也就是"吃白饭"。其实，素与当时的血食是对照的，一荤一素，一白一红。最早的素食，有奴隶食用的粗劣食品的意思。所谓血食，是王公贵族用的；素餐、素食，是奴隶用的。

　　《礼记·坊记》："斋戒以事鬼神。"当时祭祀有七日戒、三日斋之说。斋戒前数日要沐浴、更衣、独寝、戒酒、素食。同时，办丧事规定也要吃素。《仪礼·丧服》说，亲人死后，要守灵，在舍外寝，朝一哭夕一哭，食疏食。什么是疏食呢？喝粥，朝一溢米夕一溢米，食菜、果。《论语·乡党》中也说："齐必变食。"意思是，斋戒时更改变平时的饮食，以蔬食为主。

　　当时的蔬食，主要是菜羹。《齐民要术》中记有十一种当时的蔬食做法。其中有葱、韭、胡芹和瓠做的羹，焦冬瓜、越瓜、瓠、菘菜。焦，就是入少量的水，用文火焖熟，还有焦菌与茄子。

中国素菜的起源，其实并非在寺院。佛教自汉代始传入中国，但素菜早已有之。且据佛学经典《戒律广本》，佛主并不要求一定食素。昔释迦牟尼与弟子都是每天早晨沿门托钵，接受信徒们的供奉，寺院内并不开伙，施主给什么就吃什么，遇荤吃荤，遇素吃素。汉时佛教初入中国，来自西域的沙门极守戒律，寺院内不蓄钱财，都是靠托钵维持生活的。西晋之后，佛教日盛，寺院日多。许多寺院建于名山大川之中，远离人烟，乞食之制难行，才开始自办伙食，自耕自食。寺院自办伙食，称为"香积厨"，取"香积佛及香饭之义"。寺院有"香积厨"后，刚开始也并非只吃素不茹荤。《十诵律》中说，凡是没有看见、没有听见、没有怀疑是杀生的肉，就是净肉。净肉就可以吃。

寺院开始吃素，其实是梁武帝萧衍所倡导。梁武帝晚年笃信佛教，甚至几次放弃皇帝宝座，舍身于建康同泰寺，都被朝廷以重金赎回。佛经中有不杀生之教义，梁武帝因此不穿丝绸衣服，因为取蚕丝要烫杀蚕蛹里的蚕蛾。佛教戒律有午后禁食的说法，梁武帝就严守一日一餐。当时梁武帝以大护法、大教主自居，亲自写了一篇《断酒肉文》。文中说："凡出家人所以异于外道者，正以信因信果，信经所明，信是佛说。经言，行十恶者，受于恶报；行十善者，受于善报。此是经教大意如是。若出家人犹嗜饮酒，啖食鱼肉，是则为行同于外道，而复不及。何谓同于外道？外道执断常见，无因无果，无施无报。今佛弟子酣酒嗜肉，不畏罪因，此事与外道见同，而有不及。外道是何？外道各信其师，师所言是，弟子言是；师所言非，弟子言非。《涅槃经》言，迦叶，我今日制诸弟子，不得食一切肉。而今出家人犹自啖肉。《戒律》言，饮酒犯波夜提。犹自饮酒，无所疑难。此事违于师教，一不及外道，又外道虽复邪僻。"梁武帝当年下诏后，又令僧众展开荤素之辩，最终以皇权强制寺院禁断了酒肉。寺院断酒肉后，素馔有了很大发展。

唐宋时期，茹素之风兴盛。南宋吴自牧《梦粱录》卷十六记：当时已有专卖素点心从食店，有"丰糖糕、乳糕、栗糕、镜面糕、重阳糕、枣糕、乳饼、麸笋丝、假肉馒头、笋丝馒头、裹蒸馒头、菠菜果子馒头、七宝酸馅、姜糖辣馅、糖馅馒头、活糖沙馅诸色春茧、仙桃龟儿、包子、点子、诸色油炸、素夹儿、油酥饼儿、笋丝麸儿、果子韵果、七宝包儿等点心"。宋陈达叟《本心斋疏食谱》记当时他认为鲜美的、无人间烟火气的素食二十品。这二十品是：一、啜菽（豆腐条切淡煮，蘸以五味）；二、羹菜（凡畦蔬根叶花实，皆可羹也）；三、粉粢（粉米蒸成，加糖曰饴）；四、荐韭（春荐韭，一名钟乳草）；五、贻来（来，小麦也，今水引蝴蝶面）；六、玉延（山药也，炊熟，片切，渍以生蜜）；七、琼珠（圆眼干荔也，擘开取实，煮以清泉）；八、玉砖（炊饼方切，椒盐糁之）；九、银齑（黄齑白水，椒姜和之）；十、水团（秫粉包糖，香汤浴之）；十一、玉版（笋也，可羹可菹）；十二、雪藕（莲根也，生熟皆可荐箸）；十三、玉酥（芦菔也，白萝卜，做玉糁羹）；十四、炊栗（蒸栗子，蒸开蜜渍）；十五、煨芋（煨香片切）；十六、采杞（枸杞也，可饵可羹）；十七、甘荠（荠菜也，东坡有食荠法，且曰，天生此物为幽人山居之福）；十八、菉粉（绿豆粉也，铺姜为羹）；十九、紫芝（蕈也，木蕈为良。）；二十、白粲（炊玉粒，沃以香汤。）。陈达叟称，这二十品，不必求备，得四之一，斯足矣。

　　林洪《山家清供》中，记有当时人量的素菜名馔。其中有"假煎肉"："瓠与麸薄切，各和以料煎，麸以油浸煎，瓠以肉脂煎，葱加油酒共炒。""素蒸鸭"，鸭其实是葫芦所代。"玉灌肺"："真粉、油饼、芝麻、松子、胡桃去皮，加莳萝少许，为末，拌和，入甑蒸熟，切作肺样块子，用辣汁供。""胜肉饼"："焯笋蕈同截入胡桃、松子，和以酒、酱、香料，擦面作饼子。试蕈之法，姜数片同煮，色不变可食矣。""罂乳鱼"："罂粟净洗磨乳，先以小粉置缸底，用绢囊滤乳下之，去清入釜。稍沸，亟洒淡醋收聚，仍入囊压成块，乃以小粉甑内，下乳蒸熟，略以红面水酒，又少蒸取出，切作鱼片。"

　　自宋代起，素菜开始讲究菜名和"色香味形"。北宋陶穀《清异录》中记："居士李巍求道雪窦山①中，畦蔬自供。有问巍曰：'日进何味？'答曰：'以炼鹤一羹，醉猫三饼。'""炼鹤羹"是菜羹名，意思是常食此羹，可练得身似鹤形。"醉猫三饼"，指以莳萝、薄荷捣饭为饼，因旧称猫吃薄荷就醉，所以叫"醉猫饼"。陶穀称茄子为"昆仑紫瓜"，韭菜为"一束金"，石发为"金毛菜"，蒌蒿、莱菔、菠薐合起来又叫"三无比"。

　　清徐珂《清稗类钞》："寺庙庵观素馔之著称于时者，京师为法源寺，镇江为定慧寺，上海为白云观，杭州为烟霞洞。"其中，烟霞洞之席价格最昂贵，"最上者需银币五十圆"。

　　寺院素菜一般都取名雅致，并多少有些诗意，如白菜配以冬菇、冬笋，名为"二冬白雪"。若加上冬粉丝，又叫"丝雨菰云"。因为日本人称冬粉丝为"丝雨"，以谐音"孤"代替"菇"字。豆腐，在

────────────

　　①雪窦山：在浙江奉化西。

寺院素菜中都称为"莲花豆腐"，因与莲花挂起来，豆腐羹就称作"芙蓉出水"，或者叫"南海金莲"，发菜豆腐汤又称"白璧青丝"。

寺院素菜较有名气者，有"五祖四宝"。五祖指禅宗的五祖弘忍，四宝指"煎春卷""烫春芽""烧春菇""白莲汤"。"煎春卷"用几种野生地菜配豆腐干、豆豉汁等为馅，以青菜叶为皮，在松枝火中用小磨香油煎制而成。"烫春芽"取一种"佛香椿"鲜叶嫩芽，须在大雨后采摘，洗净后用沸水烫过，拌以香油、精盐、白醋、红酱。"烧春菇"用松茸配以荸荠、春笋。"白莲汤"据说须用五祖当年亲手所植、五祖寺后白莲峰顶白莲池中的白莲，用白莲峰飞瀑与飞虹桥下的涌泉交汇成的法泉水，用宜兴砂钵，以罗浮松松果做燃料，煨汤时松果的清香渗入汤中，回味无穷。昔五祖创建的五祖寺在今湖北黄梅。五祖寺另有一道名菜，叫"桑门香"，乃用寺后白莲峰上清明前后的桑叶，清水漂净后裹一层薄面糊，入锅炸至微黄。食时外黄内绿，先酥后嫩，桑叶配以面糊调料，鲜咸香甜苦辣涩麻八味齐备，乃佛门佳品。

吃素菜，一般先上凉拌小菜，诸如拌黄瓜、拌笋尖、拌菠菜、拌川芎、拌水萝卜之类。然后上大菜，冬菇面筋、香菇菜心、什锦豆腐是少不了的。讲究一点的，还有一道"罗汉全斋"，发菜、冬菇、冬笋、素鸡、鲜蘑、金针菇、木耳、熟栗、白果、菜花、胡萝卜等用砂锅一起烩，口味极为丰富。

近年王世襄先生有文，记他在北京广济寺就斋的菜单：冷盘，一大七小，七小碟颜色搭配讲究，分别是炝芹菜、炸杏仁、卤冬笋、酸辣黄瓜、糖拌西红柿、酱蘑菇、卤香菇。八个热炒是三色芙蓉（用蛋清、青菜和木耳）、奶油烤菜花、草菇栗子（佐以胡萝卜丁、白果)、雪中送炭（绿豆芽两头掐净，上覆香菇切成的黑色丝条）、青椒凤尾（青椒切成拇指大片，凤尾菇亦切薄片）、炸素果（豆腐卷卷成扁卷，入油锅炸）。压轴是什锦火锅，以黄豆芽吊汤，锅内有香菇、粉丝、白菜、菠菜、豆制品等主料辅料十多种，以汤取胜。

李渔《闲情偶寄》"饮馔部"，后肉食而首蔬菜。李笠翁感叹道："声音之道，丝不如竹，竹不如肉，为其渐近自然。吾谓饮食之道，脍不如肉，肉不如蔬，亦以其渐近自然也。草衣木食，上古之风。人能疏远肥腻，食蔬蕨而甘之，腹中菜园，不使羊来踏跋，是犹作羲皇之民，鼓唐虞之腹，与崇尚古玩同一致也。所怪于世者，弃美名不居而故异端其说，谓佛法如是，是则谬矣。"

李笠翁是反对把素菜与寺院佛教联系在一起的。他认为，以草茅为衣，树果为食，是上古人的风气。人能远离肥肉荤油，以吃蔬果野菜为美，使腹中那块菜园，不被羊肉之腥膻来践踏，就好比上古羲皇之民，在尧舜盛世吃饱了肚子，这和爱好古玩者有同样的意趣。

腊八粥

腊八粥，佛门称作"佛粥"。按佛门说法，腊月初八，是佛祖释迦牟尼成道之日。一般认为，释迦牟尼姓乔答摩（Gautama），名悉达多（Siddhârtha），是古印度北部迦毗罗卫国净饭王的儿子。相传他二十九岁时痛感人世生、老、病、死各种苦恼，又不满当时婆罗门的神权统治及梵天创世说教，遂舍弃王族生活，出家修道。经过六年苦行，最终在佛陀伽耶菩提树下成道。其成道之日，正是腊月初八。据说，释迦牟尼成道之前喝了一位牧牛女人奉献的粥。经过长时间的苦修，释迦牟尼身形消瘦，疲惫不堪。喝了这碗粥，他一下子如受甘霖，身体光悦。此典之源，已无可考。萧梁时僧祐《释迦谱》中记曰：

> 尔时太子①心自念言："我今日食一麻一米，乃至七日食一麻米，身形消瘦，有若枯木。修于苦行，垂满六年。不得解脱，故知非道。"……时彼林外有一牧牛女人，名难陀波罗。时净居②天来下劝言："太子今者在于林中，汝可供养。"女人闻已，

---

① 即释迦牟尼。
② 净居天人：相传他指引了释迦牟尼的出家。

心大欢喜。于时地中自然而生千叶莲华,上有乳糜。女人见此,生奇特心,即取乳糜至太子所,头面礼足而以奉上……太子即复作如是言:"我为成熟一切众生,故受此食。"咒愿讫已,即受食之,身体光悦,气力充足,堪受菩提。

按这种说法,牧牛女人是接受了净居神的指示,而且净居神说完之后,地上自然就冒出千叶莲花,千叶莲花之上有乳粥,这粥其实是神所奉献的。释迦牟尼是喝了这粥才成道的。

因此,佛寺腊月初八日要煮粥、喝粥。喝粥,一表示对佛祖的纪念,二期望神灵的降临,三表示像佛祖那样艰苦修行的决心。但此俗是否从印度传入,何时传入,均无史料记载。查南朝梁宗懔《荆楚岁时记》,腊八日并无喝粥的记载。最早见于文字者,大约是孟元老的《东京梦华录》:

> 十二月,街市尽卖撒佛花、韭黄、生菜、兰芽、勃荷、胡桃、泽州饧。初八日,街巷中有僧尼三五人,作队念佛,以银铜沙罗或好盆器,坐一金铜或木佛像,浸以香水,杨枝洒浴,排门教化。诸大寺作浴佛会,并送七宝五味粥与门徒,谓之"腊八粥"。都人是日各家亦以果子杂料煮粥而食也。

此说不知为何与浴佛联系在了一起。俗传释迦牟尼的生日应该是四月八日,这一天僧人以水灌洗佛像,谓之浴佛,又称灌佛。《荆楚岁时记》曰:"荆楚以四月八日诸寺各设斋,香汤浴佛,共作龙华会,以为弥勒下生之征也。"设想,宋代释迦牟尼成道之日从另一角度庆贺佛诞,也因此送腊八粥。七宝乃佛教名词,在佛经中说法不一，但都以金银琉璃为主。显然，这些东西是不能煮粥的。那么，所谓"七宝五味"都是些什么原料呢？南宋周密《武林旧事》中记："八日，则寺院及人家用胡桃、松子、乳蕈、柿、栗之类作粥，谓之'腊八粥'。"

胡桃、松子、乳蕈（蘑菇）、柿、栗，再加粟米与豆，便是七宝。元人熊梦祥的《析津志》中，则记这一日喝"红糟粥"和"朱砂粥"：

> 腊月皇都飞腊雪，铜槃^①冻折寒威冽。八日朱砂香粥啜，宫娥说，毡帏窣^②下休教揭……是月八日，禅家谓之腊八日，煮红糟粥，以供佛饭僧。都中官员、士庶作朱砂粥。传闻，禁中一如故事。

红糟，又称红米，是在稻米上培植的红色曲米。《本草纲目》："红曲《本草》^③不载，法出近世，亦奇术也。其法：白粳米一石五斗，水淘浸一宿作饭，分作十五处，入曲母三斤，搓揉令匀，并作一处，以帛密覆，热即去帛摊开，觉温急堆起，又密覆。次日日中，又作三堆，过一时，分作五堆，再一时，合作一堆，又过一时，分作十五堆，稍温又作一堆，如此数次。第三日用大桶盛新汲水，以竹笾盛曲，作五六分，蘸湿完又作一堆，如前法作一次。第四日如前又蘸。若曲半沉半浮，再依前法作一次，又蘸，若尽浮则成矣，取出，日干收之。"《本草求原》："粳米加酒曲窨造，变为真红，能走

---

① 铜槃：盛水之器。
② 窣：窣堵波，佛塔。
③ 指《神农本草经》。

营气以活血，燥胃消食。"此即红糟粥。

朱砂又名丹砂，是矿物质。《本草正》："朱砂，入心可以安神而走血脉，入肺可以降气而走皮毛，入脾可逐痰涎而走肌肉，入肝可行血滞而走筋膜，入肾可逐水邪而走骨髓。"朱砂要研成粉末用，朱砂少量入粟米熬粥，要配以猪心。

熊梦祥，江西人，号松云道人，他提及的红糟粥和朱砂粥都是药粥。明孙国敉的《燕都游览志》中提及："十二月八日，赐百官粥，以米果杂成之，品多者为胜。"

明刘若愚《明宫史》中记：

> 初八日，吃腊八粥。先期数日，将红枣捶破泡汤。至初八早，加粳米、白米、核桃仁、菱米炙粥。供佛圣前、户牖、园树、井灶之上，各分布之。举家皆吃，或亦互相馈送，夸精美也。

这说明，明代腊八粥除供佛圣外，还需祭园树、祭井灶。至清代，有关腊八粥的记载，见清潘荣陛《帝京岁时纪胜》："腊月八日为王侯腊，家家煮果粥。皆于预日拣簸米豆，以百果雕作人物像生花式。三更煮粥成，祀家堂门灶陇亩，阖家聚食，馈送亲邻，为腊八粥。"清富察敦崇的《燕京岁时记》："腊八粥者，用黄米、白米、江米、小米、菱角米、栗子、红江豆、去皮枣泥等合水煮熟，外用染红桃仁、杏仁、瓜子、花生、榛穰、松子，及白糖、红糖、琐琐葡萄，以作点染。切不可用莲子、扁豆、薏米、桂元，用则伤味。每至腊七日，则剥果涤器，终夜经营，至天明时则粥熟矣。除祀先供佛外，分馈亲友，不得过午。并用红枣、桃仁等制成狮子、小儿等类，以见巧思。"这里所记，生料、熟料各八种。光绪《顺天府志》

记："腊八粥，一名八宝粥，每岁腊月八日，雍和宫熬粥，定制，派大臣监视，盖供上膳焉，其粥用稉米杂果品和糖而熬。民间每家煮之，或相馈遗。"富察敦崇《燕京岁时记》也记："雍和宫喇嘛，于初八日夜内熬粥供佛，特派大臣监视，以昭诚敬。其粥锅之大，可容数石米。"

其实，当时雍和宫腊月初一就开始搭棚垒灶，支上六口丈二大锅。等到腊月初七鸡啼生火，六口大锅内"杂诸豆米，并果实如榛栗菱芡之类，矜奇斗胜，多至数十种，皆渍染朱碧色，糖霜亦如此"。豆米入锅后要煮整整二十四个小时，到腊八的拂晓出锅，第一锅粥要献佛，第二锅粥才进献皇帝。接着，第三锅粥赏赐大臣，第四锅粥敬奉施主，第五锅粥赈济贫民，第六锅粥才是寺内僧众自食。

昔道光皇帝有《腊八粥》诗曰："一阳初复中大吕，谷粟为粥和豆煮。应节献佛矢心虔，默祝金光济众普。盈几馨香细细浮，堆盘果蔬纷纷聚。共尝佳品达沙门，沙门色相传莲炬。童稚饱腹庆升平，还向街头击腊鼓。"

《红楼梦》第十九回中，贾宝玉向林黛玉讲腊八粥，说是林子洞中的耗子精要熬腊八粥，山下庙里果米最多，"米豆成仓，果品却只有五样，一是红枣，二是栗子，三是落花生，四是菱角，五是香芋"。说耗子精要偷庙里的果米熬腊八粥，实在有些对佛祖不恭。

腊八粥虽源于佛教，但流入民间后，其实已完全改变了原来的意思。进入腊月，农事忙完，年节临近，喝腊八粥便有许多喜兴色彩。正宗的腊八粥，熬成后应是红的，旧时有钱人家要撒以青丝红丝，再用白糖在粥的表面撒出"喜""寿""福"字，然后馈送亲友。

腊八粥应该是甜的，但南方也有以青菜、荠菜、黄花、木耳、火腿与菱角、荸荠、瓜子、栗子、白果等合煮一锅者，称作"咸腊八粥"。

冰食·冰酪

冷饮在古时称为"冰食"。冷食之传统其实源远流长，至今起码有三千多年之历史。

《诗经·豳风·七月》中，就有这样的诗句："二之日凿冰冲冲，三之日纳于凌阴。"《七月》是当时的奴隶们唱的一首农事诗，二之日、三之日指的是旧时夏历的十二月、正月。翻译过来就是：十二月，把冰凿得通通响；正月里，把它藏进冰窖。"凌阴"的"阴"是"窖"的借字，也就是藏冰室。把它藏进冰窖干什么用呢？供贵族在夏天时享用。古时贵族的冰食，首先依赖于藏冰。《礼记·月令》："季冬之月；冰方盛，水泽腹坚，命取冰。"《周礼·天官·凌人》："凌人掌冰正，岁十有二月，令斩冰，三其凌[①]，春始治鉴[②]。"凌人是周王朝专司冰事的职官，主掌斩冰、藏冰、启冰、颁冰诸事。据今人考，当时周王朝之司冰事的机构有凌人近一百人。有两个主管，名"下士"；两个秘书，称"府"；两个文书，称"史"；八个领班，称"胥"；每班十个劳力，称"徒"。

在今陕西凤翔，发现秦时一处凌阴。此凌阴发掘于一个夯土台

---

① 凌：冰室。三：三倍。
② 春天的时候制造盛冰的青铜器。

基的中央，深约2米，窖口10米×11.4米，底8.5米×9米，窖周围夯土成隔温墙，厚3米。窖上有瓦顶建筑，窖底铺板岩，窖口有五道可启落的闸门，闸门下有排水道，可供融水排出。冰窖周围有大量腐殖质，大约是古时候用麦草做保温层的残迹。据计算，这样一个窖，藏冰量约200立方米，按《周礼》，藏冰量应是实际用冰量的三倍，那么可用冰60立方米左右。

按当时节令，夏历十二月凿冰，正月藏冰，三月启冰。按《仪礼》，藏冰时要祭司寒之神。祭品用黑色的公羊和黑色的黍米。因寒气来自北方，司寒之神就是北方之神。北方的土是黑的，北方的神也是黑的，故称"玄冥"，即水神。《左传·昭公元年》："昔金天氏有裔子曰昧，为玄冥师。"待启冰时，要用羔羊春韭献礼，在窖口要挂上桃木弓、荆棘箭，以辟鬼邪。启冰时取出的第一批冰，要托以祭盘，于太庙祭祀先祖。

当时各地贵族都修凌阴。《左传·襄公二十一年》记，楚臣申叔豫夏日就在冰室以冰为床，穿皮衣躺在冰床上。除专门的凌阴外，宫中还有冰厨，内有冰井。井内以陶制井圈叠套成井壁，下有与井的直径同大的陶鉴做井底。昔曹操专门在邺城（今河北临漳）建有冰井台，《水经注》记："（邺）城之西北有三台，皆因城为之基，巍然崇举，其高若山。建安中魏武所起……中曰铜雀台……南则金凤台……北曰冰井台。""朝廷又置冰室于斯阜，室内有冰井。""冰井台亦高八丈，有屋百四十五间。上有冰室，室内数井，井深十五丈，藏冰及石墨焉。"

除冰室、冰井之外，还有"冰鉴"。"冰鉴"即冷藏食品的大冰盆。今有昔吴王夫差的青铜鉴（高44.8厘米，口径76.5厘米，底径

47.2厘米）。另有出土的曾侯乙冰鉴两个，呈方箱形（高61.5厘米，长宽均为76厘米）。这种冰鉴有盖，里面装一方壶。盖的中间是空的，盖上盖，方壶的壶盖正好从中间露出。很显然，这壶是用来盛酒的，冰鉴可以冰镇壶中的酒。

最初的冷饮比较简单。《楚辞·招魂》："挫糟冻饮，酎清凉些。"《楚辞集注》："挫，捉也。冻，冰也。酎，醇酒也。"这就是一种冰镇清酒。东汉蔡邕《为陈留县上孝子状》："臣为设食，但用麦饭寒水。"寒水，指的是冰水。《周礼》中，王有六饮：水、浆、醴、凉、医、酏。浆、醴、凉、医、酏，其实都是酒。浆是味稍酸的酒。煮米成干饭酿的酒叫醴，煮米成稀粥酿的酒叫酏。医是可以治病的酒，凉是加水的淡酒。又有冬天饮六浆、夏天饮六清之说。六清是薄荷水、嫩藜、糯米、甜酒、梅汁、桃滥（寒粥与冰屑拌和而成）。

因当时冰之收藏不易，所以唐以前，能享用者并不多。当时皇宫举行冷宴，以食冰为主，皇帝即以冰颁赐部下，以示皇恩。隋唐以后，城中开始有卖冰的铺子，但夏冰价格仍很高。唐冯贽《云仙杂记》："长安冰雪，至夏月则价等金璧。白少傅[1]诗名动于间阎，每需冰雪，论筐取之，不复偿价，日日如是。"宋代传奇小说《迷楼记》还记这么一则故事，隋炀帝晚年筑迷楼，醉迷于女色。"大业八年，方士进大丹，帝服之，荡思愈不可制，日夕御女数十人。入夏，帝烦躁，日引饮几百杯，而渴不止。医丞莫君锡上奏曰，帝心脉烦盛，真元太虚，多饮即大疾生焉。因进剂治之，仍乞置冰盘于前，俾帝日夕朝望之，亦治烦躁之一术也。自兹，诸院美人各市冰为盘，以

[1] 即白居易。

望行幸。京师冰为之踊贵，藏冰之家，皆获千金。"宫女们为得炀帝之宠爱，争相置冰盘，因此卖冰之家都发了大财。

至唐代，中国已有人造冰。唐苏鹗《杜阳杂编》："盛夏安镀，用水晶如拳者汲水煮千沸，取越瓶盛汤，油帛密封，复煮千沸，急沉井底，平旦冰结矣，名寒筵冰。"中国人造冰比欧洲人造冰大约早了五个世纪。

初创冰雕者，其实是唐代的杨国忠等人，他们把夏冰雕成艺术品，在食用之前可玩赏一番。唐王仁裕《开元天宝遗事》记："杨国忠子弟，以奸媚结识朝士。每至伏日，取坚冰令工人镂为凤兽之形，或饰以金环彩带，置之雕盘中，送与王公大臣。惟张九龄不受此惠。"另"杨氏子弟，每至伏中，取大冰，使匠琢为山，周围于席间。座客虽酒酣，而各有寒色，亦有挟纩者①，其骄贵如此也"。

皇帝们在盛夏因为多食冰水，就容易暴病。《宋史·施师点传》记，施师点任礼部侍郎后，孝宗皇帝很器重他，经常与他长谈。"一日，入对后殿，上曰：'朕前饮冰水过多，忽暴下，幸即平复。'师点曰：'自古人君当无事时，快意所为，忽其所当戒，其后未有不悔者。'上深然之。"《本草纲目》也记，宋徽宗因食冰多而致病脾，国医久治不效，召杨介诊之。杨介怎么治呢？以冰块煎药，所谓"疾因食冰，臣因以冰煎此药，是治受病之原也"。以冰治冰，结果治好了徽宗的病。

唐宋时，著名的冰食，有"雪泡梅花酒"（见《梦粱录》），有"冰雪凉水荔枝膏"（见《东京梦华录》）。

---

①披锦被者。

至于冰淇淋的发明权，今人争论不休。有人认为，发明者是14世纪初的意大利人邦塔伦蒂；有人认为是古罗马的奴隶，他们在从阿尔卑斯山向都城运冰的过程中，将果酱加入冰，创造了冰淇淋。其实，冰淇淋最初的发明权在中国，是1295年马可·波罗将其制法带回意大利的。

冰淇淋的名称，是从英文音译过来的，冰加上奶油的意思。国外有人考，这种冰冻的奶食，原名叫"冰酪"，原是元代宫廷的冷食。马可·波罗回国前，元世祖忽必烈偷偷把其制法传给了他，马可·波罗将它献给了意大利王室。

查元宫廷确实有"冰酪"。陈基有诗："色映金盘分处近，恩兼冰酪赐来初。"陈基是给皇帝讲经的老师，这首诗就是说他给皇帝讲经时，讲到"冰酪"的恩典。他说，冰酪盛于金盘，黄白相映，赐食的地方离圣上很近，这真是难得的殊荣。查元人忽思慧《饮膳正要》，其中记有"酥油""醍醐油""马思哥油"的制法："牛乳中取浮凝，熬而为酥。""取上等酥油，约重千斤之上者，煎熬，过滤净，用大瓷瓮贮之。冬月取瓮中心不冻者，谓之醍醐。""取净牛奶子，不住手用阿赤①打取浮凝者，为马思哥油，今亦云'白酥油'。"清人朱彝尊在《食宪鸿秘》中记乳酪的制作方法："牛乳一碗，搀水半钟，入白面三撮，滤过，下锅，微火熬之，待滚，下白糖霜。然后用紧火，将木勺打一会，熟了再滤入碗。"

很显然，这就是原始之冰淇淋。

清代，由于藏冰业的高度发展，冰不再是罕贵之物，冰饮业

---

①打油木器。

变得非常普及，冰价也为之暴跌。清严辰《忆京都词》注："京都夏日……宴客之筵必有四冰果，以冰拌食，凉沁心脾。且冰亦可以煮食，谓之冰核。冰窖开后，儿童昇卖于市，只须数文钱，购一巨冰。"富察敦崇《燕京岁时记》："京师暑伏以后，则寒贱之子担冰吆卖，曰冰胡儿。"这种冰胡儿，就是比较原始的冰棍。

清代北京的冷饮佳品，一是酸梅汤。《道咸以来朝野杂记》记："北京夏季凉饮，以酸梅汤为佳品。系以乌梅和冰糖水熬成，外用冰围之，久而自凉，不伤人，且祛暑也。"《燕京岁时记》曰："酸梅汤以酸梅合冰糖煮之，调以玫瑰、木樨、冰水，其凉振齿。以前门九龙斋及西单牌楼五家者为京都第一。"二是西瓜汁，西瓜去籽拧汁，入于冰中镇凉。高贵者汁用文火炼熬，至黏稠时倾入碗内，冰镇之后凝结如琥珀，名"琥珀糕"。三是杏仁豆腐。朱彝尊《食宪鸿秘》记："京师甜杏仁，用热水泡，加炉灰一撮，入水，候冷，即捏去皮，用清水漂净。再量入清水，如磨豆腐法带水磨碎，用绢袋榨汁去渣。以汁入锅煮熟。加白糖霜热啖。或量加牛乳亦可。"冷冻后叫杏酪，切成小块配以冰水，即杏仁豆腐。四是什锦冰盘，主要盛以夏时河鲜，即果藕、菱角、鸡头米、莲子。若是全冰碗，还需加杏仁、鲜核桃仁、甜瓜、蜜桃。这些东西都切成薄片，盛以冰块之中，真是夏令之佳品。

昔什刹海是北京最大的冷饮市场，什刹海会贤堂的什锦冰盘非常有名。送冷饮上门者，旧称"送冰盏儿"。送冰盏儿者手执两枚铜碗，两碗相叠，大指小指卡住下碗，二指三指挑动上碗，频频相击，有断有续，发出"嚼儿铮——铮"的声音。敲击铜碗的声音，在赤日炎炎之中，听起来就十分清凉。

谭家菜

谭家菜是著名的官府菜。

谭家菜乃清末谭宗浚所创。谭宗浚，广东南海人，是大学士谭莹之子。《清史稿》说，谭莹让宗浚在家闭门读书十年，才许出仕。同治十三年，宗浚二十七岁中榜眼，入翰林，督学四川，后又充江南副考官。宗浚与父亲一样好诗赋。《清诗纪事》记载："徐世昌《晚晴簃诗汇》：叔裕（即宗浚）才学淹博，名满都下，自编其诗为八集。大抵少作以华赡胜，壮岁以苍秀胜。入滇以后诸诗，虽不免迁谪之感，而警炼盘硬，气韵益古。"宗浚有《荔村草堂诗钞》。有《春雨》诗："侧侧微风澹澹烟，彻宵疏雨总堪怜。一春况味如中酒，三月轻寒未卸绵。里巷时光祈麦处，山棚生计焙茶天。绿阴如幄花如雾，争遣诗人不惘然。"有《泮塘晚步》诗："西郊独归雾冥冥，茨菰未长茭笋生。幽禽避客就烟没，黄叶打门知雨鸣。前溪后溪有竹树，东崦西崦开柴荆。吾乡胜游自不乏，安用阳羡筹躬耕。"

谭家菜乃谭宗浚入翰林后始名。谭宗浚一生酷爱珍馐，入京后，当时京城饮宴蔚然成风，京官每月一半以上的时间互为饮宴。宗浚宴客，善安排，精调味，将家乡粤菜与京菜互为调和，初入京便颇具名声，但谭家菜真正名闻遐迩，却是谭宗浚之子谭琢青所为。

谭瑑青生于京城，以精于饮食为乐，对饮食之讲究，过于其父。谭宗浚充任外官时，瑑青随往，对各地名肴多有研究。少时便有积累食谱之嗜好。谭宗浚一生亢直，为掌院所恶，后出为云南粮储道。宗浚不乐外任，辞，不允，后又授按察使，引疾而归，郁郁死于归途之中。瑑青光绪年间随父返乡，宣统年间返京，图重振家门。宣统年间，瑑青任邮传部员外郎，辛亥革命后任议员，后又任交通部、平绥铁路局、教育总署、内务总署、实业总署的秘书。据邓云乡先生记，谭瑑青好书画词章，常与高朋雅友诗书往来，赏花饮酒。刻有《聊园词》。有《绛都春·分咏京师词人弟宅，得黄仲则法源寺寓舍》："宣南绀宇，问词客有灵，琴书曾驻。咏罢恼花，歌哭当年，朝昏度。斋廊倚松经幢古，喜蒲褐，春分邻树。带诗呈佛，呼尊选客，倦游情愫。　何处，茶烟病榻，旧巢试认觅，百年尘土。一卷悔存：愁写乌丝伤心句。登楼日日春流去，叹俊语，谁人能赋，牡丹阑外斜阳，断钟又暮。"

谭瑑青喜交游。晚清一般官宦人家都热衷于广置田产，独宗浚、瑑青父子热衷于饮食之道，不惜重金礼聘各方名厨，随请随辞，以博觅各家之长。谭瑑青比谭宗浚更热衷于宴请四方名士。辛亥革命后，家败，瑑青丝毫不改嗜吃之习，先变卖珠宝，后变卖房产，依然筹款举宴。后来坐吃山空，实在无法维持，只得悄悄承办家庭宴席，变相营业补贴家用，以维持盛宴常开。当时，谭家菜已声名远扬，文人、官僚慕名，纷纷以重金求谭家代为备宴。谭瑑青绝不挂牌，每次只答应承办三桌，每桌价格在当时为一百块。请谭家私办宴席，刚开始时需要提前三天预约，慢慢地越办名声越大。据黄萍荪《四十年来之北京》记："耳食之徒，震于其代价之高贵，觉得能以谭家菜请客是一种光宠。弄到后来，简直不但无'虚夕'，并且无'虚昼'，订座往往要排到一个月以后，还不嫌太迟。"

民国初，北京著名的私家烹饪共有三家。一为军界段家菜，二为银行界任家菜，三为财政界王家菜。谭家一办筵，名声很快压倒了这三家，独领榜首。当时有道："戏界无腔不学谭（指谭鑫培），食界无口不夸谭。"当时有人在报上刊登《谭馔歌》一首，开头几句为："瑑翁飨我以嘉馔，要我更作谭馔歌。瑑馔声或一扭转，尔雅不熟奈食何。"称谭瑑青为"谭馔精"。

谭瑑青虽被称作"谭馔精"，其实自己并不上灶，上灶者乃谭家女主人及几位家厨。谭家女主人都善烹饪。谭瑑青返京时从广东带来两房姨太太，都是烹饪高手。谭瑑青的二姨太死于1919年，后来独撑谭家菜门面的，一直是三姨太赵荔凤。赵荔凤进京时，年方三七，聪颖端丽。谭家办私宴那些年，她不单自己上灶，且管每日的采买，专使一辆包月车，每日天蒙蒙亮时便坐车出门搜求各方时鲜。谭家办筵，设一间客厅三间餐室，家具皆花梨、紫檀，室雅花香，盆景满架，四壁皆名人字画，所用器皿都是上好古瓷。

请谭家办宴，有一个不成文的规矩：不管谁做东，无论相识不相识者，都需给主人谭瑑青一份请束。留一席之地，备一份杯盏。谭瑑青还每席都欣然入座，喝两盏酒。席上，一般多文人墨客。常见者如收藏家藏园老人、医界息园老人、画家白石老人以及好词赋者缀玉轩主、浣花居士等。据邓云乡先生记，"如果座中熟人多，大家杯盘狼藉之余，酒酣耳热之际，各出所携，或一部宋元椠本，或一卷唐、祝妙墨，互相观赏，互相鉴定，这就不只是口腹之欲，而是交融着学问、交融着学术，充满着十分高尚的文化气氛了"。

谭家菜之特点，一在融会了南北之长，甜咸适口，南北均宜。二在讲究原汁原味，讲究吃鸡要品鸡味，吃鱼要尝鱼鲜，焖菜时不续汤或兑汁，炝锅不用花椒一类的香料，菜成后也绝不放胡椒一类的调料。三在火候足、下料狠，讲究慢火细做。谭家菜所用清汤，都用整鸡、整鸭、猪肘、干贝加金华火腿集在一起煨成，所以汤清而味浓。四在选料精。谭家吃熊掌必用左前掌，因为熊冬眠时经常用舌舔左前掌；吃鱼翅必选"吕宋黄"，吃鲍鱼则必须紫鲍。

近代伦明先生《辛亥以来藏书纪事诗》中有诗颂谭家菜，曰："玉生俪体荔村诗，最后谭三擅小词。家有籯①金懒收拾，但传食谱在京师。"玉生指谭宗浚，谭三指谭瑑青。

谭家菜南北合流，菜谱有近两百种，以烹制海味最为有名。谭家制作的鸡鲜嫩无比，据说窍门在于不沾火，下沸汤一烫即成。谭家的名菜"黄焖鱼翅"，选用珍贵的"吕宋黄"，整翅，先用冷、热水泡透发透，然后用鸡鸭干贝火腿汤煨制，须在火上连续用文火焖六个小时，待鸡鸭火腿干贝的精华全数焖于翅内，鸡鸭火腿干贝则弃之不要。谭家的"清汤燕菜"，诀窍在于不用碱水涨发，只用温水浸泡，以保持燕菜原味。浸泡后，注入鸡汤，上笼蒸后分装进小汤碗，配以鸡鸭猪肘干贝金华火腿熬就的清汤，汤内入几丝金华火腿。汤清如水，燕菜浅黄，再配以火腿，燕菜软滑不碎，汤清新而越显高贵。

谭家菜中，最讲究者为燕翅席。谭家菜也以烹制燕窝和鱼翅最为有名。光鱼翅的烹制就有十几种，菜谱有"三丝鱼翅"（三丝为

---

① 籯：箱笼一类的竹器。

海参、鲍鱼、冬笋)"蟹黄鱼翅""鸡茸鱼翅""沙锅鱼翅""干贝黄肉翅"。燕菜也有清汤、白扒、鸡茸、佛手各种不同花色。在谭家筵席中，吃燕翅席有一定的规矩。谭家菜名厨彭长海曾介绍说：

> 客人进门，先在客厅小坐，上茶水和干果。待人到齐后，步入餐室，围桌坐定，一桌十人。先上六个酒菜，如"叉烧肉""红烧鸭肝""蒜蓉干贝""五香鱼""软炸鸡""烤香肠"等。这些酒菜一般都是热上，上好的绍兴黄酒也烫得热热端上来，供客人们交杯换盏。

> 酒喝到二成，上头道大菜"黄焖鱼翅"。这道菜鱼翅软烂味厚，金黄发亮，浓鲜不腻。吃罢，口中余味悠长。

> 第二道大菜为"清汤燕菜"。在上"清汤燕菜"前，给每位客人送一小杯温水，请你漱口。因为这道菜鲜美醇酽，非净口后，则不能更好地体味其妙处。

> 接着上来的是鲍鱼，或红烧，或蚝油，汤鲜味美，妙不可言。但盘中原汁汤浆仅够每人一匙之饮，食者每以少为憾。这道菜亦可用熊掌代之。

> 第四道菜为"扒大乌参"，一只参便有尺许长，软烂糯滑，汁浓味厚，鲜美适口。第五道菜上鸡，如"草菇蒸鸡"之类。第六道菜上素菜，如"银耳素烩""虾子茭白""三鲜猴头"一类。第七道菜上鱼，如"清蒸鳜鱼"。第八道菜上鸭子，如"黄酒焖鸭""干贝酥鸭""葵花鸭""柴把鸭子"等。第九道菜上汤，如"清汤蛤士蟆""银耳汤""珍珠汤"等。所谓"珍珠汤"，是用刚刚吐穗、两寸来长的玉米制成的汤。

最后一道为甜菜，如"杏仁茶""核桃酪"一类，随上"麻茸包""酥盒子"两样甜咸点心。至此，燕翅席告结束。上热手巾后，众起座，到客厅，又上四干果、四鲜果，一人一盅云南普洱茶或安溪铁观音茶。茶香馥郁，醇厚爽口，饭后回甘留香。曾有人吃了谭家菜燕翅席后，发出"人类饮食文明，到此为一顶峰"的赞叹。还有人曾借这样一句古话，来形容吃罢谭家菜燕翅席后的心情："观止矣，虽有他乐，不敢请矣。"

谭瑑青时期，吃谭家菜，须得入谭家门才能吃到。不管你头脸有多大，谭家绝不出外会。当年汪精卫进京宴请名流，据说曾找谭瑑青求谭家破例出一次外会，被谭一口回绝。后来汪精卫说尽了好话，谭瑑青才勉强答应给汪做两道菜。一道"红烧鲨翅"，一道"蚝油紫鲍"，都在谭家事先做好，再由家厨送过去。至于出外会，谭瑑青一生始终未答应过。

谭家菜始创于谭宗浚，鼎盛期其实只不过二三十年。1943年，谭瑑青死于高血压。之后，三姨太赵荔凤患乳腺癌，于1946年去世。此后，北京米市胡同19号的谭家慢慢冷落，谭家菜由三小姐谭令柔勉强维持。1949年后，谭家几位主厨搬出谭宅，曾在果子巷租房，继续经营谭家菜。1954年，这几位主厨入北京西单承恩居。1958年，又从承恩居迁入北京饭店。

满汉全席

满汉全席是源于清代的一种大型宴席，在清入关后逐渐形成。

清入关以前，宴席非常简单。一般宴会，露天铺上兽皮，大家围拢一起，席地而餐。据《满文老档》记，贝勒们设宴时，尚不设桌案，都席地而坐。菜肴，一般是火锅配以炖肉，猪肉、牛羊肉，还加以兽肉。皇帝出席的宴席，不过设十几至几十桌，也是牛、羊、猪、兽肉，用解食刀割肉为食。

清入关后，情况有了很大的变化。六部九卿中的光禄寺卿，专司大内筵席和国家大典时宴会事宜。清刚入关时，饮食还不太讲究，但很快就在原来满族传统饮食方式的基础上，吸取了中原南菜（主要是苏杭菜）北菜（山东菜）的特色，建立了较为丰富的宫廷饮食。

据《大清会典》和《光禄寺则例》记，康熙以后，光禄寺承办的满席分六等：一等满席，每桌价银八两，一般用于帝、后死后的随筵；二等满席，每桌价银七两二钱三分一厘，一般用于皇贵妃死后的随筵；三等满席，每桌价银五两四钱四分，一般用于贵妃、妃和嫔死后的随筵；四等满席，每桌价银四两四钱三分，主要用于元旦、万寿、冬至三大节贺筵宴，皇帝大婚、大军凯旋、公主和郡主成婚等各种筵宴及贵人死后的随筵等；五等满席，每桌价银三两三钱三分，主要用于筵宴朝鲜进贡的正、副使臣，西藏达赖喇嘛和班禅的贡使，除夕赐下嫁外藩之公主及蒙古王公、台吉等的馔宴；六等满席，每桌价银二两二钱六分，主要用于赐宴经筵讲书，衍圣公来朝，越南、琉球、暹罗、缅甸、苏禄、南掌等国来使。

光禄寺承办的汉席，则分头等、二、三等及上席、中席五类，主要用于临雍宴文武会试考官出闱宴，实录、会典等书开馆编纂日及告成日赐宴等。

其中，主考和知贡举等官用头等席，陈设肉馔、果食、蒸食计三十四碗。

同考官、监试御史、提调官等用二等席，每席陈设肉馔、果食、蒸食计三十一碗。

内帘、外帘、收掌四所及礼部、光禄寺、鸿胪寺、太医院等各执事官均用三等席，每席陈设肉馔、果食、蒸食计二十六碗。文进士的恩荣宴、武进士的会武宴，主持大臣、读卷执事各官用上席，上席又分高、矮桌。高桌设宝装一座（用二等面二斤八两，宝装花一攒），肉馔九碗，果食五盘，蒸食七盘，蔬菜四碟。矮桌陈设猪肉、羊肉各一方，鸡、鸭各一只，鱼一尾。文武进士和鸣赞官等用中席，每桌陈设宝装一座，用面二斤，绢花三朵，其他与上席高桌同。

当初，宫廷内满汉席是分开的。康熙年间，曾三次举办几千人参加的"千叟宴"，声势浩大，都是分满汉两次入宴。

满汉全席其实并非源于宫廷，而是清代乾隆年间的"官场之菜"。据清李斗《扬州画舫录》说：

上买卖街前后寺观，皆为大厨房，以备六司百官食次。

第一份，头号五簋碗十件——燕窝鸡丝汤、海参烩猪筋、鲜蛏萝卜丝羹、海带猪肚丝羹、鲍鱼烩珍珠菜、淡菜虾子汤、鱼翅螃蟹羹、蘑菇煨鸡、辘轳锤、鱼肚煨火腿、鲨鱼皮鸡汁羹、血粉汤。一品级汤饭碗。

第二份，二号五簋碗十件——鲫鱼舌烩熊掌、米糟猩唇、猪脑、假豹胎、蒸驼峰、梨片伴蒸果子狸、蒸鹿尾、野鸡片汤、风猪片子、风羊片子、兔脯奶房签。一品级汤饭碗。

第三份，细白羹碗十件——猪肚、假江瑶、鸭舌羹、鸡笋粥、猪脑羹、芙蓉蛋、鹅肫掌羹、糟蒸鲥鱼、假斑鱼肝、西施乳、文思豆腐羹、甲鱼肉片子汤、茧儿羹。一品级汤饭碗。

第四份，毛血盘二十件——獾炙、哈尔巴、小猪子、油炸猪羊肉、挂炉走油鸡鹅鸭、鸽臛、猪杂什、羊杂什、燎毛猪羊肉、白煮猪羊肉、白蒸小猪子小羊子鸡鸭鹅、白面饽饽卷子、什锦火烧、梅花包子。

第五份，洋碟二十件、热吃劝酒二十味、小菜碟二十件、枯果十彻桌、鲜果十彻桌，所谓满汉席也。

这是扬州"大厨房"专为到此地巡视的"六司百官"筹办的。从现在可得的文献资料分析，满汉全席应源于扬州。此种满汉全席集宫廷满席与汉席之精华于一席，后来就成为大型豪华宴席之总称。菜点不断地进行增添与更新，又成为中华美食之缩影。

从乾隆南巡之后，满汉全席开始在各地流行。但各地食单都不尽相同。许衡《粤菜存真》中记清末满汉全席菜单：

到奉：每位蚧肉片儿面，咸甜美点四式。

手分：红瓜子、银杏仁。

第一度：

两冷荤：京都熏鱼、花蕊珍肝。

两热荤：鸡皮鲟龙、蚝油鲜菰。

一品上汤官燕有干烧大网鲍片，炒梅花北鹿丝，雪耳白鸽蛋（每位），金陵片皮鸭一双，跟饽饽一度。鲜奶苹果露，精美甜点心四式。

第二度：

两双拼：菠萝拼火鹅、云腿拼腰润。

两热荤：合核肾肝片、夜香鲜虾仁。

红扒大裙翅，鹤守松龄，翡翠珊瑚，口蘑鸡腰（每位），烧乳猪全体，跟千层饼，酸辣汤，酸菜。岭南咸点心一度，跟长寿汤一碗。

第三度：

两冷荤：卤水猪脷、青瓜皮虾。

熊掌炖鹧鸪，凤肝拼螺片，麒麟吐玉书，杜花耳鸭利（每位），如意鸡成对，跟片儿烧一度。

申江美点心一度，跟长春汤一碗，会伊府面九寸。

第四度：

两双拼：露笋拼白鸡、酥羌拼彩蛋。烩金钱豹狸，鹿尾巴蚬鸭，鼎湖罗汉斋，清汤雪蛤（每位），哈尔巴一礼，跟如意卷一度。雪冬甜点心一度，冰冻杏仁豆腐。

第五度：即四座菜，又名压席菜。

玉兰广肚，乌龙肘子，清蒸海鲜，锅烧羊腩。

四饭菜汤：咸鱼、油菜、咸蛋、牛乳、蛋花汤、稀硬饭。

三十二围碟：

四京果：酥核桃、奶提子、杏脯肉、荔枝干。

四生果：鲜柳橙、潮州柑、沙田柚、甜黄皮。

四糖果：糖冬瓜、糖椰角、糖莲子、糖桔饼。

四水果：水莲藕、水荸荠、水马蹄、水菱角。

四蜜碗：蜜饯金桔、蜜饯枇杷、蜜饯桃脯、蜜饯柚皮。

四酸菜：酸青梅、酸沙梨、酸子羌、酸藠头。

四冷素：酥甘面筋、卤冷白菌、申江笋豆、蚝油扎蹄。

四看果①：像生时果，雀鹿蜂猴百子寿桃一座。

两者进行比较，四川膳单显然要比广州膳单简单得多。

王仁兴先生《中国饮食谈古》中，提供一张民国初年的满汉全席单：

四拼碟子：

盐水虾、佛手蜇、松花蛋、芹菜头、南火腿、头发菜、白板鸭、红皮萝卜。

四高庄碟：

红杏仁、大青豆、小瓜子、白生仁。

四鲜果碟：

桔子、青果、石榴、鸭梨。

---

①以木、土、蜡等制作的果品，供观赏用。

四蜜饯碟：

　　白桔、枇杷、绣球、青梅。

四果品碟：

　　白桃仁、茶尖、松子仁、桐子仁。

四糖饯碟：

　　苹果、莲子、百合、南荠。

八个大件：

　　清炖一品燕菜、南腿炖熊掌、溜七星螃蟹、红烧果子狸、扒荷包鱼翅、清炖凤凰鸭、清蒸麒麟松子仁、杏仁酪、石榴子烩空心鱼肚。

十六个小碗：

　　红烧美人蛏干、炒雪花海参、炮炒螺丝鱿鱼、炒金钱缠虾仁、烩青竹猴头、锅贴金钱野鸡、蜜汁一品火腿、烧珊瑚鱼耳、金银翡翠羹、溜松花鸽子蛋、虾卧金钱香菇、烧如意冬笋、烩银耳、炸鹿尾、烩鹿蹄、烹铁雀。

八样烧烤：

　　四红：烧小猪、烧鸭子、烧鲫鱼、烧胸叉。

　　四白：白片鸡、白片羊肉、白片鹅、白片肉。

　　四碟：片饽饽、荷叶夹、千层饼、月牙饼。

八押桌碗：

　　烩蝴蝶海参、红烧沙鱼皮、汆蛤士蟆、清蒸四喜、红烧天花鲍鱼脯、酿芙蓉梅花鸡、烩荷花鱼肚、烩仙桃白菜。

四个随饭碗：

　　金豹火腿炒南荠、南腿冬菜炒口蘑、冬笋火腿炒四季豆、金腿丝熘金银绿豆芽。

四个随饭碟：

炝苔干、拌海蜇、调香干、拌洋粉。

点心：

头道：一品鸳鸯、一品烧饼，随杏仁茶。

二道：炉干菜饼、蒸豆芽饼，随鸡馅饺。

三道：炉牛郎卷、蒸菊花饼，随圆肉茶。

四道：炉烙馅饼、蒸风雪糕，随鱼丝面。

四样面饭：

盘丝饼、蝴蝶卷、满汉饽饽、螺丝馒头。

四望菜碟：

干酪、白菜、桃仁、杏仁。

饭：

米饭、稀饭。

麒麟小猪第一，如意小猪第二，

满汉小猪第三，绉纱小猪第四，

小磨小猪第五，松子小猪第六，

天花小猪第七，龙凤小猪第八。

民国以后，满汉全席因过于繁杂，承办者渐渐认为不合时宜，遂以燕翅席、海参席、烧烤席、鸭翅席等代之。抗战胜利以后，大菜馆中，全席又开始恢复。满汉全席的菜点和品数各地不尽相同，多者达一百八十二种，少者只有六十四种。

现今全席又有很大改进，以香港现今全席膳单为例：

第一道：冷盘：孔雀开屏。热荤：皇母蟠桃（蛙、蟹、胡桃仁炒成）、视春锦绣（用填鸭睾丸和茸炒成）、加禾官燕（燕窝汤）、挂炉大鸭、京扒全瑞（整鳖）、雪耳鸽蛋、白炒香螺（薄片蝶、螺）、瑞草灵芝（鳖、鱼唇和虾炖成的汤）。点心：翡翠秋叶（虾饺）、鲜虾鱼角。水果：木瓜。

第二道：拼盘：龙楼凤阁。热荤：桂花脊髓（猪、牛髓与桂花茸炒）、飞鹏展翅（鹤肉鱼翅汤）、大红乳猪、海上时鲜（蒸鱼）、红烧网鲍片（酒蒸鲍鱼加蚝油风味作料）、油泡北鹿丝（鹿肉撒柠檬薄片）、木丝汤。

第三道：拼盘：雁行平沙。热荤：电影红梅（猪肚炒鸭肝）、宝鼎明珠（炒鲜虾）、广松仙鹤（炖整鹤）、红烧果狸、大同脆皮鸡、珊瑚北口蛤（蛙鱼炒蟹）、时蔬扒鸭脯（炖鸭舌）、宝蝶穿衣（鲍鱼、竹笋、青菜）、凤舞罗衣（炖鸡皮、鲍鱼、虾、笋）。点心：蚧肉片儿面（用薄饼把鸡汤炖的蘑菇和青菜包起来）。

第四道：拼盘：双飞蝴蝶。热荤：比翼鸳鸯（青蛙、鸡翅）、金丝鸽条（鸽肉炒青菜）、京扒熊掌、婆参蚬鸭（海参蚬鸭）、虾儿吧（猪蹄炖虾）、松子烩龙胎（炖鲨鱼肠）、蘑菇扒凤掌、酸辣汤（鸡鱼豆腐）。

另有小菜和各式鲜果。

宴请满汉全席，原来有一套复杂的宴请程序。客人入席前，先净面，随后送上好的香茗一盅，配以四色精美的点心，谓之"到奉"。吃罢"到奉"，开始"茗叙"，上"手碟"任选，即瓜子、榛仁之类，每人两碟，谓之"对相"（粤语谓之"手分"），客人可以互相交谈。这时，酒席已摆好，"四生果"如鲜橙、甜柑、柚子、苹果摆在席中四周，"四京果"如红瓜子、炒杏仁、荔枝干、糖莲子之类放在四周，"四看果"围在周边，在席上摆成图案。入座后，先吃鲜果，再上四冷荤喝酒，继上四热荤。酒过三巡，上大菜鱼翅。至此，碟碗撤去，献香巾擦脸。然后再上第二度的双拼、热荤。稍歇，又献一次香巾，接着再上第三度、第四度。第四度之后，第五度上饭菜、粥汤。食毕，用一个精致的小银托盘，盛牙签、槟榔、蔻仁，供客使用，再上一遍洗脸水，叫做"槟水"。至此，筵席遂告结束。

满汉全席的餐具一般都十分讲究，精美的菜点一定要配以金杯、银盘、玉盏、象牙筷等珍品。满汉全席菜肴繁多，需分全日（早、中、晚）进行，或分两日吃完，多者可延长至三日才终席。